中国通信学会普及与教育工作委员会推荐教材

21世纪高职高专电子信息类规划教材

21 Shiji Gaozhi Gaozhuan Dianzi Xinxilei Guihua Jiaocai

现代通信技术基础

章伟飞 主编

张森洪 钱水明 陈建 屠秋萍 编

人民邮电出版社

北　京

图书在版编目（CIP）数据

现代通信技术基础 / 章伟飞主编. -- 北京：人民
邮电出版社，2010.10（2018.8 重印）
21世纪高职高专电子信息类规划教材
ISBN 978-7-115-23643-2

Ⅰ. ①现… Ⅱ. ①章… Ⅲ. ①通信技术－高等学校：
技术学校－教材 Ⅳ. ①TN91

中国版本图书馆CIP数据核字(2010)第165942号

内 容 提 要

本书从通信网络的构成出发，结合人们对网络认识的顺序，对各种网络技术进行了详细的介绍，为读者建立全程全网框架。同时，对当前的通信新技术也有介绍。主要内容包括：通信网络概述、接入网、交换网、传输网、支撑网、网际通信过程、通信新技术、相应实训项目等。全书以通信网络技术原理、结构、组网以及应用实例等为主线，深入浅出，叙述简明，并有丰富的图例和数据，每章后还有总结、习题和缩略语归纳。在最后一章还安排了实训项目，理论联系实际，让读者更好地掌握相关知识。

无论是通信专业还是非通信专业的学生和技术人员，通过学习本书都可以比较全面地了解通信基础理论，理解目前广泛应用的通信技术的基本原理和基本结构。本书还可供相关工程技术人员及管理人员参考。

中国通信学会普及与教育工作委员会推荐教材

21 世纪高职高专电子信息类规划教材

现代通信技术基础

◆ 主　　编　章伟飞
　　编　　　　张森洪　钱水明　陈　建　屠秋萍
　　责任编辑　蒋　亮

◆ 人民邮电出版社出版发行　　北京市丰台区成寿寺路 11 号
　　邮编 100164　电子邮件 315@ptpress.com.cn
　　网址 http://www.ptpress.com.cn
　　北京鑫正大印刷有限公司印刷

◆ 开本：787×1092　1/16
　　印张：15.5　　　　　　　　2010 年 10 月第 1 版
　　字数：398 千字　　　　　　2018 年 8 月北京第 10 次印刷

ISBN 978-7-115-23643-2

定价：28.00 元

读者服务热线：(010) 81055256　印装质量热线：(010) 81055316
反盗版热线：(010) 81055315

前 言

信息时代已经全面到来的今天，现代通信技术正在改变着我们的生活。它快速更新发展，并不断有新的系统和产品成果问世，是 IT 领域最活跃的因素之一。不管是通信专业学生还是其他领域人士都需要了解和学习各种通信技术，以更好地适应信息时代的社会生活。

那么我们应该如何学习呢？最好的方法就是先对整个通信网络有一个初步的认识，然后分别针对不同的部分进行分类学习，掌握各种通信技术的原理、结构及其应用等，最后通过一些实训项目来进一步加强认识。本书正是按照这个路线进行编写的，从通信网络的构成出发，结合人们对网络认识的顺序，对各种网络技术进行了详细的介绍，为读者建立全程全网框架。

本书所介绍的部分通信技术，涉及面广，对于初学者可能较抽象，难理解，学习"门难进"。所以我们将对各种概念、原理深入浅出，尽量用贴近生活、贴近实际的实例进行讲解，以求达到最理想的教学效果。

全书共分为 8 章，第 1 章主要介绍了通信网络中涉及的基本概念，提出全程全网概念，下面的章节就是按照全程全网模型进行分解介绍的，同时本章还介绍了几个常见通信系统的通信过程。第 2 章主要介绍了各种接入网技术，包括原理、结构以及应用等方面。第 3 章主要是交换技术的介绍，包括各种交换技术原理、应用等。第 4 章主要介绍了各类传输技术，包括原理、应用等。第 5 章为支撑网介绍，主要是对三大电信支撑网的介绍，包括其作用、组成等。第 6 章主要介绍了几类网际通信，包括网络融合、异构网间通信过程等。第 7 章为通信新技术的介绍，包括目前最新的通信技术。第 8 章为实训，其中包括了程控交换、软交换、宽带接入、传输、移动基站等系统设备介绍和实践学习。

每章后附有小结和课后习题，是对本章内容的概括与梳理，有助于读者在学习后强化和巩固本章重点内容。此外还附有通信缩略语英汉对照表，可以帮助读者轻松应对大量的缩略语。

本书第 1 章主要由陈建编写；第 2、6 章和第 1 章的 1.6 节由章伟飞编写；第 3 章和第 1 章的 1.4 节由钱水明编写；第 4、5 章由张森洪编写；第 7 章由屠秋萍编写；第 8 章由钱水明、章伟飞、张森洪、陈建合编；全书由章伟飞统稿校对。

由于编者水平和视野有限，加上内容涉及范围较广，书中错误和不足在所难免，敬请读者批评指正。

最后感谢浙江邮电职业技术学院魏红副教授在百忙之中仔细地评阅了原稿，并在编写过程中给予有力的指导和鼓励。

编 者

2010 年 8 月

目 录

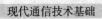

第1章

通信网络概述

通信即信息传递。信息是一切客观事物之间影响的总和。通信是人类社会发展的基础，是推动人类文明和进步的巨大动力。本章主要为大家介绍有关于通信的发展历史、基本概念以及常用的通信技术。

1.1 通信发展概述

自从人类出现，通信就始终贯穿人类的历史。从古至今，人类的通信方式发生了很大的变化，那么什么是通信，通信的方式又有哪些？

1.1.1 通信的概念

什么是通信？所谓通信，是指通过某种介质进行的信息传递。

什么是信息？对于信息的定义非常多，据不完全统计有一百多种。在中国国家标准 GB 4894-85 中关于信息的定义是：信息是物质存在的一种方式、形态或运动状态，也是事物的一种普遍属性，一般指数据、消息中所包含的意义，可以使消息中所描述事件的不定性减少。例如"天很热"、"太阳从东方升起"都是信息的具体表现。

信息无所不在，可以感知，但它不是事件和物质本身，信息是客观事物的存在方式或运动状态，以及关于客观事物存在方式或运动状态的陈述。信息是原料，经过人类的认识活动，成为已知的知识。

什么是媒质？媒质即"介质"，当一种物质存在于另一种物质内部时，后者就是前者的介质。在通信中所指的媒质是能传输信息的通道，如有线介质、无线介质，其中铜介质、光纤介质等属于有线介质，而空气则属于无线介质。

1.1.2   通信的发展历史

在了解了通信的概念后，我们可以发现人类的通信从远古时代就已经开始了。人与人之间的语言、肢体交流，就是最早出现的通信。而在中国古代常见的飞鸽传书、鸿雁传书、烽火传信以及利用驿站的邮驿系统等都是属于古代的通信方式。图 1-1 所示是烽火台，图 1-2 所示是驿站，图 1-3 所示是驿使。

图 1-1　玉门关烽火台遗址

图 1-2　苏州横塘古驿站

在国外古代也有很多大家熟悉的通信方式，略举几例让大家有所了解。

【灯塔】

灯塔起源于古埃及的信号烽火。世界上最早的灯塔建于公元前 7 世纪，位于达尼尔海峡的巴巴角上。公元前 280 年，古埃及人在埃及亚历山大城对面的法罗斯岛上修筑灯塔，高达 85 米，日夜燃烧木材，以火焰和烟柱作为助航的标志。法罗斯灯塔被誉为古代世界七大奇观之一。图 1-4 所示是法罗斯灯塔。

图 1-3　驿使壁画

【通信塔】

18 世纪，法国工程师克劳德·查佩成功地研制出一个加快信息传递速度的实用通信系统。该系统由建立在巴黎和里尔 230km 间的若干个通信塔组成。在这些塔顶上竖起一根木柱，木柱上安装一根水平横杆，人们可以使木杆转动，并能在绳索的操作下摆动形成各种角度。在水平横杆的两端安有两个垂直臂，也可以转动。这样，每个塔通过木杆可以构成 192 种不同的构形，附近的塔用望远镜就可以看到表示 192 种含义的信息。这样依次传下去，在 230km 的距离内仅用 2min 便可完成一次信息传递。

【旗语】

1777 年，英国的美洲舰队司令豪上将印了一本信号手册，成为第一个编写信号书的人。后来海军上将波帕姆爵士用一些旗子作"速记"字母，创立了一套完整的旗语字母。

1817 年，英国海军马利埃特上校编出第一本国际承认的信号码。航海信号旗共有 40 面，包括 26 面字母旗、10 面数字旗、3 面代用旗和 1 面回答旗。旗的形状各异，有燕尾形、长方形、梯形、三角形等。旗的颜色和图案也各不相同。图 1-5 所示是旗语。

图 1-4 法罗斯灯塔复原图

图 1-5 旗语

近现代的通信发展历史大致可以分为两个阶段。第一阶段是电通信阶段,包括 1876 年贝尔发明电话机,1835 年莫尔斯发明电报机并于 1837 年设计出莫尔斯电报码。这样,利用电磁波不仅可以传输文字,还可以传输语音,由此大大加快了通信的发展进程。1895 年,马可尼和波波夫发明无线电设备,从而开创了无线电通信发展的道路。图 1-6 所示是贝尔发明的电话,图 1-7 所示是电报机。

图 1-6 贝尔发明的电话机

图 1-7 莫尔斯人工电报机

第二阶段是电子信息通信阶段。从总体上看有移动通信技术、程控交换技术、传输技术、数据通信与数据网技术、接入网与接入技术。

【移动通信发展历史】

1928 年,美国普渡大学学生发明了工作于 2MHz 的超外差式无线电接收机,并很快在底特律的警察局投入使用,这是世界上第一种可以有效工作的移动通信系统。

20 世纪 40 年代中期至 60 年代初期,公用移动通信业务开始问世。1946 年,根据美国联邦通信委员会(FCC)的计划,贝尔系统在圣路易斯城建立了世界上第一个公用汽车电话网,称为"城市系统"。

1978 年年底，美国贝尔试验室研制成功先进移动电话系统（AMPS），建成了蜂窝状移动通信网。20 世纪 80 年代中期，欧洲和日本也纷纷建立了自己的蜂窝移动通信网络，主要包括英国的 ETACS 系统、北欧的 NMT-450 系统、日本的 NTT/JTACS/NTACS 系统等。这些系统被称为第一代蜂窝移动通信系统或 1G 系统。图 1-8 所示为世界上第一台手机。

1992 年，欧洲开始铺设全球第一个数字蜂窝移动通信网络——GSM（Global System Mobile），由于其优良的性能，GSM 在全球范围内迅速扩张，GSM 用户数一度超过全球蜂窝系统用户总数的 70%。此后，美国的 DAMPS 和日本的 JDC 等 2G 系统也相继投入使用。1993 年，美国推出了IS-95 CDMA 系统。

1995 年，ITU 将第三代移动通信系统（或 3G 系统）命名为国际移动电信 2000（IMT-2000）。具体 3G 技术包括 WCDMA、cdma2000、TD-SCDMA 三种系统，2008 年年底中国正式颁发 3G运营牌照。

【程控交换技术发展历史】

1878 年就出现了人工交换机，它是借助话务员进行话务接续，如图 1-9 所示。

图 1-8　第一台手机

图 1-9　人工交换机

1893 年步进制的交换机问世，它标志着交换技术从人工时代迈入机电交换时代。这种交换机属于"直接控制"方式，即用户可以通过话机拨号脉冲直接控制步进接续器做升降和旋转动作，从而自动完成用户间的接续，如图 1-10 所示。

1938 年纵横制（Cross Bar）交换机被发明，相对于步进制交换机，提高了可靠性和接续速度；提高了灵活性和控制效率，加快了速度。由于纵横制交换机具有一系列优点，因而它在电话交换发展上占有重要的地位，得到了广泛的应用。图 1-11 所示为纵横制交换机。

美国贝尔公司于 1965 年生产了世界上第一台商用存储程序控制的电子交换机（No.1 ESS），这一成果标志着电话交换机从机电时代跃入电子时代，如图 1-12 所示。

法国于 1970 年在拉尼翁（Lanion）开通了世界上第一个程控数字交换系统 E10，标志着交换技术从传统的模拟交换进入数字交换时代。

图 1-10　步进制交换机

图 1-11　纵横制交换机

【光纤通信发展历史】

1880 年，贝尔发明了一种利用光波作载波传递语音信息的"光电话"，它证明了利用光波作载波传递信息的可能性，是光通信历史上的第一步。

1960 年，美国科学家梅曼（Meiman）发明了第一个红宝石激光器。激光（LASER）与普通光相比，谱线很窄，方向性极好，是一种频率和相位都一致的相干光，特性与无线电波相似，是一种理想的光载波。因此，激光器的出现使光波通信进入了一个崭新的阶段。

1966 年，英籍华人高锟（K.C.Kao）博士首次利用无线电波导通信原理，提出了低损耗的光导纤维（简称光纤）概念。

1970 年，美国康宁公司首次研制成功损耗为 20dB/km（光波沿光纤传输 1km 后，光损耗为原有的 1%）的石英光纤，它是一种理想的传输介质。图 1-13 所示为光纤。

图 1-12　程控交换机

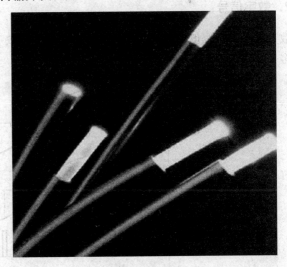

图 1-13　光纤

同年，贝尔实验室研制成功室温下连续振荡的半导体激光器（LD）。从此，开始了光纤通信迅速发展的时代，因此人们把 1970 年称为光纤通信元年。

1974 年，贝尔实验室发明了制造低损耗光纤的方法，光纤损耗下降到 1dB/km。

1976 年，日本电报电话公司研制出更低损耗光纤，损耗下降到 0.5dB/km。

1979 年，日本电报电话公司研制出 0.2dB/km 的极低损耗石英光纤（1.5μm）。

1984 年，实现了中继距离 50km、速率为 1.7Gbit/s 的实用化光纤传输系统。

20 世纪 90 年代以来，第四代光纤通信系统已经实现了在 2.5Gbit/s 速率上传输 4500km 和 10Gbit/s 的速率上传输 1500km。

1.2 通信基本概念

在学习具体的通信技术与通信系统前，首先需要了解一些通信的基本概念，为以后的学习扫清通信常识的障碍。

1.2.1 信号类型

我们知道所谓的通信是通过某种介质进行信息传递。"信号"是信息的表现形式，"信息"则是信号的具体内容。通信的实质是信号通过某种介质进行传递。

目前信号分为模拟信号与数字信号两类。

1. 模拟信号

模拟信号是指幅值连续的信号。其特点是幅度连续（连续的含义是在某一取值范围内可以取无限多个数值），如常见的正弦波信号（如图 1-14 所示）。

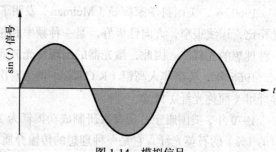

图 1-14 模拟信号

2. 数字信号

数字信号是指幅值离散的信号。其特点是幅值离散（离散的含义是在某一取值范围内可以取有限多个数值），如常见的脉冲信号（如图 1-15 所示）。

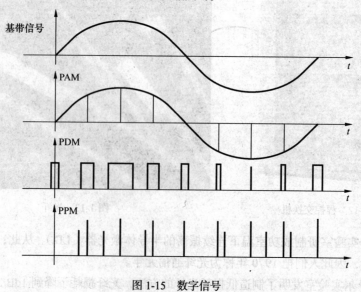

图 1-15 数字信号

1.2.2 脉冲编码调制

目前在我们的实际生活中，数字信号的使用频率要大大多于模拟信号的使用频率。因为数字信号在性能方面优于模拟信号，但是很多原始信号产生时是模拟信号，所以需要将模拟信号转换成数字信号。最常见的模数信号转换方法就是脉冲编码调制（PCM）技术。PCM 一共有 3 个步骤：抽样、量化、编码。

1. 抽样

所谓抽样就是每隔一定的时间间隔 T 抽取模拟信号的一个瞬时幅度值（样值）。抽样是由抽样门来完成的，在抽样脉冲 $S_T(t)$ 的控制下，抽样门闭合或断开，抽样频率 f_s 不是越高越好，f_s 太高时，将会降低信道的利用率。目前最常见的抽样频率是每秒 8000 次，每秒抽取 8000 个抽样值。图 1-16 所示为抽样过程。

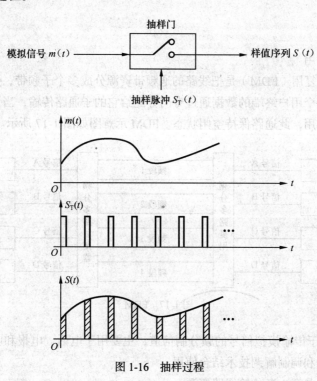

图 1-16 抽样过程

2. 量化

量化的意思是将时间域上幅度连续的样值序列变换为时间域上幅度离散的样值序列信号（即量化值）。量化分为均匀量化和非均匀量化两种。目前非均匀量化中的直接非均匀编解码法使用较多。量化级别共 256 个。

3. 编码

这里的编码指的是根据 A 律 13 折线非均匀量化间隔的划分直接对样值编码，称为非均匀编码，接收端再进行非均匀解码，即直接非均匀编解码法。每个量化级别可编码为 8 个二进制数字信号，即 8bit。

所以一路模拟信号在经过抽样、量化、编码以后所形成的 PCM 数字信号 = 8000 个样值/s× 8bit/样值=64kbit/s。

1.2.3 多路复用技术

多路复用技术是通信系统常用的技术，通常在有线通信中使用。

1．概念

为了提高信道利用率，使多路信号沿同一信道传输而互不干扰，称多路复用。

最常用的多路复用技术是频分多路复用和时分多路复用，另外还有统计时分多路复用和波分多路复用技术。

2．分类

（1）频分多路复用

定义：频分多路复用（FDM）是把线路的通频带资源分成多个子频带，分别分配给用户形成数据传输子通路，每个用户终端的数据通过专门分配给它的子通路传输，当该用户没有数据传输时，别的用户不能使用，此通路保持空闲状态。FDM 示意图如图 1-17 所示。

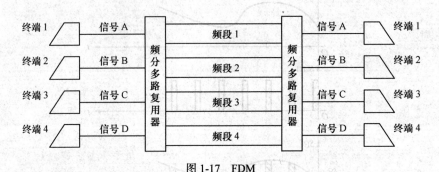

图 1-17 FDM

FDM 主要适用于传输模拟信号的频分制信道，主要用于电话、电报和电缆电视（CATV），在数据通信中，需要和调制解调技术结合使用。

优点：多个用户共享一条传输线路资源。

缺点：给每个用户预分配好子频带，各用户独占子频带，使得线路的传输能力不能充分利用。

（2）时分多路复用

定义：时分多路复用（TDM）采用固定时隙分配方式，即一条物理信道按时间分成若干个时间片，轮流地分配给多个信号使用，使得它们在时间上不重叠。每一时间片由复用的一个信号占有，利用每个信号在时间上的交叉，在一条物理信道上传输多个数字信号。

通过时分多路复用技术，多路低速数字信号可复用到一条高速数据速率的信道。图 1-18 所示为一个同步时分复用器的示意图。

优点：多路低速数字信号可共享一条传输线路资源。

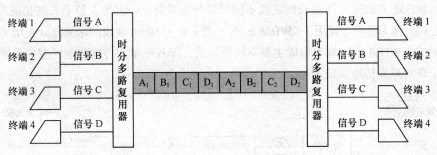

图 1-18 TDM

缺点：时隙是预先分配的，且是固定的，每个用户独占时隙，时隙的利用率较低，线路的传输能力不能充分利用。

（3）统计时分多路复用

定义：统计时分多路复用（STDM）根据用户实际需要动态地分配线路资源，因此也叫动态时分多路复用或异步时分多路复用。也就是当某一路用户有数据要传输时才给它分配资源，若用户暂停发送数据时，就不给其分配线路资源，线路的传输能力可用于为其他用户传输更多的数据，从而提高了线路利用率。这种根据用户的实际需要分配线路资源的方法称为统计时分多路复用。

图 1-19 所示为 TDM 和 STDM 复用原理的基本差别示意图。

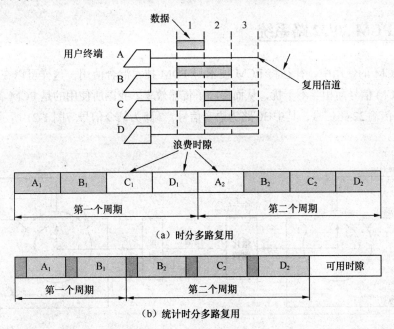

（a）时分多路复用

（b）统计时分多路复用

图 1-19 STDM 与 TDM 比较

优点：线路传输的利用率高。这种方式特别适合于计算机通信中突发性或断续性的数据传输。

（4）波分多路复用

定义：波分多路复用（WDM）是在一根光纤中同时传输多个波长光信号的一项技术。其基本原理是在发送端将不同波长的信号组合起来（复用），送入到光缆线路上的同一根光纤中进行传输，在接收端又将组合波长的光信号分开（解复用），恢复出原信号后送入不同的终端。

分类：WDM 系统按工作波长的波段不同可以分为两类：一类是在整个长波长波段内信道间隔较大的复用，称为粗波分复用（CWDM）；另一类是在 1550nm 波段的密集波分复用（DWDM）。

构成形式：WDM 系统基本构成主要有两种形式，即双纤单向传输和单纤双向传输。图 1-20 所示是一个单纤双向传输系统示例。

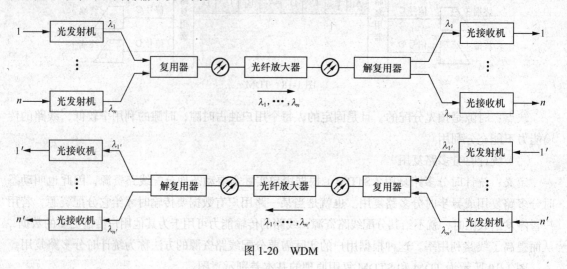

图 1-20 WDM

1.2.4 PCM 30/32 路系统

在实际 PCM 的使用中，往往将 PCM 技术与 TDM 技术混合使用，这样可以在一条信道中混和传输多路 PCM 信号而相互不干扰，从而提高了传输效率。我国所使用的是 PCM 30/32 路系统。在每条信道中传输 32 路信号，其中 30 路为语音信号，2 路为信令信号。图 1-21 所示是 PCM 30/32 路系统图。

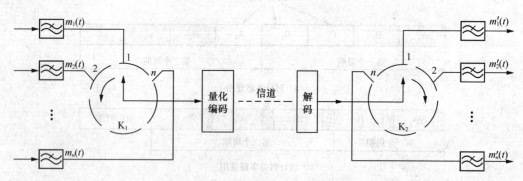

图 1-21 PCM 30/32 路系统图

在具体介绍 PCM 30/32 路系统前先了解几个基本概念。

时隙：很小的时间片断，在 PCM 30/32 路系统中每个时隙长度为 3.9μs，每个时隙中可以传输 8bit。

帧：由若干个时隙所组成的结构，在 PCM 30/32 路系统中每个帧的时间长度是 125μs，每帧中有 32 个时隙。

抽样频率：在 PCM 中每秒抽样次数。在 PCM 30/32 路系统中抽样频率为 8000 次/s，每次抽样间隔为 125μs。

图 1-22 所示是 PCM30/32 路系统（称为基群，也叫一次群）的帧结构图。

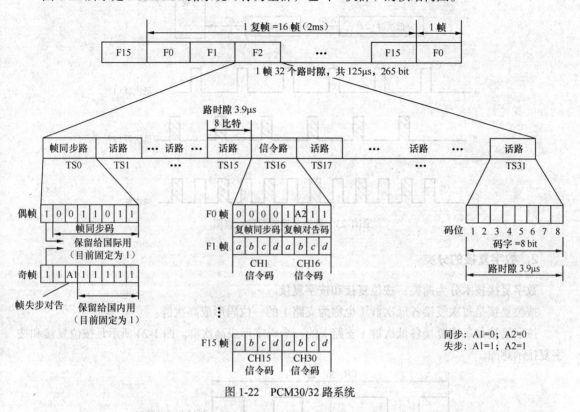

图 1-22　PCM30/32 路系统

语音信号根据原 CCITT 建议采用 8kHz 抽样，抽样周期为 125μs，所以一帧的时间（即帧周期）$T = 125μs$。每一帧由 32 个路时隙组成（每个时隙对应一个样值，一个样值编 8 位码），其中：①30 个话路时隙（TS1～TS15，TS17～TS31），②帧同步时隙（TS0），③信令与复帧同步时隙（TS16）。

PCM 30/32 系统的传输速率 = 8bit/时隙 × 32 时隙/帧 × 8000 帧/s = 2.048Mbit/s。

1.2.5　数字复接技术

国际上主要有两大系列的准同步数字体系，都经原 CCITT 推荐，即 PCM 24 路系列和 PCM 30/32 路系列。北美和日本采用 1.544Mbit/s 作为第一级速率（即一次群）的 PCM 24 路数字系列，但两者又略有不同；欧洲和中国则采用 2.048Mbit/s 作为第一级速率（即一次群）的 PCM30/32 路数字系列。

为了扩大数字通信容量，将若干个一次群形成二次群及以上的高次群，我们可以采用数字复接技术。

1. 数字复接概念

数字复接是将几个低次群在时间的空隙上叠加合成高次群。例如将 4 个一次群合成二次群，4 个二次群合成三次群等。图 1-23 所示是数字复接的原理示意图。

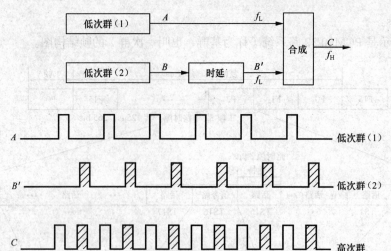

图 1-23　数字复接的原理示意图

2．数字复接的分类

数字复接技术分为两类：按位复接和按字复接。

按位复接是每次复接各低次群（也称为支路）的一位码形成高次群。

按字复接是每次复接各低次群（支路）的一个码字形成高次群。图 1-24 所示是按位复接和按字复接示意图。

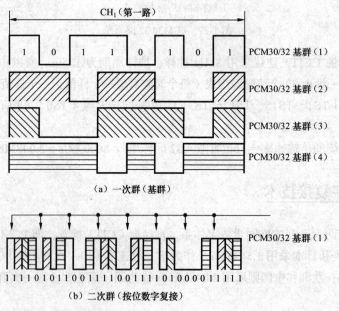

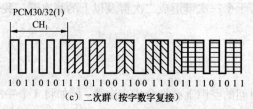

图 1-24　按位复接和按字复接示意图

3．数字复接系统构成

数字复接系统主要由数字复接器和数字分接器两部分组成，如图 1-25 所示。

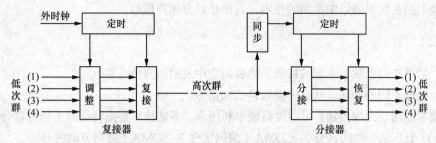

图 1-25　数字复接系统构成

数字复接器的功能是把 4 个支路（低次群）合成一个高次群。它是由定时、码速调整（或变换）和复接等单元组成的。定时单元给设备提供统一的基准时钟（它备有内部时钟，也可以由外部时钟推动）。码速调整（同步复接时是码速变换）单元的作用是把各输入支路的数字信号的速率进行必要的调整（或变换），使它们获得同步。这里需要指出的是 4 个支路分别有各自的码速调整（或变换）单元，即 4 个支路分别进行码速调整（或变换）。复接单元将几个低次群合成高次群。

数字分接器的功能是把高次群分解成原来的低次群，它由定时、同步、分接和恢复等单元组成。分接器的定时单元是由接收信号序列中提取的时钟来推动的。借助于同步单元的控制使分接器的基准时钟与复接器的基准时钟保持正确的相位关系，即保持同步。分接单元的作用是把合路的高次群分离成同步支路信号，然后通过恢复单元把它们恢复成原来的低次群信号。

4．PCM 高次群速率

PCM 24 路系统和 PCM 30/32 系统的高次群示意图如图 1-26 所示。

准同步数字体系的码速率

	欧洲系列	日本系列	美国系列
五次群（E5）：	565Mbit/s	1.6Gbit/s	
	×4	×4	
四次群（E4）：	139Mbit/s	400Mbit/s	274Mbit/s
	×4	×4	×6
三次群（E3）：	34Mbit/s	100Mbit/s	
	×4	×3	
二次群（E2）：	8Mbit/s	32Mbit/s	45Mbit/s
	×4	×5	×7
一次群（基群）（E1）：	2Mbit/s	6.3Mbit/s	6.3Mbit/s
		×4　　×4	
		1.5Mbit/s	

图 1-26　PCM 高次群速率

1.2.6 多址技术

多址技术是在无线通信中常用的技术，目的是区分用户信号。

1. 概念

发端：给用户信息赋予不同的特征，然后向空中发射，自然合路。

收端：根据不同的特征，从空中提取自己的信号。

多址技术适用于无线传输，可以提高频率利用率。多址技术根据特征的不同可以分为 FDMA（频率区分）、TDMA（时间区分）、CDMA（编码区分）、SDMA（空间方向区分）。

图 1-27 所示是 FDMA、TDMA、CDMA 的示意图。

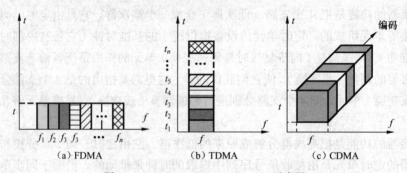

图 1-27 FDMA、TDMA、CDMA 示意图

2. 分类

（1）频分多址技术

概念：以频率区分不同的用户信号，每个用户占用一个频道传输信息。

频分多址（FDMA）技术的工作原理是在发端将每个用户的信息调制到不同载频上传输；在收端接收解调获取自己的信息。图 1-28 所示是 FDMA 示意图。

FDMA 的特点：频率利用率低，系统容量有限；每个频道一对频率，只可送一路语音；信息连续传输；不需要复杂的成帧、同步和突发脉冲序列的传输，MS 设备相对简单；技术成熟，易实现，但保密性差；独立应用于模拟系统。

（2）时分多址技术

概念：以传输时间区分不同的用户信号，每个用户占用一个频道的不同时间段传输信息。

时分多址（TDMA）技术的工作原理是在发端将每个用户的信息调制到一个载频上，在规定的时间段传输；在收端在规定的时间段接收解调获取自己的信息。图 1-29 所示是 TDMA 示意图。

TDMA 特点：少量发射机可避免多发射机同时工作而产生互调干扰，抗干扰能力强，保密性好，不存在频率分配问题，对时隙的管理和分配简单而经济；对时隙动态分配，有利于提高容量，系统容量较 FDMA 大，需要严格定时与同步，以免信号重叠或混淆。

（3）码分多址技术

概念：以不同编码特征区分不同的用户信号，每个用户、信息、基站用不同的编码调制（地址码调制）。

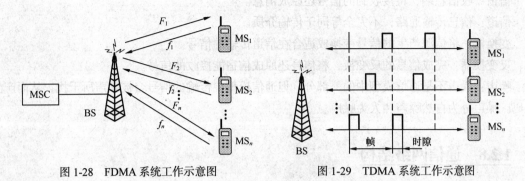

图1-28 FDMA系统工作示意图　　　　　图1-29 TDMA系统工作示意图

码分多址（CDMA）技术的工作原理：在发端将不同用户信息用不同的地址码调制后传输；在收端用与发送端相同的地址码解调获取自己的信息。图1-30所示是CDMA示意图。

多址技术中相同频段的系统容量：CDMA>TDMA>FDMA。

（4）空分多址技术

概念：以不同空间方向性区分不同的用户信号，每个用户占用不同的空间波束。

空分多址（SDMA）技术的工作原理：采用自适应阵列天线，根据来波方向角估算确定定向发射方向，一般不单独使用。图1-31所示是SDMA示意图。

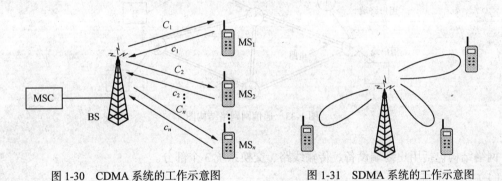

图1-30 CDMA系统的工作示意图　　　　图1-31 SDMA系统的工作示意图

1.2.7 通信模型

具体的通信系统中涉及大量具体设备，但所有通信系统可以抽象为一个通信模型，它涵盖了所有通信系统的特征。

通信模型由信源、信宿、变换器、反变换器、信道组成，结构如图1-32所示。

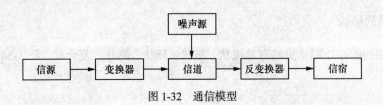

图1-32 通信模型

信源：发信息端，将各类消息转换成信号。

信宿：收信息端，将接收到的信号还原成消息。

信道：信息传输通路，不完全等同于传输介质。

变换器：将信源产生的信号变换成适合在信道传输的信号。

反变换器：完成信号的反变换，将信号还原成信宿能接收的信号。

噪声：噪声不是通信模型中的一部分，但通信模型中传输的信号会被噪声所干扰，从而产生误码。噪声分为自然噪声和人为噪声。

1.2.8　通信网络结构

1．通信网的组成

通信网是由若干用户终端（A，B，C，…）通过传输系统链接起来的系统。用户终端之间通过一个或多个节点链接，在节点处提供交换、处理网络管理等功能。图 1-33 所示是其网络结构图。

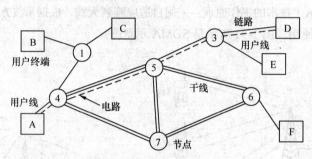

图 1-33　通信网网络结构图

网络结构包括用户终端设备、传输线路、交换系统 3 个部分。

（1）用户终端设备

用户终端设备是通信网中的源点和终点，它除对应于信源和信宿之外还包括了一部分变换和反变换装置，如电话机、传真机、计算机等。

（2）传输线路

传输线路是交换设备之间的通信路径，承载用户信息和信令、协议。

（3）交换系统

交换系统用于把点对点通信系统连接成通信网，完成网内选路功能，从而实现网内任意用户之间都能相互交换信息。

2．通信网的结构

通信网络结构的拓扑图常见的有总线状、星状、环状、网状、复合状。图 1-34 所示是网络拓扑图。

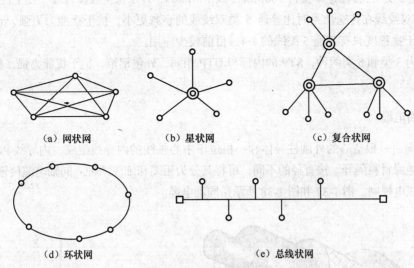

（a）网状网　　　　　（b）星状网　　　　　　（c）复合状网

（d）环状网　　　　　　　　　（e）总线状网

图 1-34　通信网网络拓扑图

1.2.9　传输介质

通信系统的传输介质是用来传递信号的某种介质。常见的传输介质包括双绞线、同轴电缆、光纤、无线电波等。

1. 双绞线电缆

将一对以上的双绞线封装在一个绝缘外套中，为了降低信号的干扰程度，电缆中的每一对双绞线一般是由两根绝缘铜导线相互扭绕而成的，因此也把它称为双绞线（TP）。双绞线分为非屏蔽双绞线（UTP）和屏蔽双绞线（STP）。图 1-35 所示是 UTP，图 1-36 所示是 STP。

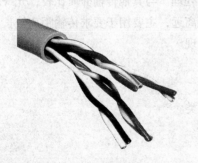

图 1-35　UTP

图 1-36　STP

目前市面上出售的 UTP 分为 3 类、4 类、5 类和超 5 类 4 种。

3 类：传输速率支持 10Mbit/s，外层保护胶皮较薄，皮上注有 "cat3"。

4 类：定义了传输特性可达 20MHz 的无屏蔽双绞线电缆及其相关的连接硬件，网络中不常用，外层保护胶皮上注有 "cat4"。

5 类（超 5 类）：传输速率支持 100Mbit/s 或 10Mbit/s，外层保护胶皮较厚，皮上注有"cat5"。

超 5 类双绞线在传送信号时比普通 5 类双绞线的衰减更小，抗干扰能力更强，在 100Mbit/s 网络中，受干扰程度只有普通 5 类线的 1/4，目前较少应用。

STP 分为 3 类和 5 类两种，STP 的内部与 UTP 相同，外包铝箔，抗干扰能力强，传输速率高，但价格昂贵。

2．同轴电缆

同轴电缆由一根空心的外圆柱导体和一根位于中心轴线的内导线组成，内导线和圆柱导体及外界之间用绝缘材料隔开。按直径的不同，可将其分为粗缆和细缆两种。同轴电缆传输带宽较大，大量用于有线电视网。图 1-37 和图 1-38 所示是同轴电缆。

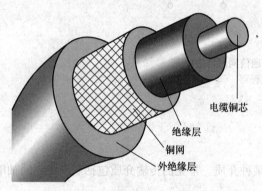

图 1-37　同轴电缆示意图

图 1-38　同轴电缆

3．光纤

由一组光导纤维组成的，用来传播光束的、细小而柔韧的传输介质叫做光纤。应用光学原理，由光发送机产生光束，将电信号变为光信号，再把光信号导入光纤，在另一端由光接收机接收光纤上传来的光信号，并把它变为电信号，经解码后再处理。与其他传输介质比较，光纤的电磁绝缘性能好、信号衰小、频带宽、传输速率快、传输距离远，主要用于要求传输距离较长、布线条件特殊的主干网连接。目前光纤到户也已逐步开始实现。

4．无线传输

无线传输包括卫星通信、微波通信和移动通信三类。

1.2.10　通信系统主要性能指标

通信系统的主要性能指标包括有效性、可靠性、适应性、经济性、保密性、标准性、维护性等，其中最主要的性能指标是有效性与可靠性。

1．有效性

有效性：指在给定信道内可传输信息内容的多少，即信道资源利用效率。

衡量系统有效性的主要指标是频带利用率。

频带利用率是指单位频带内的调制速率或传信速率，即每赫兹的波特数（baud/Hz）或每赫兹每秒的比特数（bit/（s·Hz））。用公式表示为：

η = 系统的调制速率（baud）/系统的频带宽度（Hz）　　　　（baud/Hz）

η = 系统的传信速率（bit/s）/系统的频带宽度（Hz）　　　　（bit/（s·Hz））

一般来说，数据传输系统所占的频带越宽，传输信号的能力就越大。

2. 可靠性

可靠性：指接收信息的准确程度，即传输信道传输信息的质量。

衡量数据通信系统可靠性的指标是传输的差错率，常用的有误码（比特）率、误字符率和误码组率等。其定义如下。

误码率（Pe）= 接收出现差错的比特数（Ne）/总的发送比特数（N）

误字符（码组）率 = 接收出现差错的字符（码组）数/总的发送字符（码组）数

差错率是一个统计平均值，因此在测试或统计时总的发送比特（字符、码组）数应达到一定数量，否则得出的结果将失去意义。

3. 两者关系

有效性与可靠性的关系：有效性越高，可靠性越差；可靠性越高，有效性越差。

1.3　全程全网概念

现代通信网络类型多样，功能复杂，每个具体的通信网络都有自己的特点。在我们学习不同的网络之前，首先了解涵盖所有通信网络的全程全网概念，有利于后面具体网络的掌握。

1.3.1　概念

信息在发起端通过终端接入设备、传输链路、交换设备以及相应的信令系统、通信协议和运行支撑系统的共同协作，到达接收端，完成通信全过程，在此过程中所经过的各个具体网络、设备、协议的总和被称为全程全网。

1.3.2　分类

在全程全网的概念中，根据网络具体位置与功能的不同，大致分为接入网、传输网、交换网、支撑网 4 个部分。全程全网结构如图 1-39 所示。

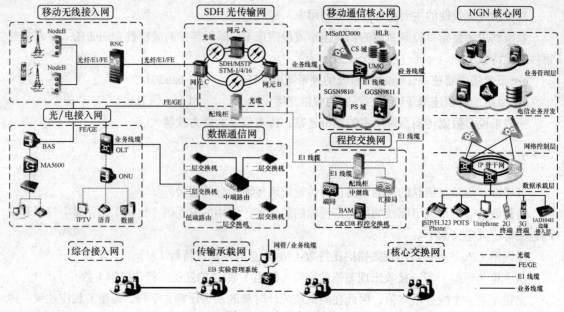

图 1-39　全程全网结构

1.3.3　接入网

接入网介于本地交换机和用户之间，主要完成使用户接入到核心网的任务，起到承上启下的作用，通过接入网将核心网的业务提供给用户。接入网是一种透明传输体系，本身不提供业务，由用户终端与核心网配合提供各类业务。接入网通常包括用户线传输系统、复用设备、交叉连接设备或用户/网络终端设备。接入网长度一般为几百米到几千米，因而被形象地称为"最后一公里"（英文原为 "Last Mile"，即 "最后一英里"）。

接入网从物理上可分为馈线段、配线段和引入线段，图 1-40 所示为接入网的一般物理结构图。

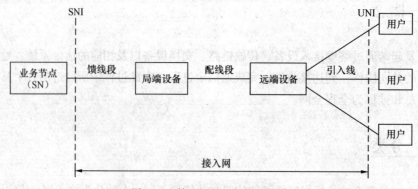

图 1-40　接入网的一般物理结构

1.3.4　传输网

目前传输技术最常用的是"准同步数字系列"（Plesiochronous Digital Hierarchy，PDH）；另一

种叫"同步数字系列"（Synchronous Digital Hierarchy，SDH）。

20 世纪 80 年代中期，PDH 大规模应用，但 PDH 存在着一些固有的缺陷，如有两种体系、难以兼容、没有统一的光接口规范等。随后出现了一种有机地结合了高速大容量光纤传输技术和智能网技术的新体制——SDH。

SDH：同步数字系列，是在 PDH 基础上发展起来的。原 CCITT G.707 的建议中，对同步转移模式 STM-1（Synchronous Transfer Mode）155.5201Mbit/s 以上（从 STM-1 至 STM-4 至 STM-16）的更高速率都采用高一级的速率正好等于低一级的速率的 4 倍，即 STM-1 为 155.5201Mbit/s，STM-4 为 622.0804Mbit/s，STM-16 为 2488.3216Mbit/s。这样的复接系列称为 SDH。

我国的传送网分为 4 个层次：省际干线网、省内干线网、本地中继网和用户接入网。

1.3.5　交换网

交换即转接，是通信网实现数据传输的必不可少的技术。交换即各个终端之间通过公共网（交换节点）传输语言、文本、数据及图像等业务。任何一个主叫信息都可通过交换节点发送给所需的一个或多个被叫用户。

目前，常用的交换技术有电路交换、分组交换、帧交换及 ATM 交换等，各种交换方式的关系如图 1-41 所示。

图 1-41　各种交换方式的关系

1.3.6　支撑网

支撑网（supporting network）是现代电信网运行的支撑系统。一个完整的电信网除了传递电信业务为主的业务网之外，还需有若干个用来保障业务网正常运行、增强网路功能、提高网路服务质量的支撑网路。支撑网中传递相应的监测和控制信号。支撑网包括信令网、同步网和电信管理网等。

1.4　固定电话通信过程

固定电话通信是一种最基本的通信方式，其他通信方式都是以此为基础发展的。下面以一次"打电话"过程来简要说明固定电话通信过程。

1.4.1　电话接续过程

固定电话通信主要以语音通信为主，需要由两个用户配合进行（当然也可以有多个用户，如三方通话、会议电话等），发起呼叫的一方称为主叫用户（或主叫），接收呼叫的一方称为被叫用户（或被叫）。

主叫 A 摘机；听拨号音；接着拨被叫 B 的号码，如被叫 B 空，则主叫 A 听回铃音，被叫 B 电话机响铃；当被叫 B 摘机后，双方开始通话；当其中一方挂机，另一方听忙音，提示本次通话结束，挂机恢复空闲，以备下次通话。

从以上通话过程可看出；电话通信是分阶段的，一次通话是由多个不同的阶段（或动作）构成的，如摘机、通话、挂机等。在不同的通信过程中，这些阶段可能是不同的，有多有少，有先有后，是由用户和交换机共同作用决定的。

1.4.2　电话通信所需设备

上述电话通信过程需要由相关通信设备相互配合完成，这些设备组合在一起就构成了固定电话通信网。

电话通信网的基本组成设备是终端设备、传输设备、交换设备，如图 1-42 所示。

最简单的终端设备是电话机，电话机的基本功能是完成声电转换和信令功能，将人的语音信号转换为交变的语音电流信号，并完成简单的信令功能。

传输设备的功能是将电话机和交换机、交换机与交换机连接起来。常用的传输设备有电缆、光纤等。

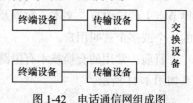

图 1-42　电话通信网组成图

交换机的基本功能是完成交换，即将不同的用户连接起来，以便完成通话。

1.4.3　电话通信中的信号

用户之间交流的信息称为业务信号。电话通信的根本目的是保证用户之间的这些信息能够准确地传送到对方，所以在电话接续过程中需要一些控制信号来控制接续的有序进展，这些控制信号就称为信令。信令根据其传送区域可分为用户线信令和局间信令。

1. 用户线信令

用户信令是交换网中在用户话机和交换机之间传送的信令，它包括用户状态信号、用户拨号所产生的数字信号以及铃流和信号音。

（1）用户状态信号

用户状态信号又称用户线监视信号，由用户话机叉簧形成或切断用户线直流回路所产生，用于反映用户的摘机或挂机的状态。一般情况下，交换机对用户话机的直流馈电电流规定为 18～50mA，因此，用户摘机信号应该是从无直流电流到有上述直流电流的变化；相反，用户挂机信号应该是从有上述直流电流至无直流电流之间的变化。

（2）数字信号

用户话机发出的数字信号（即号码信息）又称选择信号，是交换机进行选择和接续的依据。在使用号盘话机或直流脉冲（DP）按键话机的情况下，数字信号为直流脉冲；在使用双音多频（DTMF）按键话机的情况下，数字信号为双音频信号的组合。双音频信号组合情况如表 1-1 所示。

表 1-1　　　　　　　　　　　　　　DTMF 信号频率组合表

低频群（Hz） 高频群（Hz）		H1	H2	H3	H4
		1209	1336	1477	1633
L1	697	1	2	3	13
L2	770	4	5	6	14
L3	852	7	8	9	15
L4	941	11（＊）	0	12（＃）	16

（3）铃流和信号音

铃流和信号音都是由交换局向用户话机发送的信号。

铃流是提示用户有电话呼入的信号，铃流源为 25Hz、75V 正弦波，振铃为 5s 断续，即 1s 送，4s 断。

信号音信号音源为 450Hz 或 950Hz 正弦波，需要时还可以启用 1400Hz 和 1800Hz 信号音源。各种信号音的含义及结构见表 1-2。

表 1-2　　　　　　　　　　　　　　信号音的含义及结构

信号音频率	信号音名称	含义	时间结构（"重复周期"或"连续"）	电平		
				−10±3dBm	−20±3dBm	0～25dBm
450Hz	拨号音	通知主叫用户可以开始拨号		√		
	特种拨号音	对用户起提示作用的拨号音（例如，提醒用户撤销原来登记的转移呼叫）	400　40 440ms	√		
	忙音	表示被叫用户忙	0.35　0.35 0.7s	√		
	拥塞音	表示线路拥塞	0.7　0.7 1.4s	√		
	回铃音	表示被叫用户处在被振铃状态	1.0　4.0 5s	√		
	空号音	表示所拨叫号码为空号	0.1　0.1　0.4　0.4 1.4s	√		

续表

信号音频率	信号音名称	含义	时间结构（"重复周期"或"连续"）	电平		
				−10±3dBm	−20±3dBm	0～25dBm
450Hz	长途通知音	用于话务员长途呼叫市忙的被叫用户时的自动插入通知音	0.2 0.2 0.2 0.6　1.2s		√	
	排队等待音	用于具有排队性能的接续，以通知主叫用户等待应答	可用回铃音代替或采用录音通知		√	
	呼入等待音	用于"呼叫等待"服务，表示有第三者等待呼入	0.4 4.0　4.4s		√	
950Hz	提醒音	用于三方通话的接续状态（仅指用户），表示接续中存在第三者	0.4 10.0　10.4s		√	
	证实音	证实音由立去台话务员自发自收，用以证实主叫用户号码的正确性			√	
	催挂音（嘟鸣音）	用于催请用户挂机	1. 连续式 2. 采用五级响度逐级上升			√

2. 局间信令

局间信令是在交换机与交换机之间的中继线上传送的信令，主要包括局间接续所需的占线、应答、拆线等监视信令及控制接续的选择信令和证实信令等。

信令按信令信道可分为随路信令和公共信道信令。公共信道信令是指在电话网中各交换局的处理机之间用一条专门的数据通路来传送信令信息的一种信令方式，我国目前使用的 No.7 信令就是公共信道信令。

3. 电话接续的信令流程

一次局间电话接续过程的信令流程如图 1-43 所示。

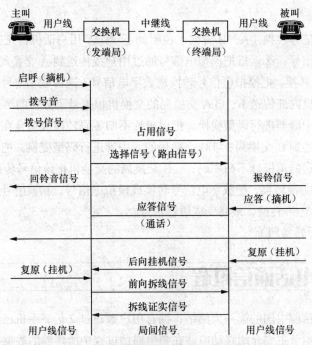

图 1-43 电话接续过程信令流程图

局间电话接续的信令流程说明如下：①当用户摘机时，用户摘机信号送到发端交换机；②发端交换机收到用户摘机信号后，立即向主叫用户送出拨号音；③主叫用户拨号，将被叫用户号码送给发端交换机；④发端交换机根据被叫号码选择局向及中继线，发端交换机在选好的中继线上向收端交换机发送占用信号，并把被叫用户号码送给收端交换机；⑤收端交换机根据被叫号码将呼叫连接到被叫用户，向被叫用户发送振铃信号，并向主叫用户送回铃音；⑥当被叫用户摘机应答时，收端交换机收到应答信号，收端交换机将应答信号转发给发端交换机；⑦用户双方进入通话状态，这时线路上传送语音信号；⑧话终挂机复原，传送拆线信号；⑨收端交换机拆线后，回送一个拆线证实信号，一切设备复原。

4．电话通信中的信号转换

电话通信网中传送的信号有模拟信号和数字信号，数字信号又可分为单极性码和双极性码，不归零码和归零码。模拟信号适合在模拟信道传送，而不同码型的数字信号则适合在相应的数字信道传送。下面以一次局间电话接续说明各种信号的转换过程，如图 1-44 所示。

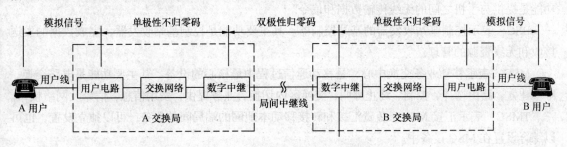

图 1-44 局间呼叫接续信号转换图

图中 A 用户、B 用户为终端设备，用户线、局间中继线为传输设备，A 交换局、B 交换局则

为交换设备。

局间电话接续的信号转换（A→B 方向）说明如下：①A 用户话机首先进行声/电转换，把语音信号转换成模拟电信号；②话机把模拟电信号通过用户线传送到 A 交换局的交换机用户电路，由用户电路进行模/数转换，把模拟电信号转换成数字电信号（这种数字信号是最简单的单极性不归零码，适合在交换机内部传送）；③A 交换局的交换机根据号码分析的结果，选定一个至 B 交换局的出中继，由该中继器进行码型变换，把单极性不归零码转换成适合在长距离中继线上传送的双极性归零码，传送到 B 交换局；④B 交换局的入中继进行码型变换，把双极性归零码转换成适合在交换机内部传送的单极性不归零码；⑤B 交换局的交换机把该信号传送到 B 用户的用户电路，由用户电路进行数/模转换，把数字电信号转换成模拟电信号；⑥该信号通过用户线的传送到达 B 用户话机，进行电/声转换，最终变成语音信号。

B→A 方向的信号转换同上。

1.5　移动电话通信过程

移动通信网络是目前中国的第一大网络，拥有用户数超过 7 亿。手机已经成为人们日常生活中不可或缺的工具。本节主要介绍移动电话在整个通话过程中所传输的数据与经过的通信设备。

1.5.1　移动电话通信基本设备

移动电话通信过程如图 1-45 所示。

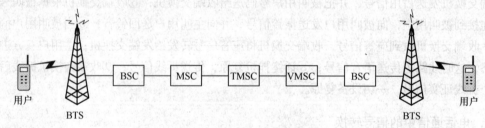

图 1-45　移动电话通信过程

用户：表示用户所使用的手机。

BTS：表示与用户手机联系的基站收发器，是移动通信与用户手机联系的直接设备，其主要功能是提供与手机之间的无线传输数据和信令。

BSC：表示控制基站收发器的基站控制器。其主要功能是控制基站收发器，完成数据的发送接收和无线资源的管理。

MSC：表示移动业务交换中心，是移动通信过程中最核心的设备。其主要功能是电路交换，呼叫建立，路由选择，控制、终止呼叫，交换区内切换，业务提供，费用信息，信令及网络接口。

TMSC：表示汇接 MSC。负责汇接和转接移动本地网的端局间的业务，可以独立设置，也可以综合设置在 MSC 设备中。

VMSC：表示被叫用户端的 MSC。VMSC 与 MSC 的设备及功能完全相同，VMSC 只是用来区分被叫方的 MSC。

1.5.2　移动电话通信基本过程

① 用户在手机上拨号，拨号完毕后按下发射键。

② 手机自动将被叫方的号码，以及国际移动用户识别码 IMSI（用于鉴别用户身份的合法性）、国际移动设备识别码 IMEI（用于鉴别用户手机的合法性）共三组号码发给基站收发器。

③ 基站收发器将收到的三组号码发给 BSC，BSC 在收到后再转发给主叫用户所在地区的 MSC。

④ MSC 在收到三组号码后，首先分析 IMSI 来判断用户身份的合法性，如果用户是合法用户，则继续分析 IMEI 来判断用户手机的合法性；如果用户手机是合法手机，则分析主叫用户所拨叫的号码，即被叫方号码。

⑤ MSC 通过分析被叫方号码，判断出被叫用户所在大致区域。然后 MSC 将被叫号码传输给 TMSC，进行数据汇接。

⑥ TMSC 将号码发给被叫方所在的 MSC，即 VMSC。

⑦ VMSC 通过收到的号码分析被叫用户的合法性，如果被叫用户是合法用户则判断被叫用户的目前状态。

⑧ 如果被叫用户处于状态忙或者是关机状态，则 VMSC 向主叫用户方发送相应提示信息。

⑨ 如果被叫用户处于空闲状态，VMSC 根据被叫用户目前所在位置，在整个位置区的所有基站发出呼叫，同时向主叫用户发送回铃音。

⑩ 当被叫用户接通电话后，双方电路接通开始通话，通话结束后一方挂机，整个移动电话通话过程结束。

1.6　数据通信过程

20 世纪是电话的时代，一个多世纪以来，以电话服务为主的电信业走出了一条成功之路，取得了极大的发展。数据通信是从 20 世纪 50 年代末开始，随着电子计算机的发展和广泛应用而开发的一种通信方式。在 20 世纪 70 年代中后期以后，基于 X.25 建议分组交换数据通信很快遍地开花，进入了商用化时代。从此，数据通信就日益蓬勃地发展了起来，所采用的技术越来越先进，所提供的业务越来越多，传输速率也越来越高。

1.6.1　数据通信定义

在定义数据通信之前，首先来看看数据的定义。人们几乎每天都要接触到它，例如各种实验数据、各类统计报表等。尽管人们经常处理数据，但对数据还没有统一的定义。通常在数据通信中所说的"数据"，可以认为是预先约定的、具有某种含义的任何一个数字或一个字母（符号）以及它们的组合，并能被计算机所接收的形式。因此，数据就是能被计算机处理的一种信息编码（或消息）形式。

数据通信传送的是数据，它通常是机器与机器之间的通信或人与机器之间的通信。一般指的是计算机与计算机之间或计算机与其他数据终端之间的通信，它包括数据的处理、存储、传输和交换。

数据通信系统是通过数据电路将分布在远地的数据终端设备与计算机系统连接起来，实现数据传输、交换、存储和处理的系统。计算机通信系统是数据通信系统的一种，下面将重点介绍这种系统的通信过程。

1.6.2　OSI 参考模型

OSI 参考模型（Open System Interconnection Reference Model，开放系统互连参考模型）是国际标准化组织（International Standards Organization，ISO）提出的一个试图使各种计算机在世界范围内互连为网络的标准框架，缩写为 OSI/RM。

在制定计算机网络标准方面，起着重大作用的两大国际组织是：国际电报与电话咨询委员会（CCITT）和国际标准化组织（ISO）。虽然它们工作领域不同，但随着科学技术的发展，通信与信息处理之间的界限开始变得比较模糊，这也成了 CCITT 和 ISO 共同关心的领域。1983年，ISO 发布了著名的 ISO/IEC 7498 标准，它定义了网络互连的七层框架，也就是开放式系统互连参考模型。

1．OSI 划分层次的原则

① 网络中各节点都有相同的层次。
② 不同节点相同层次具有相同的功能。
③ 同一节点相邻层间通过接口通信。
④ 每一层可以使用下层提供的服务，并向上层提供服务。
⑤ 不同节点的同等层间通过协议来实现对等层间的通信。

2．网络层次划分

OSI 将计算机网络体系结构（Architecture）划分为七层，如图 1-46 所示。

图 1-46　OSI/RM 七层

3．各层功能

在了解 OSI/RM 各层功能之前，让我们来看看一个邮件收发过程是怎么来完成的，如图 1-47所示。

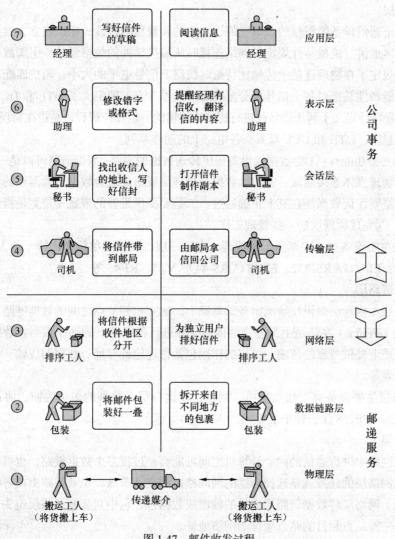

图 1-47 邮件收发过程

现在将各层功能比喻成这个邮件收发过程，以帮助我们更好地来理解这些层次的功能，如表 1-47 所示。

表 1-3   OSI/RM 各层功能描述

分 层 名	功 能 描 述	比 喻
7 应用层	用户的应用程序与网络之间的接口	老板
6 表示层	协商数据交换格式	相当于公司中简报老板、替老板写信的助理
5 会话层	允许用户使用简单易记的名称建立连接	相当于公司中收寄信、写信封与拆信封的秘书
4 传输层	提供终端到终端的可靠连接	相当于公司中跑邮局的送信职员
3 网络层	找到合适路由经过大型网络	相当于邮局中的排序工人
2 数据链路层	决定访问网络介质的方式	相当于邮局中的装拆箱工人
1 物理层	将数据转换为可通过物理介质传送的电信号	相当于邮局中的搬运工人

下面详细说明各层具体完成的功能、各层中数据的形式以及完成该层功能的典型设备或协议。

（1）物理层

物理层规定通信设备的机械的、电气的、功能的和规程的特性，用以建立、维护和拆除物理链路连接。具体地讲，机械特性规定了网络连接时所需接插件的规格尺寸、引脚数量和排列情况等；电气特性规定了在物理连接上传输比特流时线路上信号电平的大小、阻抗匹配、传输速率距离限制等；功能特性是指对各个信号先分配确切的信号含义，即定义了 DTE 和 DCE 之间各个线路的功能；规程特性定义了利用信号线进行比特流传输的一组操作规程，是指在物理连接的建立、维护、交换信息时，DTE 和 DCE 双方在各电路上的动作系列。

物理层的主要功能有：①为数据端设备提供传送数据的通路，数据通路可以是一个物理媒体，也可以由多个物理媒体连接而成；②传输数据，物理层要形成适合数据传输需要的实体，为数据传送服务，一是要保证数据能在其上正确通过，二是要提供足够的带宽（带宽是指每秒钟内能通过的比特数）；③完成物理层的一些管理工作。

物理层的主要设备有：中继器、集线器，在这一层，数据的单位为比特（bit），定义的典型规范代表包括：EIA/TIA RS-232、EIA/TIA RS-449、V.35、RJ-45 等。

（2）数据链路层

数据链路层在物理层提供比特流服务的基础上，建立相邻节点之间的数据链路，通过差错控制提供数据帧（Frame）在信道上无差错的传输，并进行各电路上的动作系列。数据链路层在不可靠的物理介质上提供可靠的传输，该层的作用包括物理地址寻址、数据的成帧、流量控制和数据的检错、重发等。

数据链路层主要设备有二层交换机、网桥，在这一层，数据的单位为帧，协议的代表包括SDLC、HDLC、PPP、STP、帧中继等。

（3）网络层

在计算机网络中进行通信的两个计算机之间可能会经过很多个数据链路，也可能还要经过很多通信子网。网络层的任务就是选择合适的网间路由和交换节点，也就是路由或者叫寻径，确保数据及时传送。网络层将数据链路层提供的帧组成数据包，包中封装有网络层包头，其中含有逻辑地址信息——源站点和目的站点地址的网络地址。

网络层主要设备有路由器，在这一层，数据的单位为数据包（Packet），协议的代表包括IP、IPX、RIP、OSPF 等。

（4）传输层

传输层是两台计算机经过网络进行数据通信时，第一个端到端的层次，具有缓冲作用。当网络层服务质量不能满足要求时，它将服务加以提高，以满足高层的要求；当网络层服务质量较好时，它只用很少的工作。传输层还可进行复用，即在一个网络连接上创建多个逻辑连接。传输层也称为运输层，只存在于端开放系统中，是介于低 3 层通信子网系统和高 3 层之间的一层，但是是很重要的一层，因为它是源端到目的端对数据传送进行控制从低到高的最后一层。此外传输层还要具备差错恢复、流量控制等功能，以此对会话层屏蔽通信子网在这些方面的细节与差异。传输层面对的数据对象已不是网络地址和主机地址，而是和会话层的界面端口。

传输层主要设备有网关（Gateway），在这一层数据单元称作数据段（segment）或报文段，但是当你谈论 TCP 等具体的协议时又有特殊的叫法，TCP 的数据单元称为段（segment），而 UDP协议的数据单元称为"数据报（datagram）"。协议的代表包括 TCP、UDP、SPX 等。

（5）会话层

这一层也可以称为会晤层或对话层，在会话层及以上的高层次中，数据传送的单位不再另外命名，统称为报文。会话层不参与具体的传输，它提供包括访问验证和会话管理在内的建立和维护应用之间通信的机制。如服务器验证用户登录便是由会话层完成的。

（6）表示层

这一层主要解决用户信息的语法表示问题。它将欲交换的数据从适合于某一用户的抽象语法，转换为适合于 OSI 系统内部使用的传送语法，即提供格式化的表示和转换数据服务。数据的压缩和解压缩、加密和解密等工作都由表示层负责。例如图像格式的显示，就是由位于表示层的协议来支持的。

（7）应用层

应用层为操作系统或网络应用程序提供访问网络服务的接口，应用层协议的代表包括 Telnet、FTP、HTTP、SNMP 等。

4．OSI 参考模型中的数据封装过程

OSI 参考模型的数据封装过程如图 1-48 所示。在 OSI 参考模型中，当一台主机需要传送用户的数据（DATA）时，数据首先通过应用层的接口进入应用层。在应用层，用户的数据被加上应用层的报头（Application Header，AH）形成应用层协议数据单元（Protocol Data Unit，PDU），然后被递交到下一层——表示层。

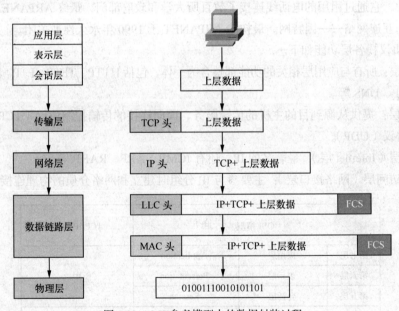

图 1-48　OSI 参考模型中的数据封装过程

表示层并不"关心"上层——应用层的数据格式，而是把整个应用层递交的数据包看成是一个整体进行封装，即加上表示层的报头（Presentation Header，PH），然后递交到下层——会话层。

同样，会话层、传输层、网络层、数据链路层也都要分别给上层递交下来的数据加上自己的报头。它们是：会话层报头（Session Header，SH）、传输层报头（Transport Header，TH）、

网络层报头（Network Header，NH）和数据链路层报头（Data link Header，DH）。其中，数据链路层还要给网络层递交的数据加上数据链路层报尾（Data link Termination，DT）形成最终的一帧数据。

当一帧数据通过物理层传送到目标主机的物理层时，该主机的物理层把它递交到上层——数据链路层。数据链路层负责去掉数据帧的帧头部 DH 和尾部 DT（同时还进行数据校验）。如果数据没有出错，则递交到上层——网络层。

同样，网络层、传输层、会话层、表示层、应用层也要做类似的工作。最终，原始数据被递交到目标主机的具体应用程序中。

1.6.3 TCP/IP 协议栈

谈到网络不能不谈 OSI 参考模型，虽然 OSI 参考模型的实际应用意义不是很大，但它的确对于我们理解网络协议内部的运作很有帮助，也为我们学习网络协议提供了一个很好的参考。在现实网络世界里，TCP/IP 协议栈获得了更为广泛的应用。

TCP/IP 模型实际上是 OSI 模型的一个浓缩版本，与 OSI/RM 相对应关系如图 1-49 所示。

TCP/IP 协议栈是美国国防部高级研究计划局计算机网（Advanced Research Projects Agency Network，ARPANET）和其后继因特网使用的参考模型。ARPANET 是由美国国防部（U.S. Department of Defense，DoD）赞助的研究网络。最初，它只连接了美国境内的四所大学，随后的几年中，它通过租用的电话线连接了数百所大学和政府部门，最终 ARPANET 发展成为全球规模最大的互连网络——因特网。最初的 ARPANET 于 1990 年永久性地关闭。

TCP/IP 协议栈各层功能如下。

① 应用层：所有与应用层相关的功能都整合为一体，包括 HTTP、TFTP、FTP、NFS、SMTP、Telnet、SNMP、DNS 等。

② 传输层：提供从源到目的主机的传输服务、面向连接的传输控制协议（TCP）、无连接的用户数据报协议（UDP）。

③ 网络层（Internet 层）：最著名的 IP，还有 ICMP、ARP、RARP 等。

④ 网络访问层（网络接口层）：主要参与 IP 分组时建立和网络介质的物理连接。

OSI 模型			TCP/IP 模型
第七层	应用层	Application	应用层
第六层	表示层	Presentation	
第五层	会话层	Session	
第四层	传输层	Transport	传输层
第三层	网络层	Network	Internet 层
第二层	数据链路层	Data Link	网络访问层
第一层	物理层	Physical	

图 1-49　TCP/IP 参考模型与 OSI/RM 对应关系

那么，数据是如何在网络中传输的？其过程如图 1-50 所示。

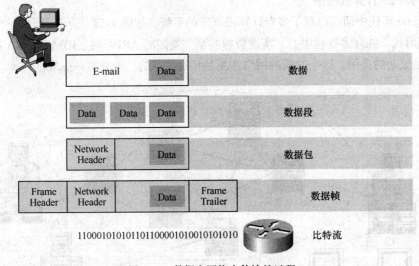

图 1-50　数据在网络中传输的过程

应用层的数据流到传输层进行分段，变成小的数据段，向下传输到 Internet 层，添加网络头变成数据包，继续往下传，到网络访问层，添加 MAC 信息变成数据帧，再转成比特流经过物理介质传输出去。

1.6.4　计算机网络

1．计算机网络的演变

计算机网络发展分三阶段：面向终端的网络、计算机—计算机网络、开放式标准化网络。

（1）面向终端的网络

以单个计算机为中心的远程联机系统（如图 1-51 所示），构成面向终端的计算机网络，用一台中央主机连接大量的地理上处于分散位置的终端，如 20 世纪 50 年代初美国的 SAGE 系统。

为减轻中心计算机的负载，在通信线路和计算机之间设置了一个前端处理机 FEP 或通信控制器 CCU 专门负责与终端之间的通信控制，使数据处理和通信控制分工。在终端机较集中的地区，采用了集中管理器（集中器或多路复用器）用低速线路把附近群集的终端连起来，通过 MODEM 及高速线路与远程中心计算机的前端机相连。这样的远程联机系统既提高了线路的利用率，又节约了远程线路的投资。

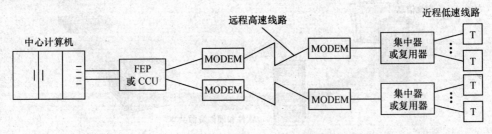

图 1-51　以单个计算机为中心的远程联机系统

（2）计算机—计算机网络

20 世纪 60 年代中期，出现了多台计算机互连的系统，如图 1-52 所示。开创了"计算机—计算机"通信时代，并存多处理中心，实现资源共享。美国的 ARPA 网、IBM 的 SNA 网、DEC 的 DNA 网都是成功的典例。这个时期的网络产品是相对独立的，未有统一标准。

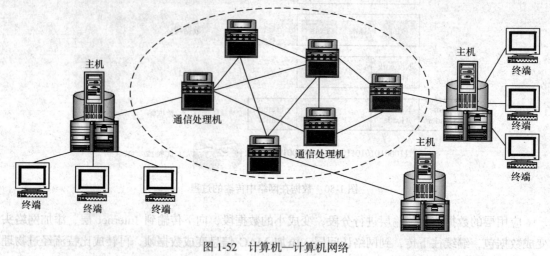

图 1-52 计算机—计算机网络

（3）开放式标准化网络

由于相对独立的网络产品难以实现互连，国际标准化组织于 1983 年颁布了一个称为"开放系统互连参考模型"的国际标准 ISO 7498，简称 OSI/RM，即著名的 OSI 七层模型。从此，网络产品有了统一标准，促进了企业的竞争，大大加速了计算机网络的发展。

2．计算机网络的定义

一般地说，将分散的多台计算机、终端和外部设备用通信线路互连起来，彼此间实现互相通信，以功能完善的网络软件（即网络通信协议、信息交换方式、网络操作系统等），实现资源（包括计算机的硬件、软件和数据资源）共享和信息传递的整个系统就叫做计算机网络，如图 1-53 所示。

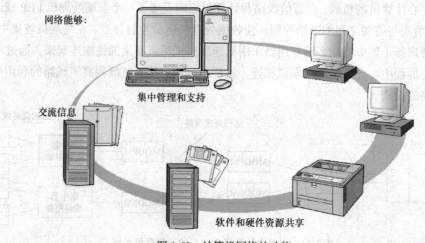

图 1-53 计算机网络的功能

连入网络的每台计算机本身都是一台完整独立的设备，它自己可以独立工作。我们可以对它进行启动、运行和停机等操作，还可以通过网络去使用网络上的另外一台计算机，例如可以在身边的这台计算机上去调用另一台计算机上某一目录下的一个文件。计算机之间可以利用双绞线、电话线、同轴电缆和光纤等进行有线通信，也可以使用微波、卫星等无线媒体把它们连接起来。

计算机网络的分类方式很多，最常见的就是按网络的分布范围来分，可分为广域网（Wide Area Network，WAN）、城域网（Metropolitan Area Network，MAN）、局域网（Local Area Network，LAN），如表1-4所示。

表1-4 广域网、城域网、局域网比较

项目 网络	范 围	传 输 技 术	拓 扑 结 构
广域网	大，>100km	宽带，延迟大，出错率高	不规则，点到点
城域网	中等，<100km	宽带/基带	总线状
局域网	小，<20km	基带，10～1000Mbit/s，延迟低，出错率低（10^{-11}）	总线状，环状

3．计算机网络组成

根据网络的定义，一个典型的计算机网络主要由计算机系统、数据通信系统、网络软件及协议三大部分组成。计算机系统是网络的基本模块，为网络内的其他计算机提供共享资源；数据通信系统是连接网络基本模块的桥梁，它提供各种连接技术和信息交换技术；网络软件是网络的组织者和管理者，在网络协议的支持下，为网络用户提供各种服务。这些协议是为在主机和主机之间或主机和子网中各节点之间的通信而采用的，它是通信双方事先约定好的和必须遵守的规则。

在实际计算机网络构成中，数据通信系统是核心部分，主要由集线器（HUB）、交换机、路由器、防火墙等构成。图1-54所示是一个典型的企业计算机网络构成图。

4．计算机网络中的 IP 地址知识

众所周知，在电话通信中，电话用户是靠电话号码来识别的。同样，在网络中为了区别不同的计算机，也需要给计算机指定一个号码，这个号码就是"IP 地址"。所谓 IP 地址就是给每个连接在 Internet 上的主机分配的一个 32bit 地址（IPv4）。按照 TCP/IP 协议规定，IP 地址用二进制来表示，每个 IP 地址长 32bit，换算成字节就是 4 个字节。例如一个采用二进制形式的 IP 地址是"00001010000000000000000000000001"，这么长的地址，人们处理起来也太费劲了。为了方便人们的使用，IP 地址经常被写成十进制的形式，中间使用符号"."分开不同的字节。于是，上面的 IP 地址可以表示为"10.0.0.1"。IP 地址的这种表示法叫做"点分十进制表示法"，这显然比 1 和 0 容易记忆得多。

（1）为什么要使用 IP 地址？

一个 IP 地址用来标识网络中的一个通信实体（如一台主机，或者是路由器）的某一个端口。而在基于 IP 协议网络中传输的数据包，也都必须使用 IP 地址来进行标识，如同我们写一封信，要标明收信人的通信地址和发信人的地址，而邮政工作人员则通过该地址来决定

邮件的去向。

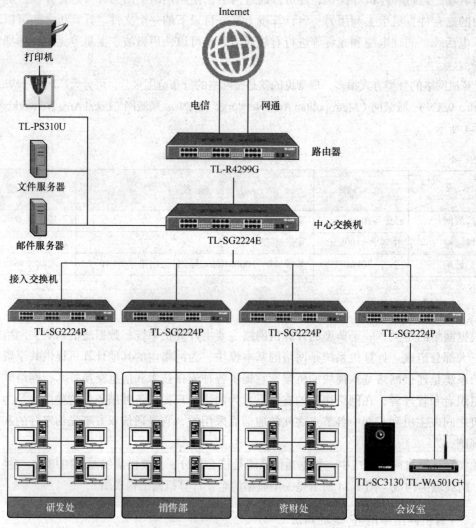

图 1-54 典型的企业计算机网络结构

同样的过程也发生在计算机网络里，每个被传输的数据包也要包括一个源 IP 地址和一个目的 IP 地址。当该数据包在网络中进行传输时，这两个地址要保持不变，以确保网络设备总是能根据确定的 IP 地址，将数据包从源通信实体送往指定的目的通信实体。

有人会以为，一台计算机只能有一个 IP 地址，这种观点是错误的。我们可以指定一台计算机具有多个 IP 地址，因此在访问互联网时，不要以为一个 IP 地址就是一台计算机。另外，通过特定的技术，也可以使多台服务器共用一个 IP 地址，这些服务器在用户看起来就像一台主机似的。

（2）IP 地址的分类

一个 IP 地址由两部分组成：一部分为网络地址，用于识别主机所在的网络；另一部分为主机地址，用于识别该网络中的主机。分配给主机号的二进制位越多，则能标识的主机数就越多，相应地能标识的网络数就越少。反之亦然。

为了给不同规模的网络提供必要的灵活性，IP 地址的设计者将 IP 地址空间划分为 A、B、C、D、E 五类。

一个 A 类 IP 地址由 1 字节的网络地址和 3 字节主机地址组成，网络地址的最高位必须是"0"，地址范围 1.0.0.1～126.255.255.254（二进制表示为：00000001 00000000 00000000 00000001～01111110 11111111 11111111 11111110）。可用的 A 类网络有 126 个（0 和 127 除外），每个网络能容纳 16777214 个主机。

一个 B 类 IP 地址由 2 个字节的网络地址和 2 个字节的主机地址组成，网络地址的最高位必须是"10"，地址范围 128.1.0.1～191.255.255.254（二进制表示为：10000000 00000001 00000000 00000001～10111111 11111111 11111111 11111110）。可用的 B 类网络有 16384 个，每个网络能容纳 65534 个主机。

一个 C 类 IP 地址由 3 字节的网络地址和 1 字节的主机地址组成，网络地址的最高位必须是"110"，地址范围 192.0.1.1～223.255.255.254（二进制表示为：11000000 00000000 00000001 00000001 - 11011111 11111111 11111111 11111110）。C 类网络可达 2097150 个，每个网络能容纳 254 个主机。

D 类 IP 地址第一个字节以"1110"开始，它是一个专门保留的地址。它并不指向特定的网络，目前这一类地址被用在多点广播（Multicast）中。多点广播地址用来一次寻址一组计算机，它标识共享同一协议的一组计算机。地址范围 224.0.0.1～239.255.255.254。

E 类 IP 地址以"1111"开始，为将来使用保留，仅作实验和开发用。

此外，全零（"0. 0. 0. 0"）地址指任意网络，全"1"的 IP 地址（"255. 255. 255. 255"）是当前子网的广播地址。

（3）公有 IP 和私有 IP

公有地址（Public address）由因特网信息中心（Internet Network Information Center，Inter NIC）负责。这些 IP 地址分配给注册并向 Inter NIC 提出申请的组织机构。通过它直接访问因特网。

私有地址（Private address）属于非注册地址，专门为组织机构内部使用。

以下列出留用的内部私有地址。

A 类：10.0.0.0～10.255.255.255；

B 类：172.16.0.0～172.31.255.255；

C 类：192.168.0.0～192.168.255.255。

（4）IPv4 和 IPv6

现有的互联网是在 IPv4 协议的基础上运行的。IPv6 是下一版本的互联网协议，也可以说是下一代互联网的协议，它的提出最初是因为随着互联网的迅速发展，IPv4 定义的有限地址空间将被耗尽，而地址空间的不足必将妨碍互联网的进一步发展。为了扩大地址空间，拟通过 IPv6 以重新定义地址空间。IPv4 采用 32 位地址长度，只有大约 43 亿个地址，而 IPv6 采用 128 位地址长度，几乎可以不受限制地提供地址。按保守方法估算 IPv6 实际可分配的地址，整个地球的每平方米面积上仍可分配 1000 多个地址。在 IPv6 的设计过程中除解决了地址短缺问题以外，还考虑了在 IPv4 中解决不好的其他一些问题，主要有端到端 IP 连接、服务质量（QoS）、安全性、多播、移动性、即插即用等。

与 IPv4 相比，IPv6 主要有如下一些优势。第一，明显地扩大了地址空间。IPv6 采用 128 位地址长度，几乎可以不受限制地提供 IP 地址，从而确保了端到端连接的可能性。第二，提高了网络的整体吞吐量。由于 IPv6 的数据包可以远远超过 64KB，应用程序可以利用最大传输单元（MTU），获得更快、更可靠的数据传输。同时在设计上改进了选路结构，采用简化的报头定长结构和更合理的分段方法，使路由器加快数据包处理速度，提高了转发效率，从而提高网络的整体吞吐量。第三，使得整个服务质量得到很大改善。报头中的业务级别和流标记通过路由器的配置可以实现优先级控制和 QoS 保障，从而极大改善了 IPv6 的服务质量。第四，安全性有了更好的保证。采用 IPSec 可以为上层协议和应用提供有效的端到端安全保证，能提高在路由器水平上的安全性。第五，支持即插即用和移动性。设备接入网络时通过自动配置可自动获取 IP 地址和必要的参数，实现即插即用，简化了网络管理，易于支持移动节点。而且 IPv6 不仅从 IPv4 中借鉴了许多概念和术语，它还定义了许多移动 IPv6 所需的新功能。第六，更好地实现了多播功能。在 IPv6 的多播功能中增加了"范围"和"标志"，限定了路由范围和可以区分永久性与临时性地址，更有利于多播功能的实现。

目前，随着互联网的飞速发展和互联网用户对服务水平要求的不断提高，IPv6 在全球将会越来越受到重视和普及。

本章小结

1. 通信是指通过某种介质进行的信息传递。通信的发展历史是伴随着人类的发展历史同步发展的。

2. 通信信号分为模拟信号与数字信号，模拟信号常使用 PCM 技术转换为数字信号。

3. 有线通信使用 FDM、TDM、STDM 等多路复用技术，无线通信常使用 FDMA、TDMA、CDMA、SDMA 等多址技术。

4. 通信模型由信源、信宿、变换器、反变换器、信道组成。

5. 通信网络结构包括用户终端设备、传输线路、交换系统三个部分，通信网络结构的拓扑图常见的有总线状、星状、环状、网状、复合状。

6. 通信系统的传输介质是用来传递信号的某种介质。常见的传输介质包括双绞线、同轴电缆、光纤、无线传输。

7. 全程全网信息是指在发起端通过终端接入设备、传输链路、交换设备以及相应的信令系统、通信协议和运行支撑系统的共同协作，到达接收端，完成通信全过程，在此过程中所经过的各个具体网络、设备、协议的总和。

8. 移动电话在通信过程中经过 MS、BTS、BSC、MSC、TMSC 等通信设备，传输相关数据。

9. 数据通信传送的是数据，它通常是机器与机器之间的通信或人与机器之间的通信。

10. OSI 参考模型分为物理层、数据链路层、网络层、传输层、会话层、表示层和应用层七个层次，应了解各个层次的功能、典型的设备等。

11. 计算机网络发展分为三个阶段：面向终端的网络、计算机—计算机网络、开放式标准化网络。一般地说，将分散的多台计算机、终端和外部设备用通信线路互连起来，彼此间实现互相通信，以功能完善的网络软件（即网络通信协议、信息交换方式、网络操作系统等），实现资源（包括计算机的硬件、软件和数据资源）共享和信息传递的整个系统就叫做计算机网络。

12. 计算机网络按分布范围分为 WAN、MAN、LAN。

13. IP 地址分为 A、B、C、D、E 五类，IPv6 为下一代 IP 协议，它的出现可以解决网络地址空间不足的状况。

课后习题

1. 简述通信的概念。

2. 简述通信信号的类型，并描述信号间的区别。

3. 简述 PCM 的三个步骤及每个步骤的作用。

4. 在 PCM30/32 系统中，传送数据的最小单位为帧，每帧由多少时隙组成，每个时隙大小是多少，传送每帧的时间是多少，一秒钟传送多少帧？

5. 简述多路复用的概念，说明常见的多路复用方法。

6. 简述多址技术的作用，说明常见的多址技术。

7. 画出通信系统模型并介绍其各部分的功能。

8. 简述通信网络结构的组成及每个部分的功能。

9. 通信网的物理拓扑可以有哪些？各有什么特点？

10. 通信网络中有哪几种传输介质？各有什么特点？

11. 简述可靠性与有效性的概念及衡量标准。

12. 简述全程全网的概念及组成。

13. 简述全程全网中各个网络的功能。

14. 简述常用的接入技术。

15. 简述移动电话通信基本过程。

16. OSI/RM 划分层次的原则是什么？

17. OSI 分层中，物理层、数据链路层、网络层、传输层的典型设备分别是什么？

18. TCP/IP 协议栈与 OSI/RM 有怎样的对应关系？

19. 什么是计算机网络？计算机网络由哪几个部分组成？计算机网络主要功能是什么？

20. 计算机网络的演变经历了哪几个阶段？

21. 为什么要使用 IP 地址？如何区分 IP 地址的类别？

22. IP 地址中哪些被 Inter NIC 定义为私有地址？用途是什么？

23. IPv6 相比于 IPv4 有哪些优势？

通信缩略语英汉对照表（一）

英文缩略语	英文全写	中文含义
AMPS	Advanced Mobile Phone System	先进移动电话系统
DAMPS	Digital Advanced Mobile Phone System	数字先进移动电话系统
FCC	Federal Communications Commission	美国联邦通信委员会
ETACS	The European Total Access Communication System	欧洲全接入通信系统
NMT	Nordic Mobile Telephone	北欧移动电话
NTT	Nippon Telegraph and Telephone Corporation	日本电信电话株式会社
JTACS	The Japan Total Access Communication System	日本全接入通信系统
JDC	Japan Digital Communication	日本数字通信
PCM	Pulse Code Modulation	脉冲编码调制
FDM	Frequency Division Multiplexing	频分多路复用
TDM	Time Division Multiplexing	时分多路复用
STDM	Statistical Time Division Multiplexing	统计时分多路复用
WDM	Wavelength Division Multiplexing	波分多路复用
FDMA	Frequency Division Multiple Access	频分多址
TDMA	Time Division Multiple Access	时分多址
CDMA	Code Division Multiple Access	码分多址
SDMA	Space Division Multiple Access	空分多址
TP	Twisted-Pair Cable	双绞线
STP	Shielded Twisted Paired	屏蔽双绞线
UTP	Unshielded Twisted Paired	非屏蔽双绞线
BTS	Base Transceiver Station	基站收发器
BSC	Base Station Controller	基站控制器
MSC	Mobile Switching Center	移动业务交换中心
TMSC	Tandem Mobile Switching Center	汇接移动业务交换中心
VMSC	Visited Mobile Switching Center	访问移动业务交换中心
OSI/RM	Open System Interconnection Reference Model	开放系统互连参考模型
ISO	International Standard Orgnization	国际标准化组织
DTE	Data Terminal Equipment	数据终端设备
DCE	Data Communications Equipment	数据通信设备
SDLC	Synchronous Data Link Control	同步数据链路控制
HDLC	High-Level Data Link Control	高级数据链路控制
PPP	Point to Point Protocol	点对点协议
STP	Spanning Tree Protocol	生成树协议
IPX	Internetwork Packet Exchange protocol	互联网分组交换协议
RIP	Routing Information Protocol	路由选择信息协议
OSPF	Open Shortest Path First	开放式最短路径优先

英文缩略语	英文全写	中文含义
TCP	Transmission Control Protocol	传输控制协议
UDP	User Datagram Protocol	用户数据包协议
SPX	Sequenced Packet Exchange Protocol	序列分组交换协议
FTP	File Transfer Protocol	文件传输协议
HTTP	HyperText Transfer Protocol	超文本传输协议
SNMP	Simple Network Management Protocol	简单网络管理协议
PDU	Protocol Data Unit	协议数据单元
SMTP	Simple Mail Transfer Protocol	简单邮件传输协议
DNS	Domain Name System	域名系统
ICMP	Internet Control Message Protocol	Internet 控制报文协议
ARP	Address Resolution Protocol	地址解析协议
RARP	Reverse Address Resolution Protocol	逆向地址解析协议
SNA	Systems Network Architecture	IBM 系统网络体系结构
WAN	Wide Area Network	广域网
MAN	Metropolitan Area Network	城域网
LAN	Local Area Network	局域网

随着通信技术迅猛发展，电信业务向综合化、数字化、智能化、宽带化和个人化方向发展，人们对电信业务多样化的需求也不断提高。同时由于主干网上 SDH、ATM、无源光网络（PON）及 DWDM 技术的日益成熟和使用，为实现语音、数据、图像"三线合一，一线入户"奠定了基础。如何充分利用现有的网络资源增加业务类型、提高服务质量，已成为电信专家和运营商日益关注研究的课题，"最后一公里"解决方案是大家最关心的焦点。因此，接入网（Access Network，AN）成为网络应用和建设的热点。

2.1 概述

2.1.1 概念

1. 接入网与电信网的关系

从整个电信网的角度讲，可以将全网划分为公用电信网和用户驻地网（Customer Premise Network，CPN）两大块。其中 CPN 属用户所有，因而，通常意义的电信网指公用电信网部分。公用电信网又可以划分为长途网（长途端局以上部分）、中继网（长途端局与市局或市局之间的部分）和接入网（端局与用户之间的部分）三部分。长途网和中继网合并称为核心网（Core Network，CN）。相对于核心网，接入网介于本地交换机和用户之间，主要完成使用户接入到核心网的任务，起到承上启下的作用，通过接入网将核心网的业务提供给用户。接入网是一种透明传输体系，本身不提供业务，由用户终端与核心网配合提供各类业务。接入网通常包括用户线传输系统、复用设备、交叉连接设备或用户/网络终端设备。接入网在电信网中的位置如图 2-1 所示。

图 2-1 接入网在电信网中的位置示意图

2．接入网的定义和定界

接入网长度一般为几百米到几千米，因而被形象地称为"最后一公里"（英文原为"Last Mile"，即"最后一英里"）。由于核心网一般采用光纤结构，传输速度快，因此，接入网便成为了整个网络系统的"瓶颈"。国际电信联盟（ITU-T）第 13 组于 1995 年 7 月通过了关于接入网框架结构方面的新建议 G.902，其中对接入网的定义如下。

接入网由业务节点接口（SNI）和用户网络接口（UNI）之间的一系列传送实体（如线路设备和传输设施）组成，为供给电信业务而提供所需传送承载能力的实施系统，可经由管理接口（Q3）配置和管理，原则上对接入网可以实现的 UNI 和 SNI 的类型和数目没有限制，接入网不解释信令。

接入网所覆盖的范围（定界）可由三个接口来定界，即网络侧经由 SNI 与业务节点（Service Node，SN）相连，用户侧经由 UNI 与用户相连，管理方面则经 Q3 接口与电信管理网（Telecommunications Management Network，TMN，该内容将在第 5 章中详细讲解）相连，如图 2-2 所示。

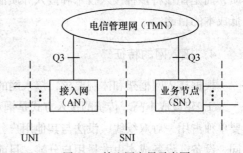

图 2-2 接入网定界示意图

业务节点是提供业务的实体，可提供规定业务的业务节点有本地交换机、租用线业务节点或特定配置的点播电视和广播电视业务节点等。

业务节点接口是接入网和业务节点之间的接口。

用户网络接口是用户和网络之间的接口。在单个 UNI 的情况下，ITU-T 所规定的 UNI（包括各种类型的公用电话网和 ISDN 的 UNI）应该用于 AN 中，以便支持目前所提供的接入类型和业务。接入网与用户间的 UNI 接口能够支持目前网络所能提供的各种接入类型和业务，但接入网的发展不应限制在现有的业务和接入类型。

3．接入网网络结构及组网原则

接入网从物理上分可分为馈线段、配线段和引入线段，图 2-3 所示为接入网的一般物理结构图。

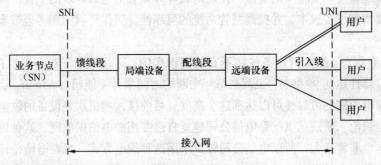

图 2-3 接入网的一般物理结构

连接业务节点和局端设备之间的部分称为馈线段。接入网的局端设备可以放在机房内，即和业务节点放在一起；也可以放在机房外，如某个小区的中心、马路边或写字楼内。如果局端设备与业务节点放在一起，局端设备一般通过电接口与业务节点直连。如果局端设备没有与业务节点放在一起，馈线段一般采用有源光接入技术，如 SDH、PDH 等。网络拓扑结构可以是环状或星状。由于馈线段处在接入网的骨干层面，带的用户数相对较多，所以馈线段一般采用有保护功能的环状组网方式。

连接局端设备和远端设备之间的部分称为配线段。远端设备一般放在马路边、小区中心、大楼内、用户办公室或用户家中。局端设备和远端设备之间可采用光纤、无线或铜线方式传输，但大多数采用光纤或无线方式。网络拓扑结构可以是星状（如 SDH、PDH 等有源光接入）、树状（如 HFC 和 PON 等）、环状（如 SDH 等有源光接入）。

引入线部分的传输介质一般为铜线，也有的采用无线或其他传输介质。

接入网组网的最基本原则是降低网络建设和运行维护成本；网络组织灵活，易于扩容；提高网络的可靠性和生存能力等。在实际接入网建设中，很少选用单一的接入技术或单一的接入介质，而是往往将多种接入技术和接入介质混合在一起应用，以达到扩大覆盖范围、组网灵活、降低成本的目的。

4．接入网的特征

根据接入网框架和体制要求，接入网的重要特征可以归纳为如下几点。

① 建设成本高。传统的接入方式是铜双绞线接入，这种接入方式从交换机到用户之间每户需要单独占用一对双绞线，没法与其他用户分摊成本。但核心网的交换或传输设备是大量用户共享同一设备，设备成本由大量用户分摊。目前出现的各种新的接入技术虽然有复用功能，但与核心网的交换或传输设备相比，资源利用效率还是非常低。因此，接入网的建设成本远远高于交换或传输系统的建设成本。据统计，接入网的建设成本占整个电信网建设成本的 40%以上。

② 地理位置分散。传输或交换设备的特点是：每个节点可以服务成千上万甚至几十万个用户，地理位置集中，维护相对容易。而接入网的特点是：地理位置十分分散，通常情况下每套接入设备所带用户数不超过 1000 户，多数在几十户到几百户之间，有时每个远端设备甚至只为一个用户服务（如 ADSL 的用户端 MODEM 或 FTTH 条件下的 ONU）。地理位置分散带来的后果是建设和维护成本的增加。

③ 工作环境恶劣。接入网设备往往安装在没有环境条件保障的机房外甚至户外，设备的工作环境温度需要适应从-40°C～40°C 的变化，相对湿度的变化范围是 5%～95%。另外，安装在户外的接入网设备还需要承受粉尘的腐蚀、振动的破坏以及恶劣电磁环境的干扰。要适应以上这些恶劣环境，需要增加设备成本，并提高网管系统的可靠性。工作环境的恶劣也带来了维护成本的增加。

④ 供电没有保障。接入网设备往往不安装在机房内，这就带来了对有源设备供电的难度。目前电信网的可靠性达到 99.99%，也就是每年中断的时间累计不能超过 53min。当今世界几乎没有任何一个国家电力网的可靠性可以达到这个高度。目前接入网机房外设备的供电有两种解决方式：远供和本地供电。所谓远供就是电信公司建立自己专用的电信供电网，这种供电方式可靠性高，但投入成本也非常巨大，所以电信公司较少采用这种供电方式。现在电信公司大多采用本地供电方式，也就是机房外设备的供电由市电来解决，同时配上可充电的后备电池来提高电源的可

靠性。

⑤ 对各种业务透明支持。传统的接入只支持普通电话业务。目前出现的各种接入设备在业务节点和用户之间起透明传送作用，支持的不仅仅是语音业务，还有各种实时和非实时数据业务及其他业务。

⑥ 技术种类多。接入网可选的技术非常多，这一点将在下一部分详细介绍。技术种类的多样性增加了维护难度，提高了对网络维护人员素质的要求，并最终导致维护成本的增加。

另外，与核心网相比，接入网技术变化缓慢。目前，绝大多数电信用户还是传统的铜线接入。

5．接入网的发展趋势

随着电信行业垄断市场消失和电信网业务市场的开放，电信业务功能、接入技术的不断提高，接入网也伴随着发展，主要表现在以下六大趋势。

① 光纤接入网（含光接入网技术）是接入网技术的发展方向。有线接入网在接入网中处于主体地位。全光接入网技术，即光纤到桌面、光纤到家，随着用户对带宽需求的不断增加，将得到不断的发展。

② 综合接入网技术是接入网技术发展的方向。综合接入网设备同时具备 POTS、ISDN、DDN、IP 等业务的接入功能，既能降低网络建设成本，又方便网络的统一维护。以后的综合接入网设备将能同时提供各类带宽和窄带业务的接入。

③ 以 ATM 技术或以太网技术为基础的无源光网络。以 ATM 为基础的无源光网络（APON）代表了宽带接入技术的发展方向之一，其优势在于它结合了 ATM 多业务、多比特率支持能力和 PON（无源光网络）透明宽带传输能力，业务的接入非常灵活。其提供的业务范围从具有交互性的图像分配业务到数据传送、局域网互连、透明的虚通道等。

④ 无线接入是接入网的一个重要组成部分。目前，对无线接入技术和设备而言，能提供语音业务和低/中速数据业务的系统主要有 CDMA 系统（19GHz 频段）、S-CDMA 系统（1.8GHz 频段）、PHS 系统（19GHz 频须）、DECT 系统及 450MHz 模拟系统等；能提供语音 64kbit/s 数据和 ISDN 等综合业务的综合接入系统有微波点到多点通信系统；能提供音频、数据和视频的宽带无线全业务接入系统有局域多点分布式系统（LMDS）等。

⑤ 铜缆技术不断更新。技术发展趋势分析，首先铜缆接入网必须进行技术改造，以 xDSL（ADSL、HDSL、VDSL 等）数字用户线系列技术为代表的铜缆接入技术是一种重要技术手段；HFC 系统和非对称 Cable MODEM 则是改造现有 CATV 网的实验性方案。从发展来看，光纤接入特别是宽带光接入辅以无线接入手段将占主导地位。目前，我国接入网的发展主要以 ADSL 技术占居主流地位，向 ADSL2＋方向发展，VDSL 技术在局部得到应用。

⑥ 内置 SDH 接入网。内置 SDH 的接入优势包括以下几方面：兼容性强；完善的自愈保护能力，增加网络可靠性；借助 SDH 的大容量、高可靠性，可组成中继传输与接入的混合网；面向网络发展的升级能力；网络操作、维护、管理功能（OAM）大大加强；有利于向宽带接入发展。SDH利用虚容器（VC）的特点可映射各级速率的 PDH，而且能直接接入 ATM 信号，因此为向宽带接入发展提供了一个理想的平台。

固定接入与无线接入将支撑未来"无缝覆盖"的网络，用户无论持有什么样的通信终端，都可以轻松接入网络，获得通信新体验。目前国际接入网发展从技术和应用来讲均非常迅速，接入网建设涉及业务综合、资源配置、运维管理以及技术升级、业务需求发展等多方面因素，越来越受到电信界的重视。我国作为电信建设和使用大国，更应根据国情，因地制宜地大力加快接入网技术的跟踪、试用和标准化工作，应重视 IP、APON 以及视频接入等技术的研究；在建设中应大力推广 V5 接口技术，采取以光纤接入为主、无线接入为辅的原则，同时充分利用铜缆新技术，继续发挥原有铜缆的作用。将我国接入网建设成为真正技术先进、性能稳定完善和业务综合的用户网络，最终实现全业务接入网的目标。

2.1.2 接入网分类

接入网的分类方法有很多种，可以按传输介质分、按业务带宽分、按拓扑结构分、按使用技术分、按接口标准分、按业务种类分等（如按业务带宽分有窄带和宽带接入网，在本章中，主要以讲述宽带接入网为主）。将这些因素都考虑进去，接入网的花样自然就很多，下面介绍按传输介质分类的情况。

根据传输介质的不同，接入网可分为基于铜线传输的接入网、基于光纤传输的接入网和基于无线传输的接入网等，如图 2-4 所示。基于铜线传输的接入技术有各种 DSL 技术（xDSL），基于光纤传输的接入技术有有源光接入 AON 和无源光接入 PON，基于无线传输的接入技术有各种窄带无线接入和 LMDS 等。另外，HFC 是一种混合了光纤和铜线的接入技术。在实际组网中，有时会用到多种传输介质，如既用到了铜线，又用到了光纤，甚至还同时用到了无线介质，这样就形成了混合接入网，这种分类形式就不单独讲解了。

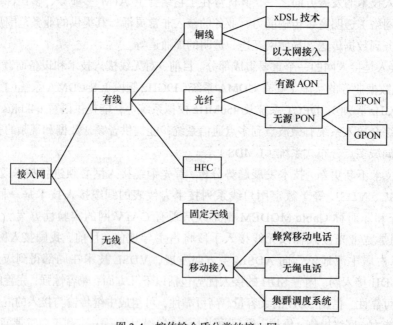

图 2-4　按传输介质分类的接入网

2.2 铜线接入网

在我国，电话已经非常普及，传统的电话用户铜线接入网构成了整个通信的重要部分，它分布面广，所占比重大，其投资占传输线总投资的 70%～80%，如何利用好这部分资源来开发新的宽带业务是接入网发展所面临的重要任务。针对目前的现状和国情，铜线接入技术在我国是接入网当中应用最广的技术，它充分利用了原有的铜线（电话用户线）资源，采用各种高速调制和编码技术，实现宽带接入。

2.2.1　xDSL 技术简介

传统的铜线接入技术，主要是通过调制解调器（MODEM）拨号实现用户接入，速率达到 56kbit/s，但这种速率远远无法满足用户对业务接入的需求。为了更好地开发原有用户线的接入潜力，目前流行的铜线接入技术主要是 xDSL 技术。DSL 是 "Digital Subscriber Line" 的缩写，即所谓的数字用户线。DSL 技术是基于普通电话线的宽带接入技术，它在同一铜线上分别传送数据和语音信号，数据信号并不通过电话交换机设备，减轻了电话交换机的负载，开发了铜线的带宽潜力。xDSL 中的 "x" 代表了各种数字用户线技术，包括 ADSL、RADSL、HDSL 和 VDSL 等，还有一种数字线对增容技术和HomePNA 技术。下面对这些技术作一些简单的介绍。

1．HDSL/SHDSL 技术

HDSL（High-data-rate Digital Subscriber Line）技术是一种对称的 DSL 技术，即上下行速率一样。HDSL 是 xDSL 技术中最成熟的一种，已经得到了较为广泛的应用。这种技术可以利用现有电话用户线的两对或三对来提供全双工的 1.544Mbit/s（T1）或 2.048Mbit/s（E1）信号传输，传输距离可达 3～5km。

HDSL 的优点是双向对称，速率比较高，充分利用现有电缆实现扩容。其缺点是需要两对线缆，住宅用户难以使用，另外目前还不能传输 2048kbit/s 以上的信息，传输距离限于 6～10km 以内，费用也比较高。

SHDSL（Single-pair High-speed Digital Subscriber Line）由国际电信联盟 ITU 制定的标准，是在 HDSL 技术上发展而来，SHDSL 可以只需要一对电话线，其传输速率为 192kbit/s～2.3Mbit/s。也可以使用两对铜线时传输，此时其速率可达 384kbit/s～4.6Mbit/s。

HDSL/SHDSL 满足了运营商和高端企业用户的对称性业务需求，适合于电信运营商和企业宽带接入。从业务应用的角度来看，由于 HDSL/SHDSL 的对称速率传输的特性，其更适合企业 PBX 的接入、专线、视频会议、移动基站的互连。

2．ADSL 技术

ADSL（Asymmetric Digital Subscriber Line）因为上行（用户到电信服务提供商方向，如上传动作）和下行（从电信服务提供商到用户的方向，如下载动作）带宽不对称（即上行和下行的速率不相同），因此称为非对称数字用户线。ADSL 目前已经为电信运营商所采用，成为宽带用户接入的主流技术。ADSL 在一对铜线上支持上行速率 512kbit/s～1Mbit/s，下行速率 1～8Mbit/s，有效传输距离在 3～5km 范围以内。

3．RADSL 技术

RADSL（Rate Adaptive DSL，速率自适应 DSL）是 ADSL 的一种变型，工作开始时调制解调器先测试线路，把工作速率调到线路所能处理的最高速率。RADSL 是一个以信号质量为基础调整速度的 ADSL 版本。许多 ADSL 技术实际上都是 RADSL。

4．VDSL 技术

VDSL（Very-high-bit-rate Digital Subscriber Loop），即甚高速数字用户环路，简单地说，VDSL 就是 ADSL 的快速版本。使用 VDSL，短距离内的最大下传速率可达 55Mbit/s，上传速率可达 19.2Mbit/s，甚至更高。

5．数字线对增容技术

数字线对增容技术（Digital Pair Gain，DPG）是指在每一对铜线上都开通 2 个 64kbit/s 的话路或数据。采用 64kbit/s PCM 数字编码标准以及回波消除技术，在一对双绞铜线上开通全双工 144kbit/s 速率的 2B+D 窄带 ISDN 信号传输。为了适应用户的需要，也可以采用 32kbit/s 或 16kbit/s 的自适应编辑码（ADPCM）技术，实现在一对双绞铜线上传送 4 路或 8 路电话信号，以提高铜线的容量。

数字线对增容技术的核心技术是数字用户线（DSL）传输技术和低速语音编码技术，总速率不变，但语音质量略有下降，因此，这种技术只能作为临时解决用户线不足的应急措施，而不能纳入接入网发展规划。

6．HomePNA 技术

1998 年 6 月，由 AT&T、TUT、IBM 等 11 家公司共同发起成立了"面向家庭的电话线路网络联盟"（HomePNA），联盟的目的是为了提供一个统一的、标准的使用电话线路组建局域网的规范，以便尽快地将各个厂家的相互兼容的产品推向市场。

HomePNA（Home Phoneline Network Alliance）即用户线接入多路复用器，通过现有的电话线为每个用户提供 1Mbit/s（HomePNA 1.0 版本）或 10Mbit/s（HomePNA 2.0 版本）的高速数据传输。其优势是利用现有电话线路传输宽带数字信号，省去了重新布线的麻烦，满足用户宽带上网的要求，又降低了上网费用，上网的同时不会影响电话使用和收发传真。

但 HomePNA 最大的不足是传输距离，其标准传输距离是 150m，虽然有些版本的设备可以达到 300m 甚至更远的距离，但这仍不能满足实际的需要。

表 2-1 所示是几种常见的 xDSL 技术的简单比较。

表 2-1　　　　　　　　　　　几种常见的 xDSL 技术比较

xDSL	对称性	下行速率	上行速率	距离上限
ADSL	非称对	8Mbit/s	640kbit/s	5km
HDSL（2 对线）	对称	2Mbit/s	2Mbit/s	4.5～5.4km
SHDSL（1 对线）	对称	2Mbit/s	2Mbit/s	3km
VDSL	非对称	12.96Mbit/s	1.6～2.3Mbit/s	1.2km
VDSL2	非对称	52Mbit/s	1.6～2.3Mbit/s	0.3km
HomePNA	对称	1Mbit/s/10Mbit/s	1Mbit/s/10Mbit/s	150m

2.2.2　ADSL 技术

ADSL 的产生与 VOD（视频点播）密不可分。20 世纪 80 年代中后期，一些电信业内人士看好 VOD，认为 VOD 是未来宽带网上的主要应用之一。当时电信网入户的线路资源主要是双绞线，在这种条件下人们自然想到利用双绞线开发宽带接入技术。由于 VOD 信息流具有上下行不对称的特点，普通电话双绞线的传输能力又毕竟有限，为了把这有限的传输能力尽可能用于视频信号的传输，因此这种服务于 VOD 的宽带接入技术应具备上下行不对称的传输能力，即下行速率（传输视频流）远大于上行速率（传输点播命令）。后来，VOD 并没有像人们所想象的那样快速发展，ADSL 技术自 20世纪 80 年代末期出现后曾经一度沉寂，这种状况一直维持到 20 世纪 90 年代中期。此时 Internet 的应用已经由专业领域走向民用，且处于飞速增长的阶段。网上的信息量也在随着上网用户的增多而增加，传统的窄带接入已难以满足大量信息传送的要求。ADSL 作为一种宽带接入技术，其传输特点恰好与个人用户和中小型企事业用户信息流的特征一致，即下行的带宽远高于上行。这样 ADSL 借助于 Internet 的发展而大规模走向市场，通过近几年的疯狂推广，ADSL 已经走进了千家万户，下面让我们来一起认识这种最常见的接入方式。

1．ADSL 技术的概况

ADSL（Asymmetric Digital Subscriber Line），即非对称数字用户线路，这对于大多数人来说不是个新名词，但当在你身边的电话线路上安装了 ADSL MODEM 后，在这段电话线上便产生了三个信息通道。

① 一个速率为 1.5～8Mbit/s 的高速下行通道，用于用户下载信息。

② 一个速率为 16kbit/s～1Mbit/s 的中速双工通道，用于用户上传信息。

③ 一个普通的老式电话服务通道，用于普通电话服务。

且这三个通道可以同时工作，传输距离达 4～5km（当然，具体的通信速率还依赖线路的质量和长度而定）。这意味着什么？你可以在下载文件的同时在网上观赏你点播的大片，并且通过电话和你的朋友对大片进行一番评论。注意，最诱人的是这一切都是在一根电话线上同时进行的。

严格来说，ADSL 本身只是一种从铜线电话线路的一端传送数据比特流到另一端的技术而已，相当于 OSI/RM 的第一层物理层。ADSL 系统除了能向用户提供原有的电话业务外，还能向用户提供多种多样的宽带业务，如 Internet 接入、广播电视、VOD、远程医疗、远程教学、多媒体应用等。ADSL 与其他宽带接入技术相比，具有很多独有的优势。

① 传输介质覆盖面广。ADSL 依靠普通双绞电话线来传输，最远传输距离可达 4～5km。目前我国有一亿多条普通双绞电话线，大部分长度不超过 5km，可以开通 ADSL 业务。其他任何一种脱离普通电话线的宽带接入技术都没有覆盖范围这么广的传输资源。

② 充分利用已有的基础设施。普通电话的传输只利用了双绞线的 0～4kHz 频段，双绞线可传输的在此之上的频段处于浪费状态。ADSL 就利用了这些空闲频段，且与普通电话业务互不干扰。ADSL 使电话线成为同时支持窄带和宽带业务的基础设施。

③ 施工周期短，提供服务快。由于 ADSL 不需要重新敷设传输介质，只需在局端和用户端添加相应的接入设备就可开通，这在电信运营市场竞争日益激烈的今天显得尤其有意义。在其他因素大致相当的情况下，提供业务越快，争取的客户当然就越多。

④ 具有良好的可管理性。由于现在的 ADSL 设备基本上是基于 ATM 的，电信运营商可以在

其接入服务器和 ADSL 用户之间配置一条专用的虚连接，这样可以为不同的 ADSL 用户提供差异化服务。电信运营商如果充分利用这个能力，可以提高服务质量、增加运营效益，从而提高竞争能力。

2. ADSL 的工作原理

上面讲到，在 ADSL 线路上可以有三个通道同时工作，那么它是靠什么实现这一切呢？这是因为 ADSL 技术利用了电话双绞线中空闲频带以及特殊的离散多音（DMT）调制技术，从而达到高速接入的目标。

人说话声音的能量主要集中在 4000Hz 以下的频带范围内。传统语音通信对声音信号的取样范围就是 300～3400Hz，因此在双绞线中传递的人声音信号的范围是 300～3400Hz。即使考虑在少数地方使用的公用电话计费信号音，传统电话也仅仅利用了双绞线 20kHz 以下的传输频带，20kHz 以上频带的传输能力处于空闲状态。ADSL 就是利用这段空闲频带进行数据传输。

以频分复用（FDM）进行双向传输的 ADSL（目前市场上绝大多数 ADSL 采用这种双工方式）为例，其上行信号频带为 25～138kHz，下行信号频带为 138～1104kHz，如图 2-5 所示。这些频带被分为 256 个子频带，每个子频带的频宽为 4.315kHz。每个子频带上调制数据信号的效率由该频带在双绞线中的传输效果决定。传输效果越好（背景噪声低、串音小、衰耗低），调制效率就越高，传输的比特数也就越多；反之，调制效率就越低，传输的比特数也就越少，这就是 DMT 调制技术。如果某个子频带上背景干扰或串音信号太强，ADSL 系统甚至可以关掉这个子频带。因此 ADSL 有较强的适应性，可根据传输环境的好坏而改变传输速率。ADSL 下行传输速率最高 6～8Mbit/s、上行最高 640kbit/s，这种最高传输速率只有在线路条件非常理想的情况下才能达到，在实际应用中由于受到线路长度、背景噪声和串音的影响，一般 ADSL 很难达到这个速率。

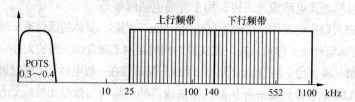

图 2-5　频分复用方式 ADSL 的频带划分

接下来认识下 ADSL 的系统结构，如图 2-6 所示。

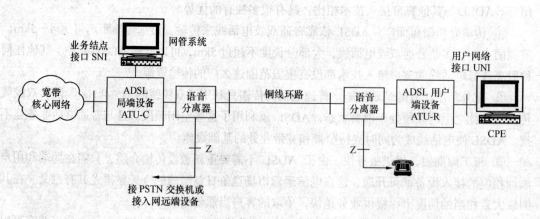

图 2-6　ADSL 的系统结构示意

图中 ADSL 系统由四个功能块组成：局端设备（DSLAM）、用户端设备、语音分离器、网管系统。局端设备与用户端设备完成 ADSL 频带的传输、调制解调，局端设备还完成多路 ADSL 信号的复用，并与骨干网相连。语音分离器由高通和低通滤波器组成，其作用是将 ADSL 频带信号与语音频带信号合波与分波。有了语音分离器，ADSL 的高速数据业务与语音业务才互不干扰。语音分离器是无源器件，停电期间普通电话可照样工作。

3. 新一代 ADSL 技术

2002 年 7 月，ITU-T 公布了 ADSL 的两个新标准（G.992.3 和 G.992.4），也就是所谓的 ADSL2。到 2003 年 3 月，在第一代 ADSL 标准的基础上，ITU-T 又制定了 G.992.5，也就是 ADSL2plus，又称 ADSL2+。

（1）ADSL2 的主要技术特性

① 速率提高、覆盖范围扩大。ADSL2 在速率、覆盖范围上拥有比第一代 ADSL 更优越的性能。ADSL2 下行最高速率可达 12Mbit/s，上行最高速率可达 1Mbit/s。ADSL2 是通过减少帧的开销提高初始化状态机的性能，采用了更有效的调制方式、更高的编码增益以及增强性的信号处理算法来实现的。

与第一代 ADSL 相比，在长距离电话线路上，ADSL2 将在上行和下行线路上提供比第一代 ADSL 多 50kbit/s 的速率增量。而在相同速率的条件下，ADSL2 增加的传输距离约为 180m，相当于增加了覆盖面积 6%。

② 线路诊断技术。对于 ADSL 业务，如何实现故障的快速定位是一个巨大的挑战。为解决这个问题，ADSL2+传送器增强了诊断工具，这些工具提供了安装阶段解决问题的手段、服务阶段的监听手段和工具的更新升级。

为了能够诊断和定位故障，ADSL2 传送器在线路的两端提供了测量线路噪声、环路衰减和 SNR（信噪比）的手段，这些测量手段可以通过一种特殊的诊断测试模块来完成数据的采集。这种测试在线路质量很差（甚至在 ADSL 无法完成连接）的情况下也能够完成。此外，ADSL2 提供了实时的性能监测，能够检测线路两端质量和噪声状况的信息，运营商可以利用这些通过软件处理后的信息来诊断 ADSL2 连接的质量，预防进一步服务的失败，也可以用来确定是否可以提供给用户一个更高速率的服务。

③ 增强的电源管理技术。第一代 ADSL 传送器在没有数据传送时也处于全能量工作模式。如果 ADSL MODEM 能工作于待机/睡眠状态，那么对于数百万台的 MODEM 而言，就能节省很可观的电量。为了达到上述目的，ADSL2 提出了两种电源管理模式，低能模式 L2 和低能模式 L3，这样，在保持 ADSL "一直在线" 的同时，能减少设备总的能量消耗。

低能模式 L2 使得中心局调制解调器 ATU-C 端可以根据 Internet 上流过 ADSL 的流量来快速地进入和退出低能模式。当下载大量文件时，ADSL2 工作于全能模式，以保证最快的下载速度；当数据流量下降时，ADSL2 系统进入 L2 低能模式，此时数据传输速率大大降低，总的能量消耗就减少了。当系统处于 L2 模式时，如果用户开始增加数据流量，系统可以立即进入 L0 模式，以达到最大的下载速率。L2 状态的进入和退出的完成，不影响服务，不会造成服务的中断，甚至不会造成一个比特的错误。

低能模式 L3 是一个休眠模式，当用户不在线及 ADSL 线路上没有流量时，进入此模式。当用户回到在线状态时，ADSL 收发器大约需要 3s 的时间重新初始化，然后进入稳定的通信模式。通过这种方式，L3 模式使得在收发两端的总功率得到节省。

总之，根据线路连接的实际数据流量，发送功率可在 L0、L2、L3 之间灵活切换，其切换可在 3s 之内完成，以保证业务不受影响。

④ 速率自适应技术。电话线之间串话会严重影响 ADSL 的数据速率，且串话电平的变化会导致 ADSL 掉线。AM 无线电干扰、温度变化、潮湿等因素也会导致 ADSL 掉线。ADSL2 通过采用 SRA（Seamless Rate Adaptation）技术来解决这些问题，使 ADSL2 系统可以在工作时在没有任何服务中断和比特错误的情况下改变连接的速率。ADSL2 通过检测信道条件的变化来改变连接的数据速率，以符合新的信道条件，改变对用户是透明的。

⑤ 多线对捆绑技术。运营商通常需要为不同的用户提供不同的服务等级。通过把多路电话线捆绑在一起，可以提高用户的接入速率。为了达到捆绑的目的，ADSL2 支持 ATM 论坛的 IMA 标准，通过 IMA、ADSL2 芯片集可以把两根或更多的电话线捆绑到一条 ADSL 链路上，这样使线路的下行数据速率具有更大的灵活性。

⑥ 信道化技术。ADSL2 可以将带宽划分到具有不同链路特性的信道中，从而为不同的应用提供服务。这一能力使它可以支持 CVoDSL（Channelized Voice over DSL），并可以在 DSL 链路内透明地传输 TDM 语音。CVoDSL 技术为从 DSL modem 传输 TDM 到远端局或中心局保留了 64kbit/s 的信道，局端接入设备通过 PCM 直接把语音 64kbit/s 信号发送到电路交换网中。

⑦ 其他优点。改进的互操作性：简化了初始化的状态机，在连接不同芯片供应商提供的 ADSL 收发器时，可以互操作并且提高了性能。

快速启动：ADSL2 提供了快速启动模式，初始化时间从 ADSL 的 10s 减少到 3s。

全数字化模式：ADSL2 提供一个可选模式，它使得 ADSL2 能够利用语音频段进行数据传输，可以增加 256kbit/s 的数据速率。

支持基于包的服务：ADSL2 提供一个包传输模式的传输汇聚层，可以用来传输基于包的服务。

（2）ADSL2+的技术特点

ADSL2+除了具备 ADSL2 的技术特点外，还有一个重要的特点是扩展了 ADSL2 的下行频段，从而提高了短距离内线路上的下行速率。ADSL2 的两个标准中各指定了 1.1MHz 和 552kHz 下行频段，而 ADSL2+指定了一个 2.2MHz 的下行频段。这使得 ADSL2+在短距离（1.5km 内）的下行速率有非常大的提高，可以达到 20Mbit/s 以上。而 ADSL2+的上行速率大约是 1Mbit/s，这要取决于线路的状况。

使用 ADSL2+可以有效地减少串话干扰。当 ADSL2+与 ADSL 混用时，为避免线对间的串话干扰，可以将其下行工作频段设置在 1.1～2.2MHz 之间，避免与 ADSL 的 1.1MHz 下行频段产生干扰，从而达到降低串扰、提高服务质量的目的。

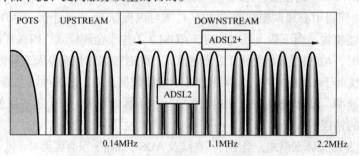

图 2-7　ADSL2 和 ADSL2+的频段分布

4．ADSL 的其他知识

（1）2M ADSL 是什么意思？

首先，"2M" 代表着下行速率，即 2Mbit/s = 256Kbyte/s，也就是说上网时下载的速率约为 "256K"，注意单位是字节/秒。这个 "256K" 的真正含义是 "个人用户所能独享的最大下载带宽"。

（2）为什么我的 2M ADSL 经常可以达到 300K 甚至以上的下载速度呢？

256K 是最大专有带宽，但不等于最大带宽，事实上在 ADSL 拨号时已经分配了实际约等于 8Mbit/s，也就是 1Mbyte/s 的下载带宽，只不过电信限制了我们的专有带宽为 256K，那么当网络连接的用户较少的时候，我们可以获得一部分超过专有带宽的共享带宽。

（3）为什么 ADSL 的速度随着连接时间的延长而逐渐降低？

即使用户不关闭调制解调器的电源，有时 ADSL 链接也会随时中断。比如，在通信状态因噪声增加而恶化，频繁发生错误的情况下。链接中断后，马上就会重新进行调试，并重新确定链接。不过，如果此时致使链接中断的噪声仍然存在的话（这一般是比较大的），重新链接后的速度就会比原来更低。由于调试中所确定的链接速度是也固定的，因此即便之后噪声消失以后，链接速度也不会提高。ADSL 调制解调器使用时间越长，发生这种情况的可能性就越高，所以连接速度越来越慢。

此时，如果用户重新起动调制解调器，链接就会重新确立，速度就可能由此得以提高。这一常识可用作链接速度降低后的处理对策。

2.2.3　VDSL 技术

1．VDSL 技术概况

VDSL（Very high bit rate Digital Subscriber Line）作为一种在普通双绞铜线上传输速率可达 55Mbit/s 的接入网技术，正愈来愈受到人们的普遍关注。目前世界各地的电话公司正在做这样一个努力，即把现存的双绞铜线网包括进下一代的宽带接入网中，在普通电话线上传输电影、交互式电视、高密度图片，以及极高速率的数据等多媒体业务。

VDSL 可以运行在上下行信道速率对称或非对称的情况下，与 ADSL 相比，VDSL 在性能上都得到了很大的提升，短距离内（1.5km 左右）最大下传速率可达 55Mbit/s，上传速率可达 2.3Mbit/s（将来可达 19.2Mbit/s，甚至更高）。

下面通过对 VDSL 与 ADSL 的比较来进一步说明 VDSL 的特点。

VDSL 和 ADSL 除了在速度和距离方面的基本差别以外，它们还有如下主要差别：ADSL 是基于 ATM 的，而 VDSL 则对 ATM 和 IP 同时支持；ADSL 只能按不对称方式工作，而 VDSL 既可不对称工作，也可按对称方式工作。VDSL 不对称工作时，上行速率为 1.6～2.3Mbit/s，下行速率可高达 55Mbit/s；对称工作时，上下行速率均可高达 26Mbit/s。上述速率不仅可以提供高速互联网接入，而且还可以提供高质量的视像业务。由于具有上述优势，现在 VDSL 正在不断升温。特别是利用 FTTC 或 FTTB 配合 VDSL，可以成为一种很好的宽带接入方案，既能满足目前需要，也能适应将来更新的技术。

VDSL 目前还没有世界统一的技术标准，与此相关的一些标准化小组如美国的 ANSI T1E1.4

小组、欧洲的 ETSI 小组、DAVIC（The Digital Audio-Visual Council）、ATM 论坛以及 ADSL 论坛正尝试着对它制定一些规范。

继第一代 VDSL 后，ITU 于 2005 年 5 月通过了 VDSL2（第二代 VDSL）的标准 G.993.2，VDSL2 通过扩展频谱和改善发射功率谱密度，支持更高的传输速率和更长的传输距离，满足将来用户对高带宽的需求，具有良好的应用前景。

在第一代 VDSL（G.993.1-2004）和 ADSL2（G.992.3）基础上形成的 VDSL2 标准将调制方式统一为 DMT，其最高截止频率从 12MHz 扩展到 30MHz，双向最大速率可达 200Mbit/s。G.993.2 标准要求 VDSL2 在 0.4mm 线径铜缆情况下，可在 1829m 距离范围内实现双向可靠传输。

2. VDSL 基本原理

VDSL 的基本原理与 ADSL 类似，采用频分复用（FDM）分隔信道，在此不详细展开介绍。VDSL 的频谱是 12MHz，非标准解决方案是 17MHz，而新的 VDSL2 的频谱高达 30MHz，因此 VDSL 具有比 ADSL 更高的带宽。

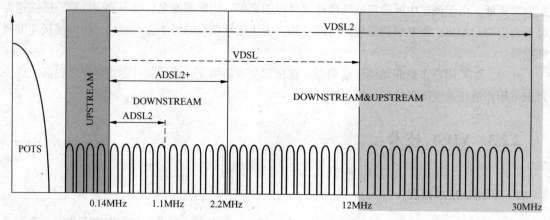

图 2-8　VDSL 和 VDSL2 的频段分布

3. VDSL 应用方向

① 酒店客户（包括个别小区须建立网络社区服务）。由于有内部 VOD 系统，需要大于 1.5M 的带宽。目前很多高级酒店都须建设内部信息系统，如高速上网、VOD 等。这时采用 VDSL，可以充分利用酒店自身的双绞线资源，又可提供 10M 以上带宽满足业务需求。

② 部分企业（特别是网吧）需要对称高带宽的专线接入或者互连。现在各地的网吧发展特别迅速，网吧成了宽带收入的主力来源之一。如果利用 ADSL 接入，由于 ADSL 为不对称的 DSL 技术，存在上行带宽较小（一般小于 640kbit/s）的缺陷，但由于网吧有 QQ 网上聊天、网上互动游戏等需要较大上行带宽的业务，因而 ADSL 无法支持。而 VDSL 在 1kM 时可达双向对称 12M 以上，足够支持这种企业级用户的高带宽需求。

③ VDSL 作为网络接入的中继接口，降低了综合建网成本。由于 VDSL 与 LAN 技术有着"亲密的血缘关系"，所以如何将 LAN 和 VDSL 技术的优点结合起来，提供一种更高效、更经济的接入手段，同时又能满足用户对高带宽的需求是很多运营商都很关心的问题。

④ VDSL 与 FTTH 的实现。FTTH 是宽带接入的最终发展方向。但由于技术成熟度、成本、

业务需求等原因，FTTH 的大规模实现还需要经历较长的时间。以铜缆为传输介质的 VDSL 由于其高带宽特性，将与 FTTC 互为补充，在未来相当长一段时间满足用户和业务的高带宽需求；短期内，相比较 FTTH 接入，VDSL 的成本优势明显，将是商业和高端用户接入首选，"FTTC + VDSL"将是 VDSL 的主要应用模式。VDSL 的发展将带动光纤尽量接近用户，提供面向 FTTH 的平滑升级。

2.2.4　以太网接入技术

前面介绍的 xDSL 技术都是利用原有的电话线资源的接入技术，在铜线接入中还有一种常见的接入技术——以太网接入技术。所谓以太网（Ethernet）接入技术，就是把以前用在局域网中的以太网技术用于公用电信网的接入网中，来解决用户的宽带接入。目前的以太网接入可以为用户提供 10M 到 100M 甚至 1G 的宽带接入能力。

1．以太网接入特点及在我国迅速发展的原因

以太网技术是 20 世纪 70 年代出现的一种局域网技术，也是目前应用最广泛的一种局域网技术。据统计，现有局域网的 70%以上是基于以太网协议的。以太网技术出现在公用电信网的接入网中是 1998 年以后的事情。尤其在 1999 年和 2000 年，我国通过以太网接入的用户数迅速增长。据不完全统计，目前我国通过以太网接入的用户数已达到一百万户以上，这些用户主要是住宅用户和中小型企事业用户。以太网接入在我国的发展速度远快于世界上其他国家，市场规模也远大于世界上其他国家。可以说，以太网接入是一种具有中国特色的宽带接入技术。以太网接入技术之所以能在我国迅速发展，主要有以下原因。

① 设备廉价。由于以太网协议在局域网中占统治地位，目前世界上已经有一个巨大而又成熟的以太网设备市场，而其他宽带接入设备的市场规模远不如以太网设备。组成以太网的设备如以太网卡、Hub（集线器）、以太网交换机等，技术非常成熟，可以由中小型企业研发和生产。更重要的是，以太网接入用户端设备成本低于其他宽带接入用户端设备成本一个数量级以上。

② 协议简单、成熟，设备的兼容性好。以太网技术自 20 世纪 70 年代出现以来，协议日益成熟，标准化程度越来越高，如 IEEE 802.2、IEEE 802.3 等国际标准。由于协议的简单和成熟，来自不同厂商的设备之间互连互通基本不存在问题。

③ 我国特有的环境有利于以太网接入的发展。以太网接入用户通过五类线与公网连接，而普通五类线的服务范围一般不超过 100 米。我国绝大多数城镇居民住在公寓式楼房中，100 米的服务半径可以覆盖几十户甚至上百户居民。欧美等发达国家的别墅式住宅就不适合通过以太网技术来解决宽带接入，这是以太网接入技术能在我国迅速发展而没有在欧美国家推广的主要原因，欧美国家主要通过 ADSL 和 Cable Modem（利用同轴电缆的接入方式）技术来解决普通住宅用户的宽带接入。

2．以太网接入中存在的问题及解决方案

（1）存在的问题

以太网技术和其他局域网技术一样，主要是针对小型的私有网络环境而设计的，适用于办公环境，目的是解决办公设备的资源共享问题。为此，其协议需要简单高效，而在用户信息的隔离、

用户传输质量的保证、业务管理和网络可靠性方面没有考虑或考虑不全面。如果将这种适用于私有网络环境的技术不加改造地照搬到公有网络环境中，必然会出现很多问题。以下是传统以太网应用在公网需要解决的问题。

① 用户信息的隔离。所谓用户信息的隔离指的是接入网需要保障用户数据（单播地址的帧）的安全性，隔离携带有用户个人信息的广播消息，如 ARP（地址解析协议）、DHCP（动态主机配置协议）消息等，防止关键设备受到攻击。对每个用户而言，当然不希望他的信息别人能够接收到，因此要从物理上隔离用户数据（单播地址的帧），保证用户的单播地址的帧只有该用户可以接收到，不像在局域网中因为是共享总线方式，单播地址的帧总线上的所有用户都可以接收到。另外，由于用户终端是以普通的以太网卡与接入网连接，在通信中会发送一些广播地址的帧（如 ARP、DHCP 消息等），而这些消息会携带用户的个人信息，如用户 MAC（介质接入控制）地址等。如果不隔离这些广播消息而让其他用户接收到，容易发生 MAC/IP 地址仿冒，影响设备的正常运行，中断合法用户的通信过程。在接入网这样一个公用网络的环境，保证其中设备的安全性是十分重要的，需要采取一定的措施防止非法地进入其管理系统造成设备无法正常工作，以及某些恶意的消息影响用户的正常通信。

② 用户管理。所谓用户管理指的是用户需要到接入网运营商处进行开户登记，并且在用户进行通信时对用户进行认证、授权。对所有运营商而言，掌握用户信息是十分重要的，从而便于对用户的管理，因此需要对每个用户进行开户登记。而在用户进行通信时，要杜绝非法用户接入到网络中，占用网络资源，影响合法用户的使用，因此需要对用户进行合法性认证，并根据用户属性使用户享有其相应的权利。

对用户的管理还包括计费管理。所谓计费管理指的是接入网需要提供有关计费的信息，包括用户的类别（是账号用户还是固定用户）、用户使用时长、用户流量等数据，支持计费系统对用户的计费管理。

③ 业务保证。所谓业务保证是为了保证业务的 QoS（服务质量），接入网需要提供一定的带宽控制能力，例如保证用户最低接入速率，限制用户最高接入速率，从而支持对业务的 QoS 保证。另外，由于组播业务是未来 Internet 上的重要业务，因此接入网应能够以组播方式支持这项业务，而不是以点到点方式来传送组播业务。

（2）现有解决方案

针对存在的问题，主要的解决方案有两种：VLAN 方式和 VLAN+PPPoE 方式。

① VLAN 方式。如果在一个规模可以的企业中，其下属有多个二级单位，在各单位的孤立网络进行互连时，出于对不同职能部门的管理、安全和整体网络的稳定运行，需要对各个单位进行既独立又统一的管理，这时我们就要用到虚拟局域网（Virtual Local Area Network，VLAN）。

VLAN 是一种通过将局域网内的设备逻辑地而不是物理地划分成一个个网段从而实现虚拟工作组的新兴技术。在 VLAN 中每个设备享有独立的 VID（VLANID），从而实现虚拟工作组（单元）的数据交换技术。IEEE 于 1999 年颁布了用以标准化 VLAN 实现方案的 802.1Q 协议标准草案。VLAN 主要有四种划分方式，分别为：基于端口划分的 VLAN、基于 MAC 地址划分 VLAN、基于网络层划分 VLAN、根据 IP 组播划分 VLAN。各个企业公司可根据自己的需要选择合适的方式进行管理配置。VLAN 的划分如图 2-9 所示。

在 VLAN 方式中，利用 VLAN 可以隔离 ARP、DHCP 等携带用户信息的广播消息，从而使用户数据的安全性得到了进一步提高。在这种方案中，虽然解决了用户数据的安全性问题，但是缺少对用户进行管理的手段，即无法对用户进行认证、授权。为了识别用户的合法性，可以将用户的 IP 地址与该用户所连接的端口 VID 进行绑定，这样设备可以通过核实 IP 地址与 VID 来识别用户是否合法。但是，这种解决方案带来的问题是用户 IP 地址与所在端口捆绑在一起，只能进行静态 IP 地址的配置。另一方面，因为每个用户处在逻辑上独立的网内，所以对每一个用户至少要配置一个子网的 4 个 IP 地址：子网地址、网关地址、子网广播地址和用户主机地址，这样会造成地址利用率极低。

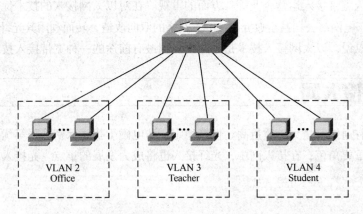

图 2-9　VLAN 的划分示意图

② VLAN + PPPOE 的解决方案。提到用户的认证、授权，人们自然会想到 PPP 协议，于是有了 VLAN + PPPoE（PPP over Ethernet）的解决方案，如图 2-10 所示。

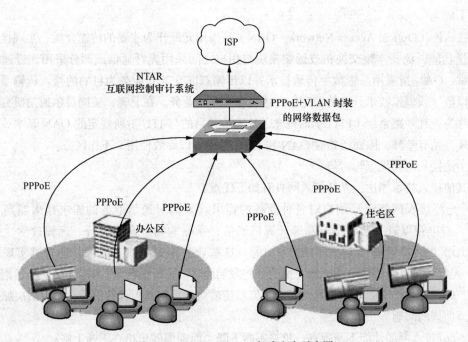

图 2-10　VLAN + PPPoE 解决方案示意图

VLAN + PPPoE 方案可以解决用户数据的安全性问题，同时由于 PPP 协议提供用户认证、授权以及分配用户 IP 地址的功能，所以不会造成上述 VMN 方案所出现的问题。但是面向未来网络的发

展，PPP 不能支持组播业务，因为它是一个点到点的技术，所以还不是一个很好的解决方案。

3．以太接入网发展前景

随着 IP 业务的爆炸式增长和我国电信运营市场的日益开放，无论是传统电信运营商还是新兴运营商，为了在新的竞争环境中立于不败之地，都把建设面向 IP 业务的电信基础网作为他们的网络建设重点。在城域网的接入部分，以太网接入在我国日益受到包括传统电信运营企业、新兴电信运营企业和小区宽带接入运营企业等各方面的重视。在对以太网接入的技术优势有了充分认识后，一些地区的广电网络公司甚至放弃对 HFC 网络的双向改造，转而利用其光纤网络资源来发展以太网接入。可以说，以太网接入技术是近期内我国最有前途的一种宽带接入技术。

2.3 光接入网

光纤通信具有通信容量大、质量高、性能稳定、防电磁干扰、保密性强等优点。在干线通信中，光纤扮演着重要角色；在接入网中，光纤接入也将成为发展的重点。光接入网是发展宽带接入的长远解决方案。

2.3.1 概述

1．光接入网的网络结构

（1）概念

光接入网（Optical Access Network，OAN）是指用光纤作为主要的传输介质，实现接入网的信息传送功能，泛指本地交换机或远端模块与用户之间采用光纤通信或部分采用光纤通信的系统。通常，OAN 指采用基带数字传输技术并以传输双向交互式业务为目的的接入传输系统，将来应能以数字或模拟技术升级传输宽带广播式和交互式业务。在北美，美国贝尔通信研究所规范了一种称为光纤环路系统（FITL）的概念，其实质和目的与 ITU-T 所规定的 OAN 基本一致，只是具体规范稍有差异，因而泛指时 OAN 和 FITL 两者可以等效使用，不作区分。

（2）光接入网的优点与劣势

与其他接入技术相比，光纤接入网具有如下优点。

① 光纤接入网能满足用户对各种业务的需求。人们对通信业务的需求越来越高，除了打电话、看电视以外，还希望有高速计算机通信、家庭购物、家庭银行、远程教学、视频点播（VOD）以及高清晰度电视（HDTV）等。这些业务用铜线或双绞线是比较难实现的。

② 光纤可以克服铜线电缆无法克服的一些限制因素。光纤损耗低、频带宽，解除了铜线径小的限制。此外，光纤不受电磁干扰，保证了信号传输质量，用光缆代替铜缆，可以解决城市地下通信管道拥挤的问题。

③ 光纤接入网的性能不断提高，价格不断下降，而铜缆的价格在不断上涨。

④ 光纤接入网提供数据业务，有完善的监控和管理系统，能适应将来宽带综合业务数字网的需要，打破"瓶颈"，使信息高速公路畅通无阻。

当然，与其他接入网技术相比，光纤接入网也存在一定的劣势。最大的问题是成本还比较高。尤其是光节点离用户越近，每个用户分摊的接入设备成本就越高。另外，与无线接入网相比，光纤接入网还需要管道资源。这也是很多新兴运营商看好光纤接入技术，但又不得不选择无线接入技术的原因。

现在，影响光纤接入网发展的主要原因不是技术，而是成本，到目前为止，光纤接入网的成本仍然太高。但是采用光纤接入网是光纤通信发展的必然趋势，尽管目前各国发展光纤接入网的步骤各不相同，但光纤到户是公认的接入网的发展目标。

（3）网络构成

光接入网通过光线路终端（OLT）与业务节点相连，通过光网络单元（ONU）与用户连接。光接入网包括远端设备——ONU 和局端设备——OLT，它们通过传输设备相连。系统的主要组成部分是 OLT 和远端 ONU。它们在整个接入网中完成从业务节点接口（SNI）到用户网络接口（UNI）间有关信令协议的转换。接入设备本身还具有组网能力，可以组成多种形式的网络拓扑结构。同时接入设备还具有本地维护和远程集中监控功能，通过透明的光传输形成一个维护管理网，并通过相应的网管协议纳入网管中心统一管理。图 2-11 所示为光接入网的参考配置。

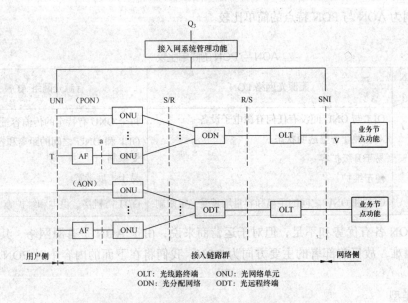

图 2-11　光接入网的参考配置（G.982）

图中，ODN（Optical Distribution Network）为光分配网络，它是 OLT 和 ONU 之间的无源光传输介质网络，由无源光器件构成。ODT（Optical Distance Terminal）为光远程终端，是一个有源复用设备，由光有源设备组成。

2．光接入网的分类

下面将光接入网根据两种标准进行分类。

（1）是否采用有源器件

按照这个标准，OAN 可分为有源光网络（Active Optical Network，AON）和无源光网络（Passive Optical Network，PON），如图 2-12 所示。有源光网络又可分为基于 SDH 的 AON 和基于 PDH 的

AON；无源光网络可分为窄带 PON 和宽带 PON。

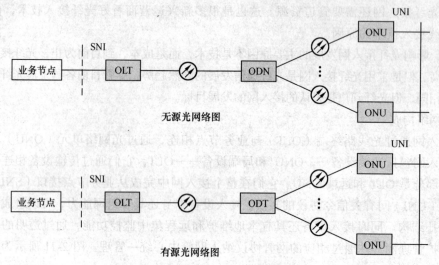

无源光网络图

有源光网络图

图 2-12　AON 与 PON 图示比较

表 2-2 所列为 AON 与 PON 特点的简单比较。

表 2-2　　　　　　　　　　　　　　　　AON 与 PON 的简单比较

项目 ＼ OAN	无源光网络 PON	有源光网络 AON
优点	OLT 与 ONU 间没有任何有源电子设备 对各种业务呈透明状态 易于升级扩容 便于维护	每个 ONU 有特定的传输容量 OLT 和 ONU 之间的距离和容量增长不受限制 易于扩展带宽
不足	OLT 和 ONU 之间的距离和容量增长受一定限制	ODT 需机房、供电和维护等

　　AON 与 PON 各有优势和不足，但对于运营商来说，由于 AON 是有源网络，其网络运营维护较 PON 困难，故目前部署的主要方向为 PON，我们将在下面的内容中对 PON 技术作具体讲解。

（2）应用类型

　　按应用类型分类其实就是根据 ONU 在光接入网中所处的具体位置不同来分类，也就是我们常说的 FTTx 技术，具体如下。

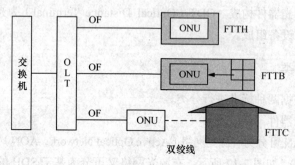

图 2-13　FTTx 技术

① 光纤到路边（FTTC）。在 FTTC 结构中，引入线部分是用户专用的，现有铜缆设施仍能利用，因而可以推迟耗资巨大的引入线部分（有时甚至配线部分，取决于 ONU 位置）的光纤投资，具有较好的经济性。先敷设了一条很靠近用户的潜在宽带传输链路，一旦有宽带业务需要，可以很快地将光纤引至用户处，实现光纤到家的战略目标。同样，如果经济性需要，也可以用同轴电缆将带宽业务提供给用户。由于其光纤化程度已十分靠近用户，因而可以较充分地享受光纤化所带来的一系列优点，诸如节省管道空间、易于维护、传输距离长、带宽大等。由于 FTTC 结构是一种光缆/铜缆混合系统，最后一段仍然为铜缆，还有室外有源设备需要维护，从维护运行的观点仍不理想。但是如果综合考虑初始投资和年维护运行费用的话，FTTC 结构在提供 2Mbit/s 以下窄带业务时，仍然是 OAN 中最现实经济的。然而对于将来需要同时提供窄带和宽带业务时，这种结构就不够理想了，届时初期对窄带业务合适的光功率估算值，对以后的带宽业务就不够了，可能不得不减少节点数和用户数，或者采用 1.5μm 波长区来传带宽业务。还有一种方案是干脆将带宽业务放在独立的光纤中传输，例如采用 HFC 结构。此时在 HFC 上传输模拟或数字图像业务，而 FTTC 主要用来传输窄带交互型业务，具有一定灵活性和独立性，但需要有两套基本独立的基础设施。

② 光纤到楼（FTTB）。FTTB 也可以看做是 FTTC 的一种变形，不同处在于将 ONU 直接放到楼内（通常为居民住宅公寓或小企事业单位办公楼），再经多对双绞线，将业务分送给各个用户。FTTB 是一种点到多点结构，通常不用于点到点结构。FTTB 的光纤化程度比 FTTC 更进一步，光纤已敷设到楼，因而更适于高密度用户区，也更接近于长远发展目标，预计会获得越来越广泛的应用，特别是那些新建工业区或居民楼以及与带宽传输系统共处一地的场合。

③ 光纤到家（FTTH）和光纤到办公室（FTTO）。在原来的 FTTC 结构中，如果将设置在路边的 ONU 换成无源光分路器，然后将 ONU 移到用户家，即为 FTTH 结构。如果将 ONU 放在大企事业用户（公司、大学、研究所、政府机关等）终端设备处，并能提供一定范围的灵活的业务，则构成所谓的光纤到办公室（FTTO）结构。由于大企事业单位所需业务量大，因而 FTTO 结构在经济上比较容易成功，发展很快。考虑到 FTTO 也是一种纯光纤连接网络，因而可以归入与 FTTH 一类的结构。然而，由于两者的应用场合不同，结构特点也不同。FTTO 主要用于大企事业用户，业务量需求大，因而在结构上适于点到点或环状结构。而 FTTH 用于居民住宅用户，业务量需求很小，因而经济的结构必须是点到多点方式。

2.3.2 宽带 PON 技术

无源光网络（PON）是一种很有吸引力的纯介质网络，其主要特点是避免了有源设备的电磁干扰和雷电影响，减少了线路和外部设备的故障率，提高了系统可靠性，同时节省了维护成本。PON 能比较经济地支持语音、数据和电视业务，即具备三重业务功能。据美国贝尔公司报道，采用无源光网络后维护费用每年每线可节约 50 美元，是电信维护部门一直期待的适用技术。其次，PON 的业务透明性较好，原则上可适用于任何制式和速率的信号。最后，由于光发送机和光纤由用户共享，因而线路成本较其他点到点通信方式要低。随着光纤接口向用户日益推进，PON 的综合优势越来越明显。PON 的灵活组网能力和经济适用能力使其最适合于分散的小企业和居民用户，特别是那些用户区域较分散，而每一区域用户又相对集中的小面积密集用户地区。

1. APON 和 BPON

APON/BPON（ITU-T G.983）：APON（ATM PON）是由 FSAN（Full Service Access Network，全业务接入网）制定的最初的 PON 规范，它以 ATM 作为 2 层信令协议。APON 术语的出现使用户误认为只有 ATM 服务能被终端用户使用，所以 FSAN 工作组决定将它改称为 BPON（Broadband PON），即 APON=BPON。BPON 系统可提供大量宽带服务，其中包括以太网接入和视频分配等。

APON 系统以 ATM 协议为载体，下行以 155.52Mbit/s 或 622.08Mbit/s 的速率发送连续的 ATM 信元，同时将专用物理层 OAM（PLOAM）信元插入数据流中；上行以突发的 ATM 信元方式发送数据流，并在每个 53 字节长的 ATM 信元头增加 3 字节的物理层开销，用以支持突发发送和接收。

2. EPON/GEPON

近几年随着 IP 的崛起和发展，有人提出了以太网无源光网络（EPON）的概念——将以太网（Ethernet，最具有发展潜力的链路层协议）与 PON（接入网的最佳物理层协议）结合在一起形成的能很好适应 IP 数据业务的接入方式，即在与 APON、BPON 类似结构和 G.983 标准的基础上，保留精华部分——物理层 PON，而以以太网代替 ATM 作为链路层协议，构成一个可以提供更大带宽、更低成本和更宽业务能力的新的结合体——EPON，如图 2-14 所示。这一思想在以太网界获得到了积极响应，在 IEEE 802.3 的旗帜下已经形成了初步标准——千兆比特以太网无源光网络（GEPON）。

由于最早的 EPON 标准基于 100M 快速以太网传送，市场上很多被称为 EPON 的产品实际上都是基于百兆以太网 PON 技术，为区别于原有的技术和产品，一般基于千兆以太网的 PON 技术被称为 GEPON。由于百兆 EPON 已逐渐被千兆的 GEPON 取代，一般我们说的 EPON 就是指 GEPON。

（1）EPON 的特点

从 EPON 的结构上看，主要优点是极大地简化了传统的多层重叠网络结构。EPON 的特点如下。

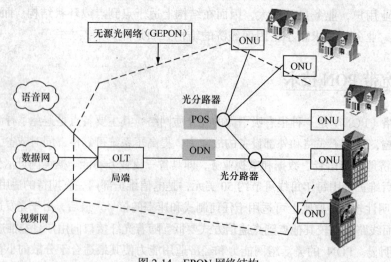

图 2-14　EPON 网络结构

① 消除了 ATM 和 SDH 层，从而降低了初始成本和运行成本。

② 下行业务速率高达 1Gbit/s，允许支持更多用户，每一用户的带宽可以更高，并能提供视频业务能力和较好的 QoS。

③ 硬件简单，没有室外电子设备，使安装部署工作得以简化。

④ 改进了电路的灵活指配和业务的提供与重配置能力。

IEEE 802.3ah 的 GEPON 技术规范性好，上、下行波长是 1310nm 和 1490nm，上、下行速率为 1.25Gbit/s，传输距离是 20km，分路比是 1:16，最大分路比可以支持 1:64，当然传输距离也会减小。主要业务是数据和语音，增加一个 1550nm 电视广播波长后，成为语声、数据和电视三合一的宽带业务捆绑服务，将是未来家庭业务的"杀手锏应用"。

EPON 的主要缺点是效率低。EPON 由于采用 8B/10B 的线路编码，引入的带宽损失为 20%，再加上承载层效率、传输汇聚层效率和业务适配效率原因，EPON 总的传输效率较低。

EPON 与 APON 最大的区别是 EPON 根据 IEEE 802.3 协议，包长可变至 1518 字节传送数据。而 APON 根据 ATM 协议，按照固定长度 53 个字节包来传送数据，其中 48 个字节负荷，5 个字节开销。这种差别意味着 APON 运载 IP 协议的数据效率低且困难。用 APON 传送 IP 业务，数据包被分成每 48 个字节一组，然后在每一组前附加上 5 个字节开销。这个过程耗时且复杂，也给 OLT 和 ONU 增加了额外的成本。此外，每一 48 个字节段就要浪费 5 个字节，造成沉重的开销，即所谓的 ATM 包的税头。相反，以太网传送 IP 流量，相对于 ATM 开销急剧下降。

（2）EPON 的传输原理

EPON 从 OLT 到多个 ONU 下行传输数据和从多个 ONU 到 OLT 上行数据传输是十分不同的。所采取的不同的下行/上行技术分别如图 2-15 和图 2-16 所示。

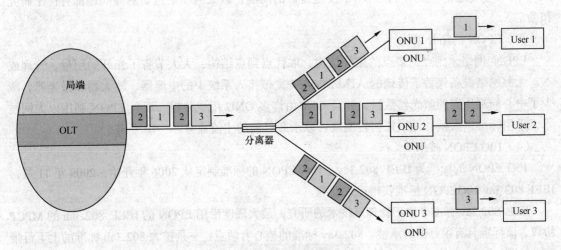

图 2-15　EPON 下行传输原理

图 2-15 中数据从 OLT 到多个 ONU 广播式下行，根据 IEEE802.3 协议，每一个包的包头表明是给 ONU（ONU1，ONU2，ONU3，…，ONUN）中的唯一一个。另外，部分包可以是给所有的 ONU（广播式）或者特殊的一组 ONU（组播），在光分路器处，流量分成独立的三组信号，每一组载有所有指定 ONU 的信号。当数据信号到达该 ONU 时，它接收给它的包，摒弃那些给其他 ONU 的包。例如，图 2-15 中，ONU1 收到包 1、2、3，但是它仅仅发送包 1 给终端用户 1，摒弃包 2 和包 3。

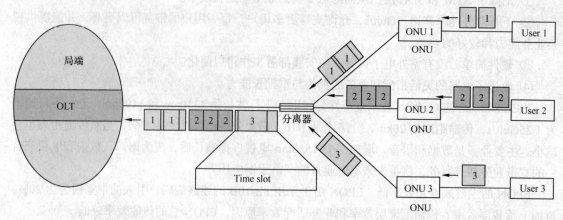

图 2-16　EPON 上行传输原理

图 2-16 中，采用时分复用技术（TDM）分时隙给 ONU 管理上行流量，时隙是同步的，以便当数据信号耦合到一根光纤时各个 ONU 的上行包不会互相干扰。ONU 在 ONU 指定的时隙上行数据给 OLT，采用时分复用避免数据传输冲突，即上行采用复用方式，下行采用广播方式。

可以说上行的复用技术是 EPON 技术的核心，从目前的研究来看，大多数方案都使用了 DWDM+TDMA 的复用方法。DWDM 的使用是发展的趋势，但主要取决于光器件。因此，主要讨论的焦点将是 TDMA 的实现方法，即如何使用 TDMA 的方法使上行信道的带宽利用率、时延和时延抖动等指标达到要求。其中，上行带宽的分配方法、ONU 发送窗口固定还是可变、最大的 ONU 发送窗口应为多大、ONU 发送窗口的间隔、以太网帧是否切割等问题都有待于研究和确定。

（3）EPON 的拓扑结构

EPON 网络采用点到多点的拓扑结构，取代点到点结构，大大节省了光纤的用量、管理成本。无源网络设备代替了传统的 ATM/SONET 宽带接入系统中的中继器、放大器和激光器，减少了中心局端所需的激光器数目，并且 OLT 由许多 ONU 用户分担。而且 EPON 利用以太网技术，采用标准以太帧，无须任何转换就可以承载目前的主流业务——IP 业务。

（4）10G EPON 技术

10G EPON 的标准为 IEEE 802.3av，10G EPON 的标准制定从 2006 年开始，2009 年 11 月，IEEE 802.3av 10GEPON 标准获得正式批准。

EEE 802.3av 标准专注于物理层技术的研究，最大限度沿用 EPON 的 IEEE 802.3ah 的 MPCP 协议，该标准具有很好的继承性。802.3av 标准的核心有两点：一是扩大 802.3ah 标准的上下行带宽，达到 10Gbit/s 的速率；二是 10G EPON 标准有很好的兼容性，10G EPON 的 ONU(Optical Network Unit)可以与 1G EPON 的 ONU 共存在一个 ODN(Optical Distribution Network)下，最大限度保护运营商投资。

10G EPON 可以继承 EPON 大规模部署的成熟经验，可以在不改变目前的 ODN 网的情况下与 GEPON 共存，为运营商节省投资。在带宽上，10G EPON 与已有的宽带接入技术相比有很大优势。目前各厂商也在积极投入 10G EPON 产品的研发，产业链将很快成熟。因此 10G EPON 是适合于下一代宽带接入的理想技术。

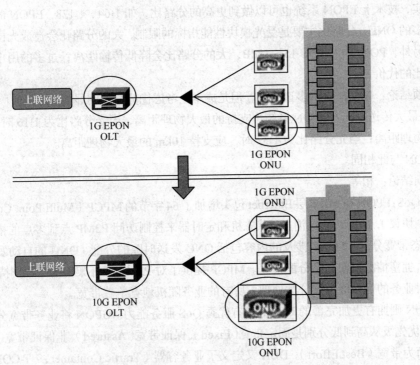

图 2-17　EPON 向 10G EPON 过渡示意图

3. GPON

2001 年，在 IEEE 积极制订 EPON 标准的同时，全业务接入网（FSAN）组织开始发起制订速率超过 1Gbit/s 的 PON 网络标准——千兆无源光网络（Gigabit-Capable PON，GPON）标准。随后，ITU-T 也介入了这一新标准的制订工作，并于 2003 年 1 月通过两个有关 GPON 的新的标准：G.984.1 和 G.984.2（速率提高到 2.5Gbit/s）。按照最新标准的规定，GPON 可以提供 1.244Gbit/s、2.488Gbit/s 的下行速率和所有标准的上行速率，传输距离至少达到 20km，具有高速高效传输的特点。

同所有 PON 系统一样，GPON 由 ONU、OLT 和无源光分配网组成。在前面内容中我们已经学习了 EPON 相关知识，下面通过对 EPON 与 GPON 的比较来认识 GPON。

EPON 和 GPON 作为光网络接入的两个主力成员，各有千秋，互有竞争，互有补充，互有借鉴，下面从几个方面对它们作个比较。

① 速率：EPON 提供固定上下行 1.25Gbit/s，采用 8b/10b 线路编码，实际速率为 1Gbit/s。

GPON 支持多种速率等级，可以支持上下行不对称速率，下行 2.5Gbit/s 或 1.25Gbit/s，上行 1.25Gbit/s 或 622Mbit/s，根据实际需求来决定上下行速率，选择相对应光模块，提高光器件速率价格比。

本项结论：GPON 优于 EPON。

② 分路比：分路比即一个 OLT 端口（局端）带多少个 ONU（用户端）。

EPON 标准定义分路比为 1:32。

GPON 标准定义分路比有下列几种，1:32、1:64、1:128。

其实，技术上 EPON 系统也可以做到更高的分路比，如 1:64、1:128，EPON 的控制协议可以支持更多的 ONU。分路比主要是受光模块性能指标的限制，大的分路比会造成光模块成本大幅度上升；另外，PON 插入损失 15～18dB，大的分路比会降低传输距离；过多的用户分享带宽也是大分路比的代价。

本项结论：GPON 提供多选择性，但是成本上考虑优势并不明显。

③ 最大传送距离：GPON 系统可支持的最大物理距离，当光分路比为 1:16 时，应支持 20km 的最大物理距离；当光分路比为 1:32 时，应支持 10km 的最大物理距离。

EPON 与此相同。

本项结论：相等。

④ QoS：EPON 在 MAC 层 Ethernet 包头增加了 64 字节的 MPCP（Multi Point Control Protocol，多点控制协议），MPCP 通过消息、状态机和定时器来控制访问 P2MP 点到多点的拓扑结构，实现 DBA 动态带宽分配。MPCP 涉及的内容包括 ONU 发送时隙的分配、ONU 的自动发现和加入、向高层报告拥塞情况以便动态分配带宽。MPCP 提供了对 P2MP 拓扑架构的基本支持，但是协议中并没有对业务的优先级进行分类处理，所有的业务随机地竞争着带宽。

GPON 则拥有更加完善的 DBA，具有优秀 QoS 服务能力。GPON 将业务带宽分配方式分成 4 种类型，优先级从高到低分别是固定带宽（Fixed）、保证带宽（Assured）、非保证带宽（Non-Assured）和尽力而为带宽（Best Effort）。DBA 又定义了业务容器（Traffic Container， T-CONT）作为上行流量调度单位，每个 T-CONT 由 Alloc-ID 标识。每个 T-CONT 可包含一个或多个 GEM Port-ID。T-CONT 分为 5 种业务类型，不同类型的 T-CONT 具有不同的带宽分配方式，可以满足不同业务流对时延、抖动、丢包率等不同的 QoS 要求。T-CONT 类型 1 的特点是固定带宽固定时隙，对应固定带宽（Fixed）分配，适合对时延敏感的业务，如语音业务；类型 2 的特点是固定带宽但时隙不确定，对应保证带宽（Assured）分配，适合对抖动要求不高的固定带宽业务，如视频点播业务；类型 3 的特点是有最小带宽保证又能够动态共享富余带宽，并有最大带宽的约束，对应非保证带宽（Non-Assured）分配，适合于有服务保证要求而又突发流量较大的业务，如下载业务；类型 4 的特点是尽力而为（Best Effort），无带宽保证，适合于时延和抖动要求不高的业务，如 Web 浏览业务；类型 5 是组合类型，在分配完保证和非保证带宽后，额外的带宽需求尽力而为进行分配。

本项结论：GPON 优于 EPON。

⑤ 运营、维护 OAM：EPON 没有对 OAM 进行过多的考虑，只是简单地定义了对 ONT 远端故障指示、环回和链路监测，并且是可选支持。

GPON 在物理层定义了 PLOAM（Physical Layer OAM），高层定义了 OMCI（ONT Management and Control Interface），在多个层面进行 OAM 管理。PLOAM 用于实现数据加密、状态检测、误码监视等功能。OMCI 信道协议用来管理高层定义的业务，包括 ONU 的功能参数集、T-CONT 业务种类与数量、QoS 参数，请求配置信息和性能统计，自动通知系统的运行事件，实现 OLT 对 ONT 的配置、故障诊断、性能和安全的管理。

本项结论：GPON 优于 EPON。

⑥ 链路层封装和多业务支持：如表 2-3 所示，EPON 沿用了简单的以太网数据格式，只是在以太网包头增加了 64 字节的 MPCP 点到多点控制协议来实现 EPON 系统中的带宽分配、带宽轮讯、自动发现、测距等工作。对于数据业务以外的业务（如 TDM 同步业务）的支持没有作过多

研究。很多 EPON 厂家开发了一些非标准的产品来解决这个问题，但是都不理想，很难满足电信级的 QoS 要求。

GPON 基于完全新的传输融合（TC）层，该子层能够完成对高层多样性业务的适配，如表 2-3 所示，定义了 ATM 封装和 GFP（General Frame Protocol，通用成帧协议）封装，可以选择二者之一进行业务封装。鉴于目前 ATM 应用并不普及，于是一种只支持 GFP 封装的 GPON.lite 设备应运而生，它把 ATM 从协议栈中去除以降低成本。

GFP 是一种通用的适用于多种业务的链路层规程，ITU 定义为 G.7041.GPON 中对 GFP 作了少量的修改，在 GFP 帧的头部引入了 Port ID，用于支持多端口复用；还引入了 Frag（Fragment）分段指示以提高系统的有效带宽，并且只支持面向变长数据的数据处理模式，而不支持面向数据块的数据透明处理模式。

GPON 具有强大的多业务承载能力。GPON 的 TC 层本质上是同步的，使用了标准的 8kHz（125μm）定长帧，这使 GPON 可以支持端到端的定时和其他准同步业务，特别是可以直接支持 TDM 业务，就是所谓的 NativeTDM，GPON 对 TDM 业务具备"天然"的支持。

本项结论：对多业务的支持，GPON 的 TC 层要比 EPON 的 MPCP 强大。

表 2-3　　　　　　　　　　　GPON 与 EPON 协议栈比较

网络 层次	GPON			EPON		
L3	ATM	TDM	IP	TDM		IP
L2		ETHERNET		ETHERNET WITH MPCP		
		GFP				
L1	PON-PHY			PON-PHY		

EPON 和 GPON 各有千秋，从性能指标上 GPON 要优于 EPON，但是 EPON 拥有了时间和成本上的优势，GPON 正在迎头赶上，展望未来的宽带接入市场也许并非谁替代谁，应该是共存互补。对于带宽、多业务，QoS 和安全性要求较高以及 ATM 技术作为骨干网的客户，GPON 会更加适合。而对于成本敏感，QoS、安全性要求不高的客户群，EPON 成为主导。目前，中国三大运营商中，中国电信主要采用 EPON 网络，中国移动主要采用 GPON 网络，中国联通则两种同时采用。在未来，这两项 PON 技术都将被采用。

2.4　光纤同轴混合网

建设全光纤用户接入网不仅需要投入大量的资金，而且完全建成尚需较长时间，除了 DSL 中可以利用的铜双绞线外，还有一种介质也是目前覆盖广泛且普遍的传输介质——同轴电缆。那么我们是否可以利用这部分资源作为接入网解决方案之一呢？答案是可以的。

HFC 网靠近用户侧的最末端是一个高品质的宽带网——同轴网。语音、高速数据可以通过频分复用方式调制到不同的频段上传送至用户家中，HFC 网以其较低的价格和普通 CATV 兼容的特性逐渐成为最佳的接入网方式之一。

2.4.1 概述

1. HFC 简介

HFC（Hybrid Fiber Coaxial Cable，光纤同轴电缆混合网）是一种基于 CATV 网，以模拟频分复用技术为基础，综合应用模拟和数字传输技术、光纤和同轴电缆技术、射频技术以及计算机技术的宽带接入网。HFC 采用光纤作传输干线、同轴电缆作分配传输网传输数据的宽带接入技术，即在有线电视前端将 CATV 信号转换成光信号后用光纤传输到服务小区（光节点）的光接收机，由光接收机将其转换成电信号后再用同轴电缆传到用户家中。

HFC 网以其覆盖范围广、频带宽和接续时间长等优点，被认为是综合业务宽带接入向光纤到户（FTTH）过渡的理想方案。和同轴电缆网相比，HFC 网损耗小、可靠性高、抗干扰能力强、带宽更宽，为网络多功能综合业务的开发创造了有利条件。目前，HFC 在一个 500 户左右的光节点覆盖区可以提供 60 路模拟广播电视节目、下行速率至少 10Mbit/s 以上的数据业务，利用 550～750MHz 频带还可提供至少 200 路 MPEG-2 的数字电视业务以及其他双向数据业务。

2. HFC 网络结构

HFC 网络由光纤和同轴电缆混合组成，以分支和树状拓扑为特点，网络结构示意图见图 2-18。在树根处是 CMTS（Cable MODEM 终端系统），从 CMTS 到邻近的使用光纤，在光纤的末端是光节点，起光电转换的作用。同轴电缆作为馈电线从光节点连到用户，每个光节点下接 500～2000 户。

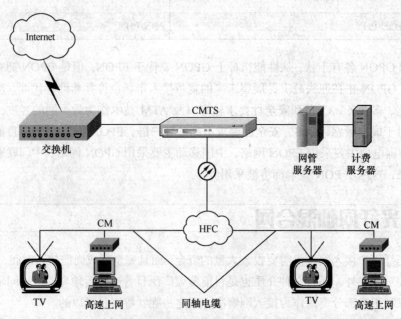

图 2-18　HFC 网络结构示意图

HFC 中的同轴网络采用树状拓扑结构，通过分支器连到各个用户，这种结构和目前有线电视的结构是完全一样的，所以 HFC 特别适用于有线电视运营公司开通宽带业务。由于物理上连接到同一个光节点的所有用户共享一条传输介质（同轴），所以 HFC 接入网中调制和复用技术尤为重要。另外，由于大多数 HFC 接入网都采用了现有有线电视网作为基础，所以 HFC 频段的划分必须与现有电视制式兼容。

3．HFC 的特点与频带划分

HFC 的主要特点如下。

① 传输容量大，易实现双向传输，从理论上讲，一对光纤可同时传送 150 万路电话或 2000 套电视节目。

② 频率特性好，在有线电视传输带宽内无需均衡。

③ 传输损耗小，可延长有线电视的传输距离，25km 内无需中继放大。

④ 光纤间不会有串音现象，不怕电磁干扰，能确保信号的传输质量。

HFC 既是一种灵活的接入系统，同时也是一种优良的传输系统，HFC 把铜缆和光缆搭配起来，同时提供两种物理介质所具有的优秀特性。HFC 在向新兴宽带应用提供带宽需求的同时却比 FTTC（光纤到路边）或者 SDV（交换式数字视频）等解决方案便宜得多，HFC 可同时支持模拟和数字传输，在大多数情况下，HFC 可以同现有的设备和设施合并。

HFC 支持现有的、新兴的全部传输技术，其中包括 ATM、帧中继、SONET 和 SMDS（交换式多兆位数据服务）。一旦 HFC 部署到位，它可以很方便地被运营商扩展以满足日益增长的服务需求以及支持新型服务。总之，在目前和可预见的未来，HFC 都是一种理想的、全方位的、信号分派类型的服务介质。

HFC 具备强大的功能和高度的灵活性，这些特性已经使之成为有线电视（CATV）和电信服务供应商的首选技术。由于 HFC 结构和现有有线电视网络结构相似，所以有线电视网络公司对 HFC 特别青睐，他们非常希望这一利器可以帮助他们在未来多种服务竞争局面下获得现有的电信服务供应商似的地位。

目前，传统有线电视网大多是 300MHz、450MHz 或 550MHz 系统。HFC 采用 860MHz 的同轴网络，它既要支持广播信息的传输，又须支持双向信息的传输。图 2-19 所示为 HFC 系统频段划分示意图，表 2-4 列出了我国接入网总技术规范中所定义的频段划分（但目前实际的网络并没有严格统一划分方法），大致如下。

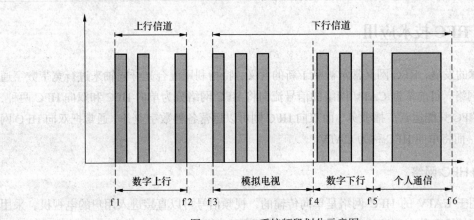

图 2-19　HFC 系统频段划分示意图

50MHz 以下为上行非广播业务（数据通信）。也有将低速的双向数据信息调制复用在 50MHz 以下频段内传输的，如 DAVIC 的 HFC VOD 系统。这一频段多采用 QP-SK（正交相移键控）以及时分多址（TDMA）来实现调制和复用。

50～550MHz 用于普通广播电视。我国采用 PAL-D 制式，每 8MHz 为一个电视频道，采用残留边带调制。

550～750MHz 为下行数字通信，用于传输数字电视、VOD 等业务中的高速下行数字信号等，这一频段多采用 QAM 调制及时分复用技术。为有效利用现有的有线电视前端设备，常将多路信号时分复用，后经 QAM 调制，通过 8MHz 或 6MHz 带宽的滤波器形成与模拟电视一样宽的信号，再通过射频混合器与普通电视信号混合后送入 HFC 网络中传输。

750～1000MHz 为保留频段，为其他通信方式预留，如 SDV（交互式数字视频）。

表 2-4　　　　　　　　HFC 系统的频段划分及波段频带（MHz）业务

R	5.0～10.0	上行电视及非广播业务
R1	30.0～42.0	上行广播业务
I	48.5～92.0	模拟广播电视
FM	87.0～108.0	调频立体声广播
A1	111.0～167.0	模拟广播电视
III	167.0～223.0	模拟广播电视
A2	223.0～295.0	模拟广播电视
B	295.0～447.0	模拟广播电视
IV	450.0～550.0	数字或模拟广播电视
V	550.0～710.0	数字电视和 VOD 等
VI	710.0～750.0	非广播业务
VII	750.0～1000.0	保留

2.4.2　HFC 技术应用

随着技术的发展，HFC 网又常常被赋予新的含义，特指利用混合光纤同轴来进行宽带数字通信的 CATV 网络。目前依据 CATV 网络的信号流向将 HFC 网络分为单向 HFC 和双向 HFC 两种，但由于单向 HFC 只能运营广播业务，而双向 HFC 则可以运营各种数字业务，通常把双向 HFC 网络称为 HFC，而将单向 HFC 称为 CATV。

1．单向 HFC 网络

常规的用于 CATV 的 HFC 网络是单向传输的，视频信号可以直接进入用户的电视机，采用新的数字调制技术和数字压缩技术，可以向用户提供数字电视和 HDTV。单向 HFC 网络中所使用的放大器均为单向放大器，如图 2-20 所示。

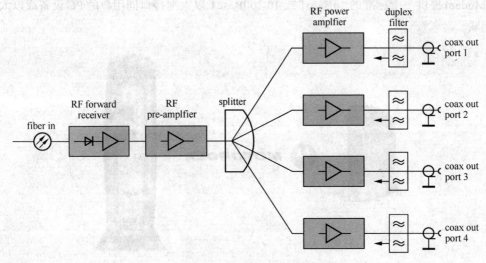

图 2-20 单向 HFC 网络结构图

2．双向 HFC 网络

有线电视网是一个非常宝贵的资源，但如果只能单向广播电视，那会是一种很大的浪费，但如果通过双向化和数字化的发展，有线电视系统除了能够提供更多、更丰富、质量更好的电视节目外，还有着足够的频带资源来提供其他非广播业务。

双向 HFC 网络可以在单向 HFC 网络基础上进行改造，配加回传信道形成。双向网回传采用的方式主要有以下几种。

① 在光纤网络中，一般采用空间分割方式，它利用两根光纤，一根正向传输下行电视信号，另一根反向传输各种上行信息，该传输方式简单、方便。

② 在同轴电缆网中一般采用频率分割方式传输上行信息，它可把不同的信息内容分成正向和反向传输，因在频率上分成两个频段，如现行网络的 5～65MHz 频段传输上行信息，而 65～750MHz 传送下行电视信号，这样采用两个频段分开达到传送正反向信号。在国外也有采用高、中、低频率分割方式来完成各类信息的上下行传输工作。

③ 另外还有一种回传方式，就是采用时间分割方式。时间分割是利用脉冲开关控制一个脉冲周期内发送的下行信号，在另外一个脉冲周期内传送上行信号，这就要求每个脉冲周期在足够短的时间内完成，否则会影响信息质量。

Cable Modem（电缆调制解调器，CM）技术是有线电视分配接入网双向改造应用较多的技术之一。Cable Modem 与以往的 Modem 在原理上都是将数据进行调制后在 Cable（电缆）的一个频率范围内传输，接收时进行解调，传输机理与普通 Modem 相同。不同之处在于它是通过有线电视 CATV 的某个传输频带进行调制解调的，而普通 Modem 的传输介质在用户与访问服务器之间是独立的，即用户独享通信介质。Cable Modem 属于共享介质系统，其他空闲频段仍然可用于有线电视信号的传输。

Cable Modem 本身不单纯是调制解调器，它还集 Modem、调谐器、加/解密设备、桥接器、网络接口卡、虚拟专网代理和以太网集线器的功能于一身。它无须拨号上网，不占用电话线，可提供随时在线的永久连接。服务商的设备同用户的 MODEM 之间建立了一个虚拟专网连接，Cable Modem 提供一个标准的 10BaseT 或 10/100BaseT 以太网接口同用户的 PC 设备或以太网集线器相联。

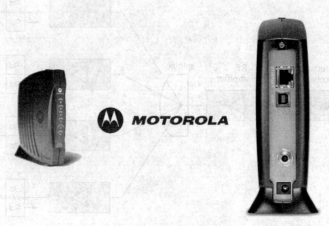

图 2-21　一款 Cable Modem

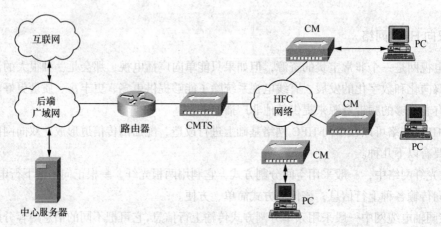

图 2-22　Cable Modem 系统组成图

在 HFC 上利用 Cable Modem 进行数据传输，下行数据占用 50～860MHz 的一个 8MHz 的频段，一般采用 64QAM 调制方式，速率可达 40Mbit/s；上行数据占用 5～42MHz 的一个 8MHz 的频段，一般采用抗噪声能力较强的 QPSK 调制方式，速率可达 10Mbit/s。Cable Modem 系统具有以下特点。

① 要求同轴电缆网络具有双向通信的能力，并且可用频率至少到 860MHz。

② 同轴电缆网的可靠性较低。

③ 电缆调制解调器（CM）与电缆调制解调器终结系统（CMTS）能够在 HFC 系统指定的频段上进行互通，不影响其他频段上的业务，包括有线电视业务、调频广播业务以及其他业务。

④ CM 与 CMTS 组成的在 HFC 上传送数据的系统是媒介共享的系统，上下行速率是所有用户共享的。

⑤ CM 与 CMTS 组成的在 HFC 上传送数据的系统是点到多点的系统。下行采用广播方式传输，上行有碰撞，要进行信道争抢。

⑥ CM 与 CMTS 组成的在 HFC 上传送数据的系统上下行速率是非对称的。由于树状同轴电

缆网络具有特定的漏斗噪声，因此上行采用抗噪声能力较强的 QPSK 调制方式，较下行采用 64QAM 的速率要低。

⑦ 在经济性方面，由于在同轴电缆上传输数据的业务面向的是普通家庭用户，因此运营商开展该项业务的关键要看其成本。

在 Cable Modem 系统中，采用了双向非对称技术，在下行方向有 6MHz 的模拟带宽供系统中的用户共享，但这种共享技术不会降低传输速率。Cable Modem 不同于线路交换的电话网定向呼叫连接，用户在连接时并不占用固定带宽，而是与其他活动用户共享，仅在发送、接收数据的瞬间使用网络资源。在毫秒级甚至兆秒级的时间内，抓住一切利用带宽的机会下载数据包。如果在网络使用的高峰期中有拥塞，可以通过灵活的分配附加带宽来解决。只需简单分配一个 6MHz 频段，就能倍增下行速度。另一种方法是在用户段重新划分物理网络，按照访问频率给用户合理分配带宽，速度可与专线媲美。

当然 Cable Modem 系统也存在着一些技术难点，主要是网络噪声的问题，包括用户家庭噪声（70%）、下行线（25%）、同轴设备（5%）。为了解决这个问题，Cable Modem 系统主要采用以下方法避免和抑制噪声：① 合理设置网络结构；② CM 采用抗干扰较强的调制和编码方式；③ 采用上行通道过滤器；④ 采用纠错技术；⑤ 确保设备机械和电气方面都密封良好；⑥ 对 HFC 放大器等设备提供备份电源。

另外，在数字电视网络改造时会使用一种交互式机顶盒，具有三个基本功能：模拟电视接收、数字电视接收和 Internet 访问。其实这种机顶盒是真正 Cable Modem 的伪装。机顶盒的主要功能是在频率数量不变的情况下提供更多的电视频道。通过使用数字电视编码（DVB），交互式机顶盒提供一个回路，使用户可以直接在电视屏幕上访问网络，收发 E-mail 和浏览网页等。

从长远来看，HFC 计划提供的是所谓全业务网（FSN），即以单个网络提供各种类型的模拟和数字通信业务，包括有线和无线、语音和数据、图像信息业务、多媒体和事务处理业务等。这种全业务网络将连接 CATV 网的前端、传统电话交换机、其他图像和信息服务设施（如 VOD 服务器）、蜂窝移动交换机、个人通信交换机等。许多信息和娱乐型业务将通过网关来提供，今天的前端将发展成为用户接入开放的带宽信息高速公路的重要网关。用户将能从多种服务器接入各种业务，共享昂贵的服务资源，诸如 VOD 中心和 ATM 交换资源等。简言之，这种由 HFC 所提供的全业务网将是一种新型的宽带业务网，为我们提供了一种实现宽带通信的良好方法。

2.5 宽带无线接入网

目前，各种宽带接入技术层出不穷。从各种接入技术所依赖的传输介质分，基于铜线传输的有 ADSL、VDSL 等各种 DSL 技术；基于光纤传输的有各种有源光接入和无源光接入技术；基于光纤+五类线传输的以太网接入技术；基于混合光纤同轴电缆网（HFC）传输的有 Cable Modem；基于无线传输的各种宽带无线接入技术等。这么多的宽带接入技术，究竟哪一种是未来的发展方向？应该说，不同的技术有不同的市场定位。

宽带无线接入技术（Broadband Wireless Access，BWA）目前还没有通用的定义，一般是指把高效率的无线技术应用于宽带接入网络中，以无线方式向用户提供宽带接入的技术。通信市场正在呈现出语音业务移动化、数据业务宽带化的发展趋势，宽带无线接入技术代表了宽带接入技术的一种新的不可忽视的发展趋势，不仅建网开通快、维护简单、用户较密时成本低，而且改变了

本地电信业务的传统观念。本节将以几种主要的 BWA 技术为例进行介绍。

2.5.1 WLAN 技术

WLAN（Wireless Local Area Network，无线局域网）指应用无线通信技术将计算机设备互连起来，构成可以互相通信和实现资源共享的网络体系。无线局域网本质的特点是不再使用通信电缆将计算机与网络连接起来，而是通过无线的方式连接，从而使网络的构建和终端的移动更加灵活。

在过去的几年中，IEEE 802 已经开发了一些 WLAN 技术和标准，如 802.11a、802.11b、802.11g 和 802.11n 等。WLAN 部分标准使用 ISM（Industrial Scientific Medical，工业科学医疗专用频道）无线电广播频段通信，即 2.4GHz 频段。802.11a 标准使用 5GHz 频段，支持的最大速度为 54Mbit/s；802.11b 和 802.11g 标准使用 2.4GHz 频段，分别支持最大 11Mbit/s 和 54Mbit/s 的速度；802.11n 则可以使用 2.4GHz 和 5GHz 两种频段。然而，工作于 ISM 频段是不需要执照的，是公开的，工作于 5GHz 频带需要执照的。下面对这些 802.11 标准进行简单的介绍。

1．802.11 标准

1997 年，美国电子电气工程师协会（IEEE）制定了第一个无线局域网标准 802.11，主要用于解决办公室局域网和校园网中用户与用户终端的无线接入，业务主要限于数据存取，速率最高只能达到 2Mbit/s。由于它在速率和传输距离上都不能满足人们的需要，802.11 无线产品已经不再生产。

2．802.11b

1999 年 7 月，IEEE 扩大了 802.11 应用标准，创建了 802.11b 标准。相比传统的以太网，该标准可以支持最高 11Mbit/s 的数据传输速率。802.11b 继承了 802.11 的无线信号频率标准，采用 2.4GHz 直接序列扩频。厂商也更乐意采用这一频率标准，因为这可以降低产品成本。另一方面，由于使用了未受规范的 2.4GHz 扩频，无线局域网信号也很容易被微波炉、无绳电话或者其他电器设备发出的信号所干扰。当然，解决这一问题也很简单，安装 802.11b 设备的时候，注意与其他设备保持一定的距离即可。

802.11b 优点：成本低；信号辐射较好，不容易被阻隔。

802.11b 缺点：带宽速率较低；信号容易受到干扰。

3．802.11a

当 802.11b 还在发展之中的时候，IEEE 又创建了另一个无线局域网标准 802.11a。由于 802.11b 比 802.11a 流行得更快，所以一些人就认为 802.11a 是在 802.11b 之后被创建的。其实，802.11a 和 802.11b 几乎是同一个时期被创建的。由于 802.11a 的成本较高，所以它主要是被应用在商业领域，而 802.11b 则主要被用在家庭市场。

802.11a 提供的最高数据传输速率为 54Mbit/s，工作在 5GHz 频段上。这一更高的频率也就意味着，802.11a 信号更容易受到墙壁或者其他障碍物的影响。

此外，由于 802.11a 和 802.11b 使用了不同的频率标准，因此这二者是互不兼容的。为此，有一些厂商在电脑中提供了 802.11a/b 网络模块，以便应对不同环境下的无线联网需要。

802.11a 优点：具有较高的网络速率；信号不易被干扰。

802.11a 缺点：成本较高；信号容易被障碍物阻隔。

4．802.11g

在 2002 年和 2003 年间，WLAN 产品开始拥有了一个全新的标准 802.11g。802.11g 结合了 802.11a 和 802.11b 二者的优点，可以说是一种混合标准。它既能适应传统的 802.11b 标准，在 2.4GHz 频率下提供 11Mbit/s 数据传输率，也符合 802.11a 标准在 5GHz 频率下提供 56Mbit/s 数据传输率。

802.11g 优点：较高的网络速率；信号质量好，不容易被阻隔。

802.11g 缺点：成本比 802.11b 高；电气设备可能会影响到 2.4GHz 频段信号。

5．802.11n

该标准是 IEEE 推出的最新标准。802.11n 通过采用智能天线技术，可以将 WLAN 的传输速率由目前 802.11a 及 802.11g 提供的 54Mbit/s、108Mbit/s，提供到 300Mbit/s 甚至是 600Mbit/s。得益于将 MIMO（多入多出）与 OFDM（正交频分复用）技术相结合而应用的 MIMO OFDM 技术，提高了无线传输质量，也使传输速率得到极大提升。

另外，802.11n 采用了一种软件无线电技术，它是一个完全可编程的硬件平台，使得不同系统的基站和终端都可以通过这一平台的不同软件实现互通和兼容，这使得 WLAN 的兼容性得到极大改善。这意味着 WLAN 将不但能实现 802.11n 向前后兼容，而且可以实现 WLAN 与无线广域网络的结合，比如 3G。

802.11n 优点：具有最快的网络速率和最广的信号覆盖范围；信号干扰影响较小。

802.11n 缺点：标准没有被正式确定；成本较高；使用多个信号，容易干扰附近的 802.11b/g 网络。

除了上面的这些标准外，还有其他一些标准，如 802.11i、802.11p 等，是 802.11 标准的补充和加强。

在日常使用中，我们还经常接触到一个名词"Wi-Fi"。Wi-Fi（WirelessFidelity，无线保真）正式名称是"IEEE 802.11b"，是 WLAN 的应用最广泛的标准。自从实行 IEEE 802.11b 以来，无线网络取得了长足的进步，因此基于此技术的产品也逐渐多了起来，解决各厂商产品之间的兼容性问题就显得非常必要。因为 IEEE 并不负责测试 IEEE 802.11b 无线产品的兼容性，所以这项工作就由厂商自发组成的非营利性组织——Wi-Fi 联盟来担任。这个联盟包括了最主要的无线局域网设备生产商，如 Intel、Broadcom，以及大家熟悉的中国厂商华硕、BenQ 等。凡是通过 Wi-Fi 联盟兼容性测试的产品，都被准予打上"Wi-Fi CERTIFIED"标记。因此，我们在选购 IEEE 802.11b 无线产品时，最好选购有 Wi-Fi 标记的产品，以保证产品之间的兼容性。

2.5.2 蜂窝移动通信技术

蜂窝移动通信技术从发展到现在主要经历了三个阶段，即第一代、第二代和第三代蜂窝移动通信技术。第一代蜂窝移动通信技术（1G）是模拟蜂窝移动通信技术，以美国贝尔实验室开发的先进移动电话系统 AMPS 为典型代表。第一代蜂窝移动通信技术由于采用模拟技术和 FDMA 多址接入方式，在使用中暴露出很多弊端，如频谱利用率比较低、保密性差、只能提供低速语音业务、设备体积大、成本高等，在实际中已经基本不再使用。

第二代移动通信技术（2G）是数字移动通信系统，采用数字调制技术，具有频谱利用率高、保密性好的特点，不仅可以支持语音业务，也可以支持低速数据业务，因而又称为窄带数字通信系统。第二代数字移动通信系统典型代表有美国的 DAMPS 系统、IS-95 系统和欧洲 GSM 系统，其中 DAMPS 和 GSM 都采用 TDMA 多址接入方式，而 IS-95 则采用 CDMA 多址接入方式；系统容量比 GSM 和 DAMPS 要大得多。第二代数字移动通信技术是目前广泛应用的蜂窝移动通信技术，但由于只能提供窄带业务，已经不能满足人们越来越多的对于移动宽带多媒体业务的需求。

第三代移动通信系统（3G）是宽带数字通信系统，它的目标是提供移动宽带多媒体通信，多址方式基本都采用 CDMA 多址接入，属于宽带 CDMA 移动通信技术。第三代移动通信系统能提供多种类型的高质量多媒体业务，能实现全球无缝覆盖，具有全球漫游能力并与固定网络相兼容。它可以实现小型便携式终端在任何时候、任何地点进行任何种类的通信。第三代移动通信技术的标准化工作由 3GPP 和 3GPP2 两个标准化组织来推动和实施。

在移动通信领域，目前为人们所广泛关注的热点技术即是第三代移动通信技术（3G）。与第二代移动通信系统相比，第三代移动通信技术最大的优势是能够向用户提供移动宽带数据接入，从而能向用户提供宽带多媒体业务。除了 3G 以外，从 2G 向 3G 演进的 2.5G、2.75G 移动通信技术也能向用户提供一定的宽带接入能力。

1. GPRS 技术

GPRS（General Packet Radio Service，通用无线分组业务）是一种基于 GSM 系统的无线分组交换技术，提供端到端的、广域的无线 IP 连接。通俗地讲，GPRS 是一项高速数据处理的技术，方法是以"分组"的形式传送资料到用户手上，被称为 2.5G 技术。相对原来 GSM 的拨号方式的电路交换数据传送方式；GPRS 是分组交换技术，它以一种有效的方式采用分组交换模式来传送数据和信令。虽然 GPRS 是作为现有 GSM 网络向第三代移动通信演变的过渡技术，但是它在许多方面都具有显著的优势。

GPRS 的意义在于，GPRS 手机永远在线，不用像传统手机一样拨号才能上网，GPRS 的"实时"（always-on）功能使诸如新闻标题、比赛成绩、交通路况等重要数据均可在语音呼叫之外的一个独立的信道自由进出而不影响正常的通话；GPRS 数据传输速率要达到理论上的最大值 172.2kbit/s，其上网速度比家用电脑使用的 56.6kbit/s 调制解调器上网速率快得多；其收费方式是以流量的多少计算费用，"发呆"是免费的，用户只需按实际传送的数据量付费。

EDGE（Enhanced Data Rate for GSM Evolution，增强数据速率的 GSM 演进技术）是一种基于 GSM/GPRS 网络的数据增强型技术，又名"E-GPRS"。EDGE 可以适应更恶劣更复杂多变的无线传播环境，理论数据传输速率可高达 384～473.6kbit/s，与 GPRS 相比大大提高了用户数据接入速率，因此也被称之为 2.75G 技术。在 3G 正式投入运行之前，EDGE 是基于 GSM 网络最高速的无线数据传输技术。

2. WCDMA 技术

WCDMA 全名是 Wideband CDMA，中文译名为"宽带码分多工存取"，是一种由 3GPP 具体制定的、基于 GSM MAP 核心网、UTRAN（UMTS 陆地无线接入网）为无线接口的第三代移动通信系统。WCDMA 可支持 384kbit/s 到 2Mbit/s 不等的数据传输速率。

WCDMA 的发起者主要是欧洲和日本标准化组织和厂商，WCDMA 继承了第二代移动通信体制 GSM 标准化程度高和开放性好的特点，标准化进展顺利。WCDMA 支持高速数据传输（慢速移动时 384kbit/s，室内走动时 2Mbit/s），支持可变速传输。

在同一传输通道中，它还可以提供电路交换和分包交换的服务，因此用户可以同时利用交换方式接听电话，然后以分组交换方式访问因特网，这样的技术可以提高移动电话的使用效率，使得我们可以超越同一时间只能做语音或数据传输的服务的限制。

在费用方面，因为 WCDMA 是借助分包交换的技术，所以网络使用的费用不是以接入的时间计算，而是以消费者的数据传输量来定。

WCDMA 主要特点如下。

① 基站支持异步和同步的基站运行方式，组网方便、灵活。

② 调制方式上行为 BIT/SK，下行为 QPSK。

③ 导频辅助的相干解调方式。

④ 适应多种速率的传输，同时对多速率、多媒体的业务可通过改变扩频比和多码并行传送的方式来实现。

⑤ 上下行快速、高效的功率控制大大减少了系统的多址干扰，提高了系统容量，同时也降低了传输的功率。

⑥ 核心网络基于 GSM/GPRS 网络的演进，并保持与 GSM/GPRS 网络的兼容性。

⑦ 支持软切换和更软切换，切换方式包括三种，即扇区间软切换、小区间软切换和载频间硬切换等。软切换是指切换过程中和两个或几个基站同时通过不同的空中接口信道进行通信的切换方式。和软切换一样，更软切换是指在切换过程中，移动台和基站同时通过两条空中接口信道通信，如图 2-23 所示。

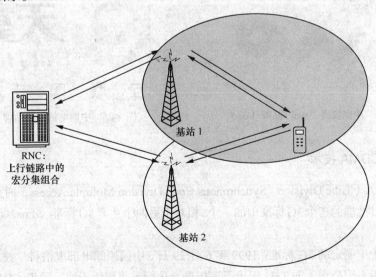

图 2-23　软切换过程

中国联通自 2009 年 1 月 7 日获工信部 3G（WCDMA）牌照后，于 5 月开通 WCDMA 放号，品牌为 "Wo"（如图 2-24 所示），185、186 为专用号段，联通 130、131、132、156 用户无需换号可直接升级 3G。

3. cdma2000 技术

cdma2000 也称为 CDMA Multi-Carrier，由美国高通（Qualcomm）公司提出。它采用多载波（DS）方式，载波带宽为 1.25MHz。cdma2000 共分为两个阶段：第一阶段将提供 144kbit/s 的数据传送率，而当数据速度加快到 2Mbit/s 传送时，便是第二阶段。到时，和 WCDMA 一样支持移动多媒体服务，是 CDMA 发展 3G 的最终目标。cdma2000 和 WCDMA 在原理上没有本质的区别，都起源于 CDMA（IS-95）系统技术。但 cdma2000 做到了对 CDMA（IS-95）系统的完全兼容，为技术的延续性带来了明显的好处：成熟性和可靠性比较有保障，同时也使 cdma2000 成为从第二代向第三代移动通信过渡最平滑的选择。但是 cdma2000 的多载传输方式与 WCDMA 的直扩模式相比，对频率资源有极大的浪费，而且它所处的频段与 IMT-2000 规定的频段也产生了矛盾。

根据 IMT-2000 原定计划，cdma2000 系统将从 cdma2000 1x 起步，即首先使用单载波系统来保证与第二代移动通信系统的兼容。随着技术的发展，通过把三个或三个以上的载波捆绑在一起的方式，使 cdma2000 3x 进一步提高性能。但之后，多个载波的方式没有成为主要的研究方向，而是在单个载波的基础上，提出了一系列新的技术，来增强 cdma2000 的性能。这些新的技术被叫做 cdma2000 1xEV 技术，即 cdma2000 1x 技术的演进。这些 cdma2000 1xEV 技术主要包括 cdma2000 1xEV-DO（Data Only，采用语音分离的信道传输数据）和 cdma2000 1xEV-DV（Date and Voice，数据信道与语音信道合一）。

截至 2008 年年末，全球已经有 102 个国家和地区的 276 家电信运营商部署了 CDMA2000 网络。如中国内地：中国电信（品牌为"天翼"，如图 2-25 所示）；中国香港：电讯盈科；中国澳门：中国电信；中国台湾：亚太电信；日本：KDDI；韩国：SK 电讯、KTF、LG 电信；美国：Verizon Wireless、Sprint Nextell、USC。

图 2-24　中国联通"Wo"品牌 Logo

图 2-25　中国电信天翼品牌 Logo

4. TD-SCDMA 技术

TD-SCDMA（Time Division - Synchronous Code Division Multiple Access，时分—同步码分多址存取），是 ITU 批准的三个 3G 标准中的一个，相对于另两个主要 3G 标准（cdma2000、WCDMA），它的起步较晚。

该标准是中国制定的 3G 标准。1999 年 6 月 29 日，中国原邮电部电信科学技术研究院（现大唐电信科技股份有限公司）向 ITU 提出了该标准。该标准将智能天线、同步 CDMA 和软件无线电（SDR）等技术融于其中。另外，由于中国庞大的通信市场，该标准受到各大主要电信设备制造厂商的重视，全球一半以上的设备厂商都宣布可以生产支持 TD-SCDMA 标准的电信设备。

TD-SCDMA 在频谱利用率、对业务支持具有灵活性、频率灵活性及成本等方面有独特优势。

TD-SCDMA 由于采用时分双工（TDD），上行和下行信道特性基本一致，因此，基站根据接收信号估计上行和下行信道特性比较容易。此外，TD-SCDMA 使用智能天线技术有先天的优势，而智能天线技术的使用又引入了 SDMA 的优点，可以减少用户间干扰，从而提高频谱利用率。

TD-SCDMA 还具有 TDMA 的优点，可以灵活设置上行和下行时隙的比例而调整上行和下行的数据速率的比例，特别适合因特网业务中上行数据少而下行数据多的场合。但是这种上行下行转换点的可变性给同频组网增加了一定的复杂性。TD-SCDMA 是时分双工，不需要成对的频带。因此，和另外两种频分双工的 3G 标准相比，在频率资源的划分上更加灵活。

一般认为，TD-SCDMA 由于智能天线和同步 CDMA 技术的采用，可以大大简化系统的复杂性，适合采用软件无线电技术，因此设备造价有望更低。

但是，由于时分双工体制自身的缺点，TD-SCDMA 被认为在终端允许移动速度和小区覆盖半径等方面落后于频分双工体制。同时，TD 只可以在线 500 人也是个问题。

尽管如此，TD-SCDMA 作为自主知识产权的标准，受到国家的大力支持，相关牌照发给了中国移动，品牌为 G3，如图 2-26 所示。

图 2-26　中国移动 G3 品牌 Logo

2.5.3　其他无线接入技术

1. LMDS 技术

LMDS（Local Multipoint Distribution Service，本地多点分配业务）是一种提供点到多点通信的固定宽带无线接入技术（FWA），工作在 20～40GHz 频段上，传输容量可与光纤比拟，同时又兼有无线通信的经济和易于实施等优点。

LMDS 系统结构与蜂窝电话类似，LMDS 系统采用蜂窝小区来覆盖所有的终端用户。每个小区的覆盖半径为 3～5km，最大不超过 10km。与蜂窝电话不同的是，LMDS 系统的终端用户是固定的，不需要支持移动用户，因此不需要考虑复杂的越区切换问题。

一个完整的 LMDS 系统由四部分组成，分别是本地光纤骨干网、网络运行中心（NOC）、基站系统、用户端设备（CPE）。骨干网络由光纤传输网、基于 ATM 交换（或 IP 交换、IP+ATM 架构）的核心交换平台以及与 Internet、公共交换电话网（PSTN）的互连模块组成。NOC 负责完成告警与故障诊断、系统配置、计费、系统性能分析和安全治理等功能。

LMDS 的特点是：带宽可与光纤相比拟，实

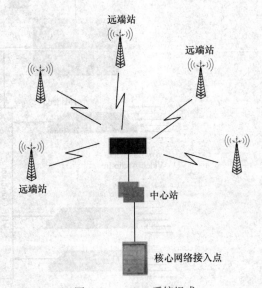

图 2-27　LMDS 系统组成

现无线"光纤"到楼,可用频率至少为 1GHz,与其他接入技术相比,LMDS 是"最后一公里"光纤的灵活替代技术;光纤传输速率高达 Gbit/s 级,而 LMDS 传输速率可达 155Mbit/s,稳居第二;LMDS 可支持所有主要的语音和数据传输标准,如 ATM、TCP/IP、MPEG–2 等;LMDS 工作在毫米波波段、20~40GHz 频率上,被许可的频率是 24GHz、28GHz、31GHz、38GHz,其中以 28GHz 获得的许可较多,该频段具有较宽松的频谱范围,最有潜力提供多种业务。

LMDS 的缺点是:传输距离很短,仅 5~6km,因此不得不采用多个小蜂窝结构来覆盖一个城市;多蜂窝系统复杂;设备成本高;雨衰太大,降雨时很难工作。

在中国,信息产业部规定采用频分复用(FDD)方式的 LMDS 业务的工作频段为 26GHz,其中中心站发射频段为 24.507~25.515GHz,远端站发射频段为 25.757~26.765GHz,收发频率间隔为 1250MHz,基本频道带宽为 3.5MHz、7MHz、14MHz 和 28MHz,可根据具体业务需求将基本信道合并使用。

2. MMDS 技术

MMDS(Microwave Multipoint Distribution Systems,微波多路分配系统)也称无线/有线电视系统,20 世纪 80 年代初使用于美国,90 年代初传入中国,已成为有线电视系统的重要组成部分。MMDS 是以传送电视节目为目的,模拟 MMDS 只能传 8 套节目,随着数字图像/声音技术和对高速数据的社会需求的出现,模拟 MMDS 正在向数字 MMDS 过渡。该系统重量轻,体积小,占地面积少,易于安装调试,极适于中小城市或郊区有线电视覆盖不到的区域。MMDS 系统工作频段一般在 2.5GHz、3.5GHz,在反射天线周围 50km 范围内可以将 100 多路数字电视信号直接传送至用户。另外它还可以在此基础上增加单向或双向的高速 Internet 业务。

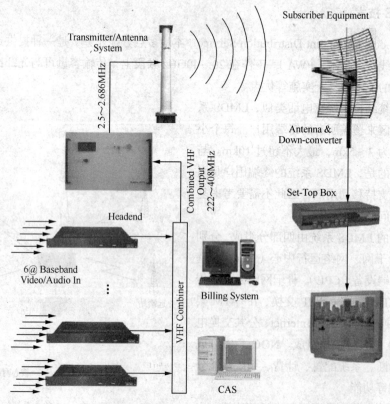

图 2-28　MMDS 系统组成示意图

MMDS 的频率是 2.5～2.7GHz。它的优点是：雨衰可以忽略不计；器件成熟；设备成本低。它的不足是带宽有限，仅 200MHz。许多通信公司看中用 LMDS 技术来作为数据、语音和视频的双向无线高速接入网。但由于 MMDS 的成本远低于 LMDS，技术也更成熟，因而通信公司愿意从 MMDS 入手。它们正在通过数字 MMDS 开展无线双向高速数据业务，主要是双向无线高速因特网业务。

与点到多点的 LMDS 相比，MMDS 适于用户相对分散、容量较小的地区。从成本上来讲，MMDS 低于 LMDS。MMDS 所能提供的数据带宽同样与可利用的频段、采用的调制方式（QPSK、16QAM 或 64QAM）和扇区数量有关。粗略估算，能够提供的容量大约为所占频率带宽的 3～4 倍，即 100MHz 的频率带宽能提供 300～400Mbit/s 的数据带宽，供一个基站覆盖范围内的用户共享。从对产品的提供情况来看，MMDS 比 LMDS 要弱一些，但目前已经有一些厂家能够提供 MMDS 产品设备。MMDS 同样能够作为 IP、TDM 和帧中继等接入骨干网络的宽带无线接入解决方案。用户通过它可以实现 Internet 接入、本地用户大容量数据交换、语音、VoIP、VOD、数据广播和标准清晰度或高清晰度电视信号等多种业务。

最近，我国有的大城市已经成功地建成了数字 MMDS 系统，并且已经投入使用。不仅传送多套电视节目，同时还将传送高速数据，成为我国数字 MMDS 应用的先驱。数字 MMDS 不应该单纯为了多传电视节目，而应该充分发挥数字系统的功能，同时传送高速数据，开展增值业务。高速数据业务能促进地区经济的发展，同时也为 MMDS 经营者带来更大的经济效益。因为数据业务的收入远高于电视业务的收入。

3. 蓝牙技术

所谓蓝牙（Bluetooth）技术，实际上是一种短距离无线电技术，利用"蓝牙"技术，能够有效地简化掌上电脑、笔记本电脑和移动电话手机等移动通信终端设备之间的通信，也能够成功地简化以上这些设备与因特网之间的通信，从而使这些现代通信设备与因特网之间的数据传输变得更加迅速高效，为无线通信拓宽道路。蓝牙是无线数据和语音传输的开放式标准，它将各种通信设备、计算机及其终端设备、各种数字数据系统甚至家用电器采用无线方式联接起来。它的传输距离为 0.1～10m，如果增加功率或是加上某些外设便可达到 100m 的传输距离。蓝牙采用分散式网络结构以及快跳频和短包技术，支持点到点及点到多点通信，工作在全球通用的 2.4GHz ISM（即工业、科学、医学）频段，其数据速率为 1Mbit/s，采用时分双工传输方案实现全双工传输。蓝牙技术 Logo 如图 2-29 所示。

图 2-29　蓝牙技术 Logo

为什么叫蓝牙技术呢？其实"蓝牙"这个颇为奇怪的名字来源于 10 世纪丹麦国王哈洛德（Harold Blatand）的外号。据说，这位丹麦国王靠出色的沟通和说服能力而不是以武力统一了当时的丹麦和挪威。因为他非常爱吃蓝莓，牙齿经常被染蓝，所以得了"蓝牙"这个外号。在行业协会筹备阶段，需要一个极具有表现力的名字来命名这项高新技术。行业组织人员在经过一夜关于欧洲历史和未来无限技术发展的讨论后，有些人认为用 Blatand 国王的名字命名再合适不过了。Blatand 国王将现在的挪威、瑞典和丹麦统一起来，就如同这项即将面世的技术，将被定义为允许不同工业领域之间的协调工作，例如计算、手机和汽车行业之间的工作。于是名字就这么定下来了。

蓝牙技术的特点包括：（1）采用跳频技术，数据包短，抗信号衰减能力强；（2）采用快速跳频和前向纠错方案以保证链路稳定，减少同频干扰和远距离传输时的随机噪声影响；（3）使用2.4GHz ISM 频段，无须申请许可证；（4）可同时支持数据、音频、视频信号；（5）采用 FM 调制方式，降低设备的复杂性。

蓝牙技术组网举例如下。

（1）PC 对 PC 组网

对于 PC 对 PC 组网方式，可以用蓝牙适配器来让两台电脑共享互联网络连入。其中的一台电脑通过网卡连接 ADSL MODEM 等接入设备已经能访问 Internet，装上蓝牙 USB 适配器，把它当做一台 Internet 共享的代理服务器。其他配有蓝牙 USB 适配器的电脑当作客户端可以通过它访问Internet，也可以共享其他资源。这种方案也是蓝牙技术在家庭组网方案中最具有代表性和最普遍采用的方案，如图 2-30 所示。

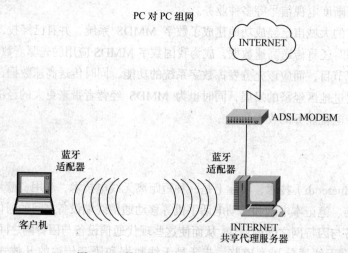

图 2-30　利用蓝牙 PC 对 PC 组网示意图

（2）PC 对蓝牙接入点的组网

对 PC 对蓝牙接入点的组网，蓝牙接入点（蓝牙网关）通过 RJ45 与 ADSL MODEM 等宽带接入设备相连。其他要接入网络的电脑均安装有蓝牙适配器，一个蓝牙网关最多可连接 7 台这样的电脑。这里的蓝牙接入点的功能就如同上个方案中的 Internet 代理服务器。这个方案的组网拓扑类似 Wi-Fi 无线接入点组网，如图 2-31 所示。

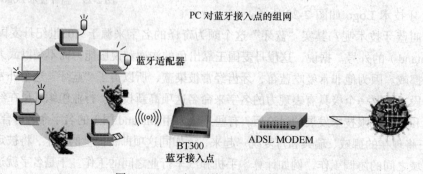

图 2-31　PC 对蓝牙接入点的组网示意图

目前，蓝牙技术已被普遍应用在笔记本电脑上，以帮助两台（或多台）笔记本电脑之间实现无线通信。较红外线传输"必须保证传输信息的两个设备正对，且中间不能有障碍物"、"几乎无法控制信息传输的进度"、"没有成为被广泛接受的工业标准、设备种类不多"等致命的缺陷，蓝牙的优势显示出了勃勃生机。全世界已有 2161 家公司参加了 SIG（Special Interest Group）组织，并正在共同制定蓝牙技术标准。SIG 的核心公司除上述最初提出开发蓝牙技术的 5 家公司外，还有 3com、Lucent 技术、微软和摩托罗拉 4 家。SIG 成员公司包括：PC 个人电脑、移动电话、网络相关设备、外围辅助设备和 A/V 设备、通信设备和汽车电子、自动售货机、医药器械、计时装置等诸多领域的设备制造公司。

4．WiMAX 技术

WiMAX（World Interoperability for Microwave Access，全球微波互连接入）是一项基于 IEEE 802.16 标准的宽带无线接入城域网技术，是针对微波和毫米波频段提出的一种空中接口标准。WiMAX 是一项新兴的宽带无线接入技术，能提供面向互联网的高速连接，数据传输距离最远可达 50km。WiMAX 还具有 QoS 保障、传输速率高、业务丰富多样等优点。WiMAX 的技术起点较高，采用了代表未来通信技术发展方向的 OFDM/OFDMA、AAS、MIMO 等先进技术，随着技术标准的发展，WiMAX 将逐步实现宽带业务的移动化，而 3G 则将实现移动业务的宽带化，两种网络的融合程度将会越来越高。其 Logo 如图 2-32 所示。

图 2-32　WiMAX 技术 Logo

（1）IEEE 802.16 与 WiMAX 的关系

IEEE802.16 是为制定无线城域网标准而专门成立的工作组，该工作组自 1999 年成立以来，主要负责固定无线接入的空中接口标准制定，为了推广基于 IEEE 802.16 和 ETSIHiperMAN 协议的无线宽带接入设备，并且确保他们之间的兼容性和互操作性。2001 年 4 月，由业界主要的无线宽带接入厂商和芯片制造商共同成立了一个非营利工业贸易联盟组织——WiMAX。WiMAX 与 IEEE 802.16 之间有着非常紧密的联系与合作，同时又有着分工的不同，后者是标准的制定者，而前者是标准的推动者。WiMAX 逐步成为了 IEEE 802.16 技术在市场推广方面采用的名称，其物理层和 MAC 层技术基于在 IEEE 802.16 工作组中开发的无线城域网（WMAN）技术，WiMAX 也是 IEEE 802.16d/e 技术的别称。

IEEE802.16 标准系列到目前为止包括 802.16、802.16a、802.16c、802.16d、802.16e、802.16f 和 802.16g 共七个标准，其中，802.16、80216a、80216d 属于固定无线接入空中接口标准，而 802.16e 属于移动宽带无线接入空中标准。

（2）WiMAX 技术四大优势

① 实现更远的传输距离。WiMAX 所能实现的 50km 的无线信号传输距离是无线局域网所不能比拟的，网络覆盖面积是 3G 发射塔的 10 倍，只要少数基站建设就能实现全城覆盖，这样就使得无线网络应用的范围大大扩展。

② 提供更高速的宽带接入。据悉，WiMAX 所能提供的最高接入速度是 70Mbit/s，这个速度是 3G 所能提供的宽带速度的 30 倍。

③ 提供优良的"最后一公里"网络接入服务。作为一种无线城域网技术，它可以将 Wi-Fi

连接到互联网，也可作为 DSL 等有线接入方式的无线扩展，实现"最后一公里"的宽带接入。用户无需线缆即可与基站建立宽带连接。

④ 提供多媒体通信服务。由于 WiMAX 较 Wi-Fi 具有更好的可扩展性和安全性，从而能够实现电信级的多媒体通信服务。

（3）WiMAX 发展瓶颈

尽管 WiMAX 在最近一年时间取得诸多实质性突破，在技术上存在的问题也在被克服，特别是美国运营商 Sprint-Nextel 宣布明年部署 WiMAX。但也有相关专家认为，WiMAX 仍然面临一些问题，例如在 WiMAX 推进中，还面临频谱的问题，因为如果没有频谱，任何一个系统很难真正在市场上推进。由于很多的频谱给了其他业务，所以 WiMAX 在全球范围内获得统一的频谱还是非常有难度的，尽管 WiMAX 在做努力，希望获得 2.5G 的频段，但是还是有很大的难度。另外，WiMAX 的市场定位和市场基础也将影响这一技术的发展。到底市场定位是什么样的市场，给哪类运营商和哪类用户使用，采用什么样的模式，WiMAX 技术发展的同时，蜂窝移动通信阵营有新的增强技术出现，所以哪些技术在市场上能够有一定空间跟成熟性也是关系重大。

5. 卫星通信技术

在我国复杂的地理条件下，采用卫星通信技术是一种有效方案。在广播电视领域中，直播卫星电视是利用工作在专用频段的广播卫星，将广播电视节目或声音广播直接送到家庭的一种广播方式。

随着 Internet 的快速发展，利用卫星的宽带 IP 多媒体广播解决 Internet 带宽的瓶颈问题，通过卫星进行多媒体广播的宽带 IP 系统逐渐引起了人们的重视，宽带 IP 系统提供的多媒体（音频、视频、数据等）信息和高速 Internet 接入等服务已经在商业运营中取得一定成效。由于卫星广播具有覆盖面大、传输距离远、不受地理条件限制等优点，将卫星通信作为宽带接入网技术将有很大的发展前景。目前，已有网络使用卫星通信的 VSAT 技术，发挥其非对称特点，即上行检索使用地面电话线或数据电路，而下行则以卫星通信高速率传输，可用于提供 ISP 的双向传输。

卫星通信在 Internet 接入网中的应用，在国外已很广泛，而我国也从 1999 年起，开始利用 DirecPC 技术解决 Internet 下载瓶颈问题。卫星通信技术用于 Internet 的前景非常好，相信不久之后，新一代低成本的双向 IPVSAT 将投入市场。

本章小结

    1. 接入网所覆盖的范围（定界）可由三个接口来定界，即网络侧经由 SNI 与业务节点（Service Node，SN）相连，用户侧经由 UNI 与用户相连，管理方面则经 Q3 接口与电信管理网相连。

    2. 接入网的分类方法有很多种，可以按传输介质分、按业务带宽分、按拓扑结构分、按使用技术分、按接口标准分、按业务种类分等。根据传输介质的不同，接入网可分为基于铜线传输的接入网、基于光纤传输的接入网和基于无线传输的接入网等。

3. DSL 是 "Digital Subscriber Line" 的缩写，即所谓的数字用户线，DSL 技术是基于普通电话线的宽带接入技术，它在同一铜线上分别传送数据和语音信号，数据信号并不通过电话交换机设备，减轻了电话交换机的负载，开发了铜线的带宽潜力。xDSL 中的 "x" 代表了各种数字用户线技术，包括 ADSL、RADSL、HDSL 和 VDSL 等，还有一种数字线对增容技术和 HomePNA 技术。

4. 针对以太网接入中存在的问题，主要的解决方案有以下两种：VLAN 方式和 VLAN + PPPoE 方式。

5. 光接入网是指用光纤作为主要的传输介质，实现接入网的信息传送功能，泛指本地交换机或远端模块与用户之间采用光纤通信或部分采用光纤通信的系统。与其他接入技术相比，光纤接入网具有如下优点。

① 光纤接入网能满足用户对各种业务的需求。

② 光纤可以克服铜线电缆无法克服的一些限制因素。

③ 光纤接入网的性能不断提高，价格不断下降，而铜缆的价格在不断上涨。

④ 光纤接入网提供数据业务，有完善的监控和管理系统，能适应将来宽带综合业务数字网的需要，打破 "瓶颈"，使信息高速公路畅通无阻。

6. 光接入网根据是否采用有源器件可分为有源光网络（Active Optical Network，AON）和无源光网络（Passive Optical Network，PON）；按应用类型分类其实就是根据 ONU 在光接入网中所处的具体位置不同来分的，也就是我们常说的 FTTx 技术，如 FTTH、FTTB、FTTC 和 FTTO 等。

7. HFC（Hybrid Fiber Coaxial Cable，光纤同轴电缆混合网）是一种基于 CATV 网，以模拟频分复用技术为基础，综合应用模拟和数字传输技术、光纤和同轴电缆技术、射频技术以及计算机技术的宽带接入网。

8. 宽带无线接入(Broadband Wireless Access，BWA）一般是指把高效率的无线技术应用于宽带接入网络中，以无线方式向用户提供宽带接入的技术。常见的有 WLAN、EGPRS、3G 和其他的一些 BWA。

课后习题

1. 简述接入网的定义、定界。
2. 画图示意接入网一般的物理结构。
3. 接入网的特征有哪些？
4. 接入网的发展趋势有哪些？
5. 接入网如何分类？按照传输媒介来分，可以分为哪些？
6. 什么是 xDSL 技术？x 代表什么意思？
7. 什么是 ADSL？ADSL 系统频谱是如何分配的？分别对应于哪三个信息通道？
8. 8M ADSL 是什么意思？
9. 什么是 VDSL？简述 VDSL 基本原理。

10. 以太网接入有哪些优势和不足？有哪些解决方案？

11. 简述 OAN 的定义。与其他接入技术相比，光纤接入网具有哪些优点？

12. 什么是 PON？与 AON 比较有什么优势和不足？

13. 简述 EPON 上下行的传输原理。

14. 试比较 GPON 与 EPON 两种 PON 技术。

15. 什么是 HFC？简述其特点。

16. 双向 HFC 改造有哪些方案？

17. WLAN 有哪些标准？速率和使用的频率分别是多少？

18. 在中国 3G 中三项技术分别对应哪个运营商？

19. 比较 LMDS 和 MMDS 技术。

20. 蓝牙技术为何得名？蓝牙有哪些特点？

21. 什么是 WiMAX？有哪些优势？

22. 了解卫星通信技术目前发展状况。

通信缩略语英汉对照表（二）

英文缩略语	英 文 全 写	中 文 含 义
CPN	Customer Premise Network	用户驻地网
CN	Core Network	核心网
SNI	Service Node Interface	业务节点接口
SN	Service Node	业务节点
UNI	User Network Interface	用户网络接口
AN	Access Network	接入网
POTS	Plain Old Telephone Service	普通老式的电话服务
ISDN	Integrated Services Digital Network	综合业务数字网
DDN	Digital Data Network	数字数据网
ATM	Asynchronous Transfer Mode	异步传输模式
PHS	Personal Handy-phone System	个人手持式电话系统
CATV	Cable Television	有线电视
DSL	Digital Subscriber Line	数字用户线
ADSL	Asymmetric Digital Subscriber Line	非对称数字用户线路
RADSL	Rate Adaptive DSL	速率自适应 DSL
HDSL	High-data-rate Digital SubscriberLine	高速率数字用户线路
SHDSL	Single-pair High-speed Digital Subscriber Line	单对线高速数字用户线
VDSL	Very-high-bit-rate Digital Subscriber Loop	甚高速数字用户环路
DPG	Digital Pair Gain	数字线对增容技术
ADPCM	Adaptive Difference Pulse Code Modulation	自适应编辑码
HomePNA	Home Phoneline Network Alliance	家庭电话线网信联盟

英文缩略语	英 文 全 写	中 文 含 义
VOD	Video On Demand	视频点播
DSLAM	Digital Subscriber Line Access Multiplexer	数字用户线路接入复用器
FTTH	Fiber To The Home	光纤到家
FTTC	Fiber To The Curb	光纤到路边
FTTB	Fiber To The Building	光纤到楼
FTTO	Fiber To The Office	光纤到办公室
DHCP	Dynamic Host Configuration Protocol	动态主机配置协议
MAC	Media Access Control	介质访问控制
PPPoE	PPP over Ethernet	基于以太网的点到点协议
VLAN	Virtual Local Area Network	虚拟局域网
OAN	Optical Access Network	光接入网
FITL	Fiber In The Loop	光纤用户环路
HDTV	High Definition Television	高清晰度电视
ONU	Optical Network Unit	光网络单元
OLT	Optical Line Terminal	光线路终端
ODN	Optical Distribution Network	光分配网络
ODT	Optical Distance Terminal	光远程终端
AON	Active Optical Network	有源光网络
PON	Passive Optical Network	无源光网络
FSAN	Full Service Access Network	全业务接入网
APON	ATM PON	基于 ATM 的无源光网络
BPON	Broadband PON	宽带无源光网络
OAM	Operation Administration and Maintenance	操作、管理、维护
EPON	Ethernet Passive Optical Network	以太网无源光网络
SONET	Synchronous Optical Network	同步光纤网络
GPON	Gigabit-Capable PON	千兆无源光网络
MPCP	Multi Point Control Protocol	多点控制协议
P2MP	Point to Multi-point	点到多点
GFP	General Frame Protocol	通用成帧协议
CMTS	Cable Modem Terminal System	Cable modem 终端系统
BWA	Broadband Wireless Access	宽带无线接入技术
WLAN	Wireless Local Area Network	无线局域网
ISM	Industrial Scientific Medical	工业科学医疗专用频道

英文缩略语	英 文 全 写	中 文 含 义
OFDM	Orthogonal Frequency Division Multiplexing	正交频分复用
MIMO	Multiple-Input Multiple-Out-put	多入多出
GPRS	General Packet Radio Service	通用无线分组业务
EDGE	Enhanced Data Rate for GSM Evolution	增强数据速率的 GSM 演进技术
WCDMA	Wideband CDMA	宽带码分多工存取
TD-SCDMA	Time Division-Synchronous Code Division Multiple Access	时分-同步码分多址存取
LMDS	Local Multipoint Distribution Service	本地多点分配业务
MMDS	Microwave Multipoint Distribution Systems	微波多路分配系统
WiMAX	World Interoperability for Microwave Access	全球微波接入互操作性

第3章

交换技术

现代通信网主要由三大部分组成：终端设备、交换设备和传输设备。其中，交换设备的交换技术发展得非常快，能不断满足通信网升级的需求，提供尽可能完善的接口和快速的接续功能，并在组网、网管、维护及业务处理等方面为设备运营商或使用者带来更大的方便。本章主要介绍交换的基本概念、各种交换技术的功能原理及发展情况。

3.1 交换概述

交换是通信网的核心技术之一，采用何种通信技术取决于网络结构、用户需求、通信费用等多种因素。本节主要介绍交换的基本概念以及目前通信系统中采用的各种交换技术。

3.1.1 交换的基本概念

处于电话网网络节点位置的电话交换机在电话网中完成话路的选路和连接功能。所谓选路是指交换机的处理机根据被叫用户号码选择输出话路；所谓连接是指在交换机处理机的控制下，由接线器完成输入话路与输出话路的连接。

交换即转接，是电话通信网实现数据传输的必不可少的技术。电路交换即各个终端之间通过公共网（交换节点）传输语言、文本、数据及图像等业务。任何一个主叫信息都可通过交换节点发送给所需的一个或多个被叫用户。

交换网络的节点形成如图 3-1 所示。如果不用交换机，要把一个地域中的 N 个电话机一一直接连通，则需要 $N(N-1)/2$ 对线，如图 3-1（a）所示。很明显，当 N 增大时，线对急剧增多，接入和安装难以实现。如果在用户分布中心放置一个交换系统，如图 3-1（b）所示，每个用户只需要一对线接到交换机上，由交换机完成任意两个以上用户之间的交换和接续，则 N 个用户只需用 N 对线即可，此交换机称为节点。当要完成不同地域之间的电话通信时，在数量巨大的用户间交换信息，就要引入各种类型的交换系统作为不同级别的交换节点去完成其相应的交换和接续任务，如图 3-1（c）所示。把各个交换节点连接起来就组成了一个大的通信网络，连接多个交换节点的节点称为汇接节点。

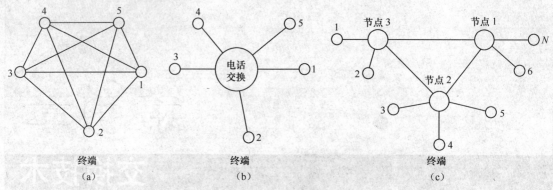

图 3-1　交换网络节点形成示意图

3.1.2　交换技术分类

目前，常用的交换技术有电路交换、分组交换、帧交换及 ATM 交换等，各种交换方式的关系如图 3-2 所示。

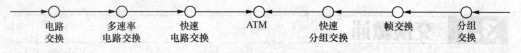

图 3-2　各种交换方式的关系

电路交换、多速率电路交换和快速电路交换等属于电路传送模式（CTM）或同步传送模式（STM）。分组交换、帧交换和快速分组交换等属于分组传送模式（PTM）。ATM 是电路交换和分组交换的结合，称为异步传送模式。基于这些交换模式的交换技术也在不断发展，下面进行简要介绍。

1. 电路交换

电路交换是最早实现的一种交换方式，这要求输入线与输出线之间建立一条物理通道，其原理是直接利用要切换的物理通信线路连接通信双方。

目前公用电话网广泛使用电路交换。经由电路交换的通信包括 3 个阶段：电路建立、信息传输及电路拆除。在数据传输开始之前必须先设置一条专用的通道，在线路释放之前，该通道由一对用户完全占用。

2. 多速率电路交换

多速率电路交换采用电路交换的方式，在交换节点为呼叫所建立的连接通路提供不同速率的带宽，可以针对不同的业务分配不同的带宽，例如 8kbit/s 及其整数倍。

多速率电路交换由于存在着交换基本速率较难确定、速率类型不能太多、控制较复杂等缺点，不能很好地满足宽带业务的要示，所以没有大的发展。

3．快速电路交换

快速电路交换的指导思想是对每个接续不分配固定的带宽，而是在信息传送时才分配带宽和有关资源。该带宽的分配是动态的，其过程是先收集信息进行分析，根据信息分析的结果进行带宽分配，然后再进行连接，所以实现起来电路也较复杂。

快速电路交换具有以下特点。

① 由于不为每个呼叫专门分配和保留其所需的带宽，因此提高了带宽的使用效率。

② 物理连接的建立和拆除要有相当高的速度。

③ 在信息发送时才建立真正的连接，因此时延比通常的电路交换大。

④ 控制复杂，灵活性不足，不能得到广泛使用。

4．报文交换

报文交换又称存储—转发交换。与电路交换不同的是，报文交换不需要事先提供通信双方的物理通道，而是在收到报文之后进行暂时存储，然后交换节点对报文进行分析，找出目的地址和选择路由，在选择的路由上排队，路由空闲时发到下一个交换节点，最后找到目的地址。其报文内容为相关的源地址、目的地址等。

5．分组交换

分组交换也采用存储—转发方式，但与报文交换不同的是，它将用户要传送的信息分成若干组，以减少存储时间，降低对存储器容量的要求。分组交换的时延小于报文交换，这样可以使传送加快，但由于电路增加，编程量增加，故开销也会变大。

分组交换属于"存储—转发"交换，它又具体分为数据报传输分组交换和虚电路传输分组交换。具体内容在后续相关章节进行介绍。

6．帧交换

帧交换也基于 X.25 协议，但与分组交换采用的 X.25 协议不同的是，帧交换采用的 X.25 协议只有下面两层（即物理层和数据链路层），而没有第三层（即分组层），所以加快了处理速度。

通常在第三层上传输的数据单元称为分组，在第二层上传输的数据单元称为帧，在数据链上以简化的方式来传输和交换数据单元。

帧交换具有以下特点。

① 在第二层上进行复用和传送。

② 将用户面与控制面分离。用户面提供用户信息的传送功能，控制面提供呼叫和连接控制功能，如信令功能。

③ 将用户信息以帧为单位进行传送。

7．快速分组交换

快速分组交换可以理解为尽量简化协议，只具有核心网络功能，这种交换方式可以提供高速、

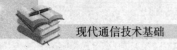

高吞吐量和低时延的服务。快速分组交换包括帧中继和信元中继两种交换方式。

帧中继与帧交换相比，进一步简化了协议，同样不涉及第三层，第二层也只保留链路层的核心功能，如帧的定界、同步、透明性及帧的传输差错控制检测。帧中继只进行差错检查，并将错误信息丢掉，不再重发；而分组交换出错可以重发，质量和可靠性有保证。

帧中继具有以下特点。

① 用户接入速率为 64kbit/s～2Mbit/s，可以提供 PVC 和 SVC 业务。

② 采用统计复用技术，动态分配带宽，充分利用网络资源。

③ 适用突发性业务，允许用户有效利用预先约定的带宽传送数据，同时允许用户在网络资源空闲时超过预定值，占用更多的带宽，不增加费用。

④ 简化 X.25 协议，纠错、流量控制等处理改由终端完成，提高了网络处理效率和吞吐量，降低了端到端传输时延。

⑤ 帧长度可变，网络延迟和往返延时难以预测，对多媒体综合传输不利。

8．ATM 交换

ATM 是 ITU-T 确定用于宽带综合业务数字网（B-ISDN）的复用、传输和交换模式技术。ATM 在综合了电路交换和分组交换优点的同时，克服了电路交换方式中网络资源利用率低、分组交换方式信息时延大和抖动的缺点，可以把语音、数据、图像和视频等各种信息进行一元化的处理、加工、传输和交换，大大提高了网络的效率。

ATM 提供高速、高服务质量的信息交换，灵活的带宽分配及适应从很低速率到很高速率的带宽业务。它的接续过程分为建立连接、数据传输和连接终止三个阶段。

9．其他交换技术

除了上述一些交换技术以外，还有一些其他的交换技术，如智能网、移动交换技术、标记交换技术、光交换技术、软交换技术、各种基于 IP 的交换技术等，其中有些技术将在后续章节中进行介绍。

3.2 程控交换原理

存储程序控制（SPC，简称程控）是一种常用的交换机控制技术。其基本思想是把交换机的通信过程分成一个个小的接续阶段，对应每个接续阶段调用相应的程序进行控制，使接续阶段不断进展，从而完成整个通信过程。本节主要介绍交换机的发展历史、程控交换机的组成以及程控交换机工作原理。

3.2.1 交换机的发展

1．人工电话交换机

1876 年，美国科学家贝尔发明了电话。其后，为适应多个用户之间的电话交换，1878 年出现了第一部人工磁石交换机。由于磁石交换机的容量不易扩大，话务员操作与用户使用均不方便，在 1891 年出现了人工共电交换机。虽然共电交换机比磁石交换机有所改进，但由于仍由人工操作，因此接线速率慢，容易出错，效率低。

2．步进制交换机

1892 年，美国出现了步进制交换机，用户通过话机的拨号盘控制电话局中的电磁继电器与接线器的动作，完成电话的自动接续。从此，电话交换机开始由人工操作转为自动化操作。

3．纵横制交换机

1919 年，瑞典首先制成了小型纵横制交换机并投入使用。纵横制交换机采用了接续速度快、可靠性高的纵横接线器和高效率的公共控制方式。

4．电子式交换机

1965 年，美国贝尔实验室在新泽西州开通了世界上第一台存储程序控制的商用电子交换机，标志着电话交换从机电时代进入电子时代，使交换技术发生了划时代的变革。

5．数字程控交换机

1970 年，法国首先在拉尼翁成功地开通了世界上第一个数字程控交换系统 E10，它标志着交换技术从传统的模拟交换进入数字交换时代。

我国于 1982 年在福州引进了第一台 F150 交换机。随后开始研制各种容量的程控交换机，并且从国外引进了大批程控交换机，在此基础上通过选优和定点，陆续建立了 S-1240、EWSD 等多条生产线。20 世纪 80 年代末，我国自动研制成功了 HJD04 机和 DS-30 程控交换机。此后，CC08 机、ZXJ10 机、EIM-601 机相继研制成功，基本结束了交换机依靠进口的历史。近年来，我国自行研制的水平已经达到国外同类机的水平，在国际市场上具有一定的竞争力。

程控交换机作为一种现代通信技术、计算机通信技术、信息电子技术与大规模集成电路技术相结合的高度模块化的集散系统，与前几代的交换机相比有着压倒性的优势。为了满足人们日益增长的通信需求，目前国内外的主要交换机生产厂家都在不断完善与更新已有的机型，并且陆续推出新的产品和配套设备，使交换机在功能、接口、组网能力、可靠性、功耗以及体积等方面均有很大的进步。交换技术的不断发展促使交换机的不断更新换代，但不管怎样，交换机在通信网络中的作用是必不可少的。

3.2.2 程控交换机的组成

程控数字交换技术实现了通信网络业务节点数字化，随着我国 ISDN 和智能网的应用，程控数字电话交换系统在电话业务的基础上，向用户提供 ISDN 业务和智能网业务。数据和 Internet 的业务迅速增长，电话交换系统也成为 Internet 公共拨号接入平台。在今后相当长时间内，电话用户数量还将不断增加，仍需大量的程控数字电话交换设备或综合业务交换机。

1．程控数字交换机的硬件组成

程控数字交换机的基本功能结构包括连接、终端接口和控制功能，如图 3-3 所示。

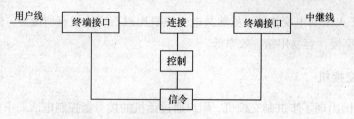

图 3-3　程控数字交换机的基本功能结构

程控数字交换机由硬件系统和软件系统两大部分组成。对程控数字交换机硬件系统的划分，各种交换系统不同，从设备功能上，一般可分为线路接口设备、数字交换网络、公共控制设备、输入/输出设备及其他设备，简单来说主要有终端电路、数字交换网络、处理机等。

硬件系统有分级功能控制方式和全分布控制方式两种结构，如图 3-4 所示。

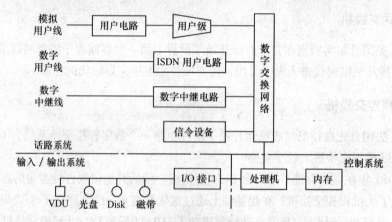

(a) 分级功能控制方式

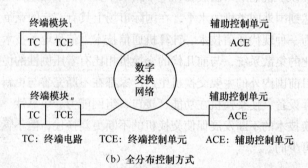

TC：终端电路　　TCE：终端控制单元　　ACE：辅助控制单元

(b) 全分布控制方式

图 3-4　程控数字交换机的硬件

（1）终端电路

终端电路主要有模拟用户终端电路（简称用户电路）、数字用户终端电路（简称 ISDN 用户电路）、数字中继器、信令设备等。

① 用户电路。用户电路是程控数字交换机连接模拟用户线的接口电路。ISDN 用户电路是程控数字交换机连接数字用户线的接口电路，例如 2B+D 接口电路。

模拟用户电路基本功能可归结为 BORSCHT 功能，实现 BORSCHT 功能的用户电路框图如图 3-5 所示。数字用户电路的功能与模拟用户电路有些不同，如振铃由数字终端（数字话机）实现。

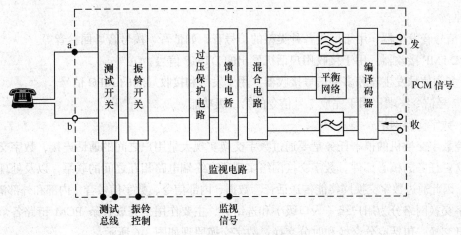

图 3-5　用户电路功能框图

B：馈电。为用户线提供通话和监视电流，程控数字交换机的额定电压一般为−48V 直流，用户线上的馈电电流为 18～50mA。

O：过压保护。程控数字交换机一般采用两级保护：第一级保护是总配线架保护；第二级保护是用户电路，通过热敏电阻和双向二极管实现。

R：振铃。由被叫侧的用户模块向被叫用户话机馈送铃流信号，同时向主叫用户送出回铃音。铃流信号规定为 (25 ± 3)Hz、(75 ± 15)V 正弦波，分初次振铃和断续振铃，断续振铃为 5s 断续，即 1s 续，4s 断。

S：监视。通过扫描点监视用户回路通、断状态，以检测用户摘机、挂机、拨号脉冲、过电流等用户线信号。

C：编译码。通过编译码器及相应的滤波器，完成模拟语音信号的 A/D 和 D/A 变换，可由硬件选择 A 律或 μ 律。

H：混合电路（2/4 线转换）。完成 2 线的模拟用户线与交换机内部 4 线的 PCM 传输线之间的转换。

T：测试。通过软件控制用户电路中的测试转换开关，对用户可进行局内侧和外线侧测试。

除此之外，用户电路还具有增益控制，a、b 线极性反转，12/16kHz 计次脉冲发送等其他功能。

② 中继器。中继器是数字程控交换机与其他交换机的接口。根据连接的中继线的类型，中继器可分成模拟中继器和数字中继器两大类。

数字中继器是程控交换机和局间数字中继线的接口电路，它的出/入端都是数字信号。数字中继器的主要功能有以下几点。

● 码型变换和反变换。

● 时钟提取：从输入的 PCM 码流中提取时钟信号，用来作为输入信号的位时钟。

● 帧同步：在数字中继器的发送端，在偶帧的 TS0 插入帧同步码，在接收端检出帧同步码，以便识别一帧的开始。

● 复帧同步：在采用随路信令时，需完成复帧同步，以便识别各个话路的线路信令。

● 信令的提取和插入：在采用随路信令时，数字中继器的发送端要把各个话路的线路信令插入到复帧中相应的 TS16，在接收端应将线路信令从 TS16 中提取出来送给控制系统。

③ 信令设备。信令设备的主要功能是接收和发送信令。程控数字交换机中主要的信令设备有

以下几种。

- 信号音发生器：用于产生各种类型的信号音，如忙音、拨号音、回铃音等。
- DTMF 接收器：用于接收用户话机发出的 DTMF 信号。
- 多频信号发生器和多频信号接收器：用于发送和接收局间的 MFC 信号。
- 7 号信令终端：用于完成 7 号信令的第二级功能。

（2）数字交换网络

程控数字交换机的根本任务是要通过数字交换实现大量用户之间的通话连接，数字交换网络是完成这一任务的核心部件。数字交换网络实现所有终端电路相互之间的联系，以及处理机之间的通信，因此通过数字交换网络能传送话音、数据、内部信令、数字信号音、内部和外部消息等。

数字交换网络分为用户级（入口级）和选组级，主要作用是完成各条 PCM 链路各个时隙的数字信息交换，包括空分交换和时分交换。数字交换原理如图 3-6 所示。

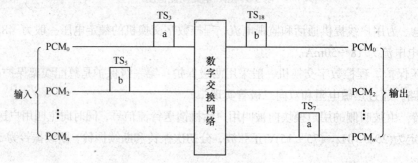

图 3-6　数字交换示意图

数字交换以数字帧结构形式进行，每个呼叫建立都分配了相应的时隙（TS），即分配了固定速率的信道（CH），标准速率为 64kbit/s。

程控数字交换机采用的数字交换网络主要有两种典型结构：一种是由数字交换单元（DSE）固定连接构成的数字交换网络；另一种是由时间接线器（T 接线器）和空间接线器（S 接线器）构成的数字交换网络。

（3）处理机

① 程控数字交换机的控制系统。程控数字交换机的控制方式主要是指控制系统中处理机的配置方式，可分为集中控制方式和分散控制方式。分散控制方式又分为分级功能控制和全分布控制两种。目前大、中容量的程控数字交换机均采用分散控制方式，如 EWSD、AXE10 采用 2 级的分级功能控制结构，其中 EWSD 的 2 级处理机称为群处理机（GP）和协调处理机（CP），AXE10 的 2 级处理机称为区域处理机（RP）和中央处理机（CP）；NEAX61、F150 采用 3 级的分级功能控制结构，NEAX61、F150 的 3 级处理机称为用户处理机（LPR）、呼叫处理机（CPR）和主处理机（MPR）；S1240 采用全分布控制结构，处理机分布在各个终端模块和辅助控制单元中。

程控数字交换机对控制系统的要求如下。

- 具有足够大的呼叫处理能力，用 BHCA 值来衡量。
- 具有高度的可靠性，要求控制系统可靠地长期连续不间断地工作，系统中断累计时间在 20 年内不得超过 1h，即平均在 1 年内不得超过 3min。
- 能适应新业务和新技术发展的要求。
- 经济合理。

② 处理机的冗余配置。程控数字交换机不论采用何种控制结构，为了保证系统的可靠性，一般情况下，处理机都采取冗余配置措施。处理机冗余配置方式有双机冗余配置和 $N+n$ 冗余配置。其中双机冗余配置方式又可分为主/备用和话务分担方式；$N+n$ 冗余配置方式的处理机可以采用 $N+1$ 备用方式。

负荷分担也叫话务分担，基本结构如图 3-7 所示。两台处理机独立进行工作，正常情况各承担一半话务负荷。当一台处理机产生故障可用另一台处理机承担全部负荷。

主/备用方式基本结构如图 3-8 所示。主/备用工作方式是指一台处理机联机运行，另一台处理机与话路设备完全分离作为备用。当主用处理机发生故障时，进行主/备用转换。

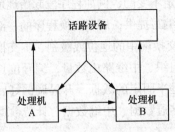

图 3-7　负荷分担方式

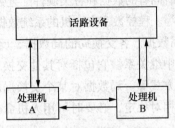

图 3-8　主/备用方式

③ 处理机的可靠性。系统或设备的可靠性是指在某一使用状态下，在所希望的使用时间里满意地完成规定任务的性能。无论是组建业务网还是组建支撑网，都必须充分重视可靠性问题。

描述系统、设备、部件等的机能在时间方面的稳定性程度或性质是可用性，它的反面是不可用性。可用性用 A 表示，不可用性用 U 表示。

$$A = \frac{MTBF}{MTBF + MTTR}$$

其中，$MTTR$ 是平均修复时间，$MTBF$ 是平均故障间隔时间。

$$U = 1 - A = \frac{MTTR}{MTBF + MTTR} \approx \frac{MTTR}{MTBF}$$

在程控数字交换中的处理机常采用并联结构的双处理机和多处理机。随着并联设备的增加，等效不可用性按幂次下降。

对双处理机：
$$U_双 \approx \frac{2MTTR^2}{MTBF^2}$$

对三处理机：
$$U_3 \approx \frac{6MTTR^3}{MTBF^3}$$

【例 3-1】　设处理机的 $MTBF = 1000h$，$MTTR = 2h$，试计算单处理机配置和双处理机配置时的不可用性。

解:

$$U_单 \approx \frac{MTTR}{MTBF} = \frac{2}{1000} = 2 \times 10^{-3}，即 20 年中有 350h 故障。$$

$$U_双 \approx \frac{2MTTR^2}{MTBF^2} = \frac{2 \times 2^2}{1000^2} = 8 \times 10^{-6}，即 20 年中有 1.4h 故障。$$

2. 程控数字交换机的软件组成

程控数字交换机软件系统包括程序和数据两类软件。各处理机工作使用的软件由程序和数据组成，软件程序按功能和任务执行内容分为模块、单元、程序段等层次结构。

（1）程序

程序包括联机程序和脱机程序。脱机程序主要包括用于交换设备开局的硬件测试、软件调试的测试程序和用于软件生成的支援程序；联机程序主要是程控数字交换机正常运行必备的程序，即交换控制程序。

（2）数据

程控数字交换机的数据可分为系统数据、局数据和用户数据。

① 系统数据。系统数据对某种程控数字交换机而言是所有交换机公用的数据。它主要指各类软件模块所固有的数据和各类硬件配置数据，一般是固定不变的，例如程序段起始地址、印刷电路板位置等。程控数字交换机的系统数据由设备制造商编写提供，属于交换程序的一部分。

② 局数据。各交换局的局数据，反映本交换局在交换网中的地位或级别、本交换局与其他交换局的中继关系。它包括对其他交换局的中继路由组织、中继路由数量、编号位长、计费数据、信令方式等。局数据对某个交换局的交换机而言是半固定的数据，开局调试好后，设备运行中保持相对稳定，必要时可用人机命令修改，例如字冠数据、中继数据、计费数据、信令数据等。

③ 用户数据。用户数据是市话局或者长市合一局的交换机所具有的数据，包括每个用户线类别、电话号码、设备码、话机类型、计费类型、用户新业务、话务负荷、优先级别等。国际局和长话局无用户数据。

（3）程序语言

程控数字交换机的软件程序文件是用各种程序语言编写的，作为一个高级维护人员必须了解这些程序语言，才能阅读程序。一般交换机中软件程序的编程语言有以下3种。

① 汇编语言。汇编语言是最接近机器语言的一种程序语言，它的优点是程序编写紧凑，比用高级语言编写的程序执行速度快，但不好阅读，一般用于：①程序的逻辑比较简单，执行比较频繁，要求执行速度快的程序；②与硬件模块有关的程序编写。

② CHILL 语言。CHILL 语言是 ITU-T 建议在程控数字交换机软件程序设计中使用的一种高级程序语言，它把各种程控数字交换机程序语言通用的特有性能统一到一种语言中。它的优点是编写方便，可读性好，但程序执行的时间比汇编语言相对长些。一般用于：①程序的逻辑比较复杂，执行不频繁，执行速度不要求很快的程序；②与交换业务有关的程序编写。

③ 专用语言。专用语言是各个程控数字交换设备的制造商针对本身设备的特点，为了解决软件程序设计中的特殊问题，简化程序设计语言而使用的一种高级程序语言。

在系统扩容时，应注意新的交换系统软件的改进内容是否能与原有交换系统软件兼容。另外，交换系统经过一段时间后，软件版本会有所变动，软件版本会不断提高，新旧软件版本的兼容性也是必须考虑的，一般来讲，新版本兼容旧版本。

3.2.3　数字程控交换原理

1. 数字交换网络

数字交换网络处于程控数字交换机的中心，是程控数字交换机的内部网络，它联系着交换机的各个部分。程控数字交换机采用四线交换，它区别于模拟交换网的步进制交换机和纵横制交换机的二线交换，各程控数字交换机之间采用 PCM 四线传输，数字交换和 PCM 数字传输的结合，使全程的传输损耗降低，提高了用户的通话质量。

（1）T 接线器

时间接线器简称 T 接线器，其作用是完成一条时分复用线上的时隙交换功能。T 接线器主要由语音存储器（SM）和控制存储器（CM）组成，如图 3-9 所示。

语音存储器用来暂存语音数字编码信息，每个话路为 8bit。SM 的容量即 SM 的存储单元数等于时分复用线上的时隙数。控制存储器用来存放 SM 的地址码（单元号码），CM 的容量通常等于 SM 的容量，每个单元所存储 SM 的地址码是由处理机控制写入的。

T 接线器的工作方式是指语音存储器的工作方式。就 CM 对 SM 的控制而言，T 接线器的工作方式有两种：一种是"顺序写入，控制读出"；另一种是"控制写入，顺序读出"。

控制存储器的工作方式是"控制写入，顺序读出"。

图 3-9 中 T 接线器采用"顺序写入，控制读出"工作方式，T 接线器完成了把入线上 TS_3 的语音信息 a 交换到出线上 TS_{19}，即语音信息 a 从 $TS_3 \rightarrow TS_{19}$；同时完成了把入线上 TS_{19} 的语音信息 b 交换到出线上 TS_3，即语音信息 b 从 $TS_{19} \rightarrow TS_3$。通过这两次时隙交换就实现了 A、B 两个用户的双向通信。

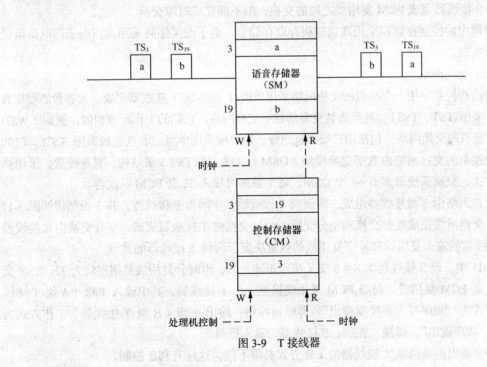

图 3-9　T 接线器

T 接线器中的存储器采用高速随机存取存储器。

（2）S 接线器

空间接线器简称 S 接线器，其作用是完成不同时分复用线之间在同一时隙的交换功能，即完成各复用线之间空间交换功能。

S 接线器由电子交叉点矩阵和控制存储器（CM）组成，如图 3-10 所示。

在 S 接线器中，CM 对电子交叉点的控制方式有两种：输入控制和输出控制。图 3-10 中 S 接线器采用输入控制方式，S 接线器完成了把语音信息 b 从入线 PCM_1 上的 TS_1 交换到出线 PCM_2 上；同时完成了把语音信息 a 从入线 PCM_2 上的 TS_3 交换到出线 PCM_1 上。

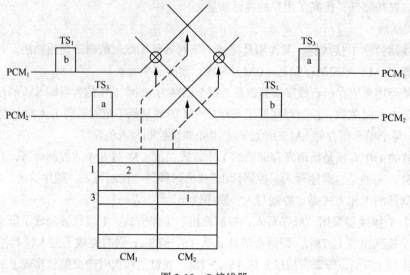

图 3-10 S 接线器

可见，S 接线器完成 PCM 复用线之间的交换，但不能完成时隙交换。

S 接线器中的控制存储器采用高速随机存取存储器，电子交叉矩阵采用高速电子门电路组成的选择器来实现。

（3）TST 交换网络

小容量的程控数字用户交换机的交换网络采用单级 T 或多级 T 接线器组成。大容量的程控数字交换机可采用 TST、TSST、甚至级数更多的数字交换网络，它们的工作原理相似，例如 EWSD 程控数字交换机的交换网络，包括用户级和选组级，用户级采用单级 T，选组级采用 $TS''T$。F150 程控数字交换机的交换网络由数字交换模块（DSM）组成，为 TST 3 级结构，双重配置，采用热备用工作方式，交换系统最多有 64 个 DSM，每个最多可接入 32 套 PCM 一次群。

TST 交换网络由 3 级接线器组成，两侧为 T 接线器，中间为 S 接线器，其 3 级结构如图 3-11 所示。TST 交换网络完成时分交换和空分交换，时分交换由 T 接线器完成，空分交换由 S 接线器完成。S 接线器的输入复用线和输出复用线的数量决定于两侧 T 接线器的数量。

在图 3-11 中，设 S 接线器为 8×8 交叉接点矩阵，入、出时分复用线复用度均为 32。TST 交换网络有 8 条 PCM 复用线，每条 PCM 复用线接至一个 T 接线器，其中输入 T 级（A 级 T 接线器）工作方式为"顺序写入，控制读出"，即输出控制；输出 T 级（B 级 T 接线器）工作方式为"控制写入，顺序读出"，即输入控制；S 接线器为输入控制。

这里需要指出的是两级 T 接线器的工作方式必须不同，这样有利于控制。

假定 PCM_1 上的 TS_2 与 PCM_8 上的 TS_{31} 进行交换，即两个时隙代表 A、B 两个用户通过 TST 交换网络建立连接，构成双方通话。由于数字交换采用四线制交换，因此需要建立去话（A→B）和来话（B→A）两个方向的通话路由。交换过程如下。

① A→B 方向，即发话是 PCM_1 上的 TS_2，受话是 PCM_8 上的 TS_{31}。PCM_1 上的 TS_2 把用户 A 的语音信息顺序写入输入 T 接线器的语音存储器的 2 单元，交换机控制设备为此次接续寻找一空闲内部时隙。现假设找到的空闲内部时隙为 TS_7，处理机控制语音存储器 2 单元的语音信息在 TS_7

读出，则 TS_2 的语音信息交换到了 TS_7，这样输入 T 接线器就完成了 $TS_2 \rightarrow TS_7$ 的时隙交换。S 接线器在 TS_7 将入线 PCM_1 和出线 PCM_8 接通（即 TS_7 时刻闭合交叉点），使入线 PCM_1 上的 TS_7 交换到出线 PCM_8 上。输出 T 接线器在控制存储器的控制下，将内部时隙 TS_7 中语音信息写入其语音存储器的 31 单元，输出时 TS_{31} 按该顺序读出，这样输出 T 接线器就完成了 $TS_7 \rightarrow TS_{31}$ 的时隙交换。

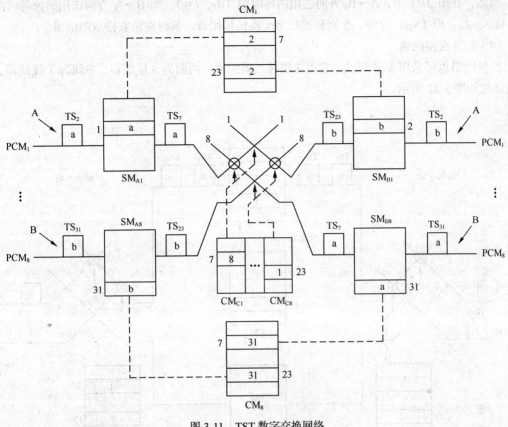

图 3-11　TST 数字交换网络

可见，经过 TST 交换网络后，输入 PCM_1 上的 TS_2 就交换到了输出 PCM_8 上的 TS_{31}，完成了时分和空分交换，实现 A→B 方向通话。

② B→A 方向，即发话是 PCM_8 上的 TS_{31}，受话是 PCM_1 上的 TS_2。PCM_8 上的 TS_{31} 把用户 B 的语音信息顺序写入输入 T 接线器的语音存储器的 31 单元，交换机控制设备为此次接续寻找一空闲内部时隙。现假设找到的空闲内部时隙为 TS_{23}（TS_{23} 由反向法确定），处理机控制语音存储器 31 单元的语音信息在 TS_{23} 读出，则 TS_{31} 的语音信息交换到了 TS_{23}，这样输入 T 接线器就完成了 $TS_{31} \rightarrow TS_{23}$ 的时隙交换。S 接线器在 TS_{23} 将入线 PCM_8 和出线 PCM_1 接通（即 TS_{23} 时刻闭合交叉点），使入线 PCM_8 上的 TS_{23} 交换到出线 PCM_1 上。输出 T 接线器在控制存储器的控制下，将内部时隙 TS_{23} 中语音信息写入其语音存储器的 2 单元，输出时 TS_2 按该顺序读出，这样输出 T 接线器就完成了 $TS_{23} \rightarrow TS_2$ 的时隙交换。

可见，经过 TST 交换网络后，输入 PCM_8 上的 TS_{31} 就交换到了输出 PCM_1 上的 TS_2，完成了时分和空分交换，实现 B→A 方向通话。

为了减少链路选择的复杂性，双方通话的内部时隙选择通常采用反相法。所谓反相法就是如果 A→B 方向选用了内部时隙 i，则 B→A 方向选用的内部时隙号由下式决定：

$$i + \frac{n}{2}$$

式中，n 为 PCM 复用线上一帧的时隙数（复用线上的复用度），也就是说将一条时分复用线的上半帧作为去话时隙，下半帧作为来话时隙，使来去话两个信道的内部时隙数相差半帧。

例如，在图 3-11 中，A→B 方向选用内部时隙 TS_7，$i = 7$，则 B→A 方向选用的内部时隙为 $7 + 32/2 = 23$，即 TS_{23}。此外，个别程控数字交换机采用奇、偶时隙法安排双向信道。

（4）STS 交换网络

交换网络也可采用 STS 形式，它由 3 级接线器组成，两侧为 S 接线器，中间为 T 接线器，其 3 级结构如图 3-12 所示。

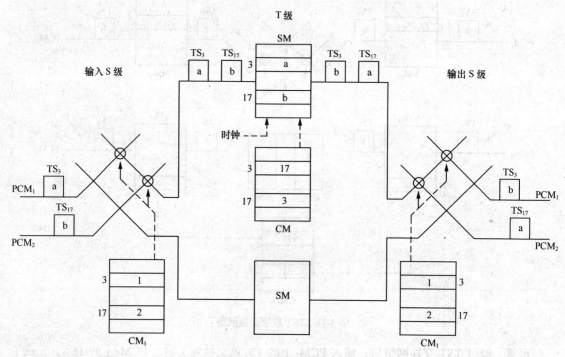

图 3-12　STS 数字交换网络

STS 交换网络中 S 接线器可以采用输入和输出控制，中间 T 接线器也可以采用"顺序写入，控制读出"或"控制写入，顺序读出"方式。

在图 3-12 中，STS 网络的输入 S 接线器采用输出控制，输出 S 接线器采用输入控制，它们的控制存储器中写入内容相同，因此其控制存储器可以合用，T 接线器采用"顺序写入，控制读出"方式。假设 PCM_1 上的 TS_3 要与 PCM_2 上的 TS_{17} 交换，接通时由处理机选择一个具有空闲的存储单元的 T 接线器，具体通话建立过程参照 TST 交换网络。

2．呼叫处理

（1）呼叫类型

在呼叫建立过程中，呼叫类型有本局呼叫、出局呼叫、入局呼叫和转接呼叫。

① 本局呼叫。当主叫用户直接在本交换机内找到被叫用户，称为本局呼叫，如图 3-13 所示。

② 出局呼叫。当用户呼叫的结果是访问到达中继模块上，称为出局呼叫，如图 3-14 所示。

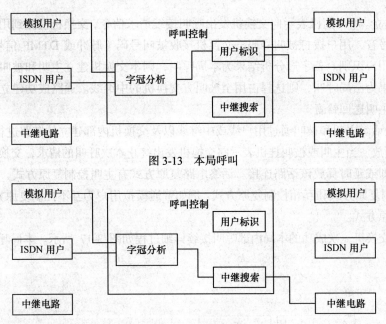

图 3-13 本局呼叫

图 3-14 出局呼叫

③ 入局呼叫。当经过入中继进来的呼叫在本局找到相应的用户，称为入局呼叫，如图 3-15 所示。

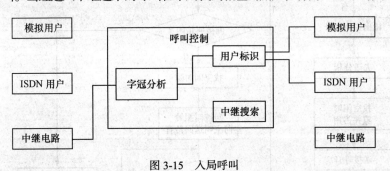

图 3-15 入局呼叫

④ 转接呼叫。经过本局转接访问下一交换机，称为转接呼叫，如图 3-16 所示。

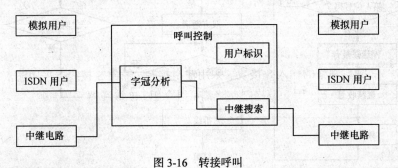

图 3-16 转接呼叫

（2）呼叫接续过程

程控数字交换机对所连接的用户状态周期性地进行扫描，当用户摘机后，用户回路由断开变为闭合，交换机识别到用户的呼叫请求后就开始进行相应的呼叫处理。呼叫接续过程主要包括呼叫建立、双方通话和话终释放。

发端交换局可完成本局呼叫和出局呼叫，发端交换局的程控交换机呼叫接续主要过程如下。

① 呼叫建立。用户摘机表示向交换机发出呼叫接续请求信令，交换机检测到用户呼叫请求后向用户送出拨号音，用户拨打被叫号码，交换机接收被叫号码（脉冲或 DTMF 信号），交换机进行字冠分析和用户识别。若字冠分析结果为本局呼叫，则本交换机建立主叫和被叫之间的连接；若字冠分析结果为出局呼叫，则选择占用至被叫方交换机的中继线。通路成功建立后，交换机向被叫振铃，向主叫送回铃音。

② 双方通话。主叫和被叫通过用户线或中继线以及交换机内部建立的链路进行通话。

③ 话终释放。当主叫或被叫挂机表示向交换机发出终止本次呼叫的请求，交换机检测到用户话终请求后立即或延时释放该话路连接。话终电路复原方式有主叫控制复原方式、被叫控制复原方式、互不控制复原方式和互相控制复原方式。例如普通模拟用户为互不控制复原方式，119、110为被叫控制复原方式。

程控数字交换机一次成功的本局内部呼叫接续详细过程如图 3-17 所示。本局呼叫接续有以下几个主要阶段。

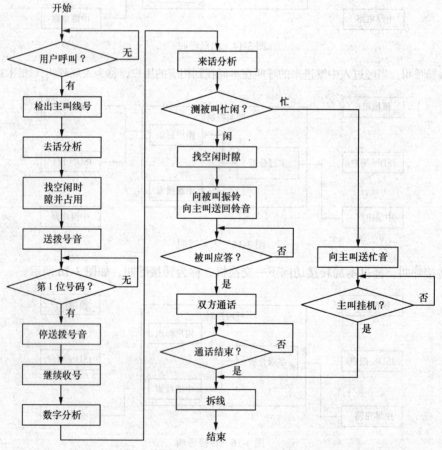

图 3-17　本局呼叫接续流程

● 主叫用户摘机。交换机按一定的周期执行用户线扫描程序，对用户电路扫描点进行扫描，检测出摘机呼出的用户后，确定主叫用户类别和话机类别。

● 占用连接收号器和发送拨号音，准备收号。交换机选择一个空闲的收号器，建立主叫用户和收号器的连接，向主叫用户送出拨号音，准备收号。

● 数字（号码）接收和分析。主叫用户拨打被叫号码，收号器接收被叫号码，交换机在收到第一位号码后，停送拨号音，接收到一定的号码后，开始进行字冠分析，根据字冠分析结果确定本次呼叫是本局呼叫，同时接收剩余号码。

● 释放收号器。交换机接收号码完毕后，拆除主叫用户和收号器之间的连接，并释放收号器。

● 来话分析接至被叫用户。交换机对被叫用户进行来话分析，并检测至被叫的链路及被叫用户是否空闲，如果链路及被叫用户空闲，则预占此空闲路由。

● 向被叫用户振铃和向主叫送回铃音。交换机建立至被叫和至主叫的电路连接，向被叫用户振铃，与此同时向主叫送出回铃音。

● 被叫应答、双方通话。被叫用户摘机应答，交换机检测用户应答后，停止振铃和停送回铃音，建立主、被叫用户之间的通话路由，同时启动计费设备开始计费，并监视主、被叫用户的状态。

● 话终挂机、复原。交换机检测到主叫或被叫挂机后，进行相应的拆线工作，是否立即拆线取决于话终采用的电路复原方式。对于主叫控制复原方式，如主叫先挂机，通话电路立即复原，停止计费，向被叫送忙音；如被叫先挂机，启动再应答时延监视电路，超时后通话电路复原，停止计费，向主被叫送忙音。

（3）呼叫处理基本原理

程控数字交换机呼叫处理基本过程包括输入处理、分析处理、内部任务执行和输出处理。输入处理就是收集所发生的呼叫事件，即识别并接收外部输入的处理请求。输入处理的程序叫做输入程序，如各种扫描程序。

分析处理就是对收到的呼叫事件进行正确的逻辑处理，即根据输入信号和当前状态进行分析、判别，然后决定下一步任务。分析呼叫事件以确定执行何种任务的程序叫分析程序，包括去话分析、来话分析、状态分析、字冠分析等。

内部任务执行和输出处理就是根据分析处理结果，向硬件或软件发出要求采取动作的命令。控制状态转移的程序叫做任务执行程序，在任务执行中，与硬件动作有关的程序作为独立的输出程序。在任务的执行过程中，中间夹着输出处理，所以任务执行又分为前（始）后（终）两部分，如图 3-18 所示。

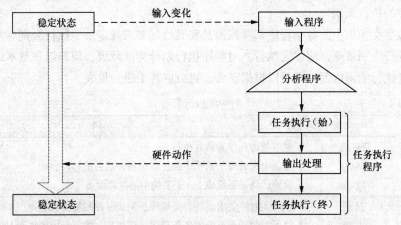

图 3-18 呼叫处理基本程序

3．程序的执行管理

在程控数字交换机中，程序的执行管理是指按照电话呼叫实时处理的要求，控制各种程序的执行、软件资源的分配和内存的管理。程序执行管理的功能是由常驻内存的执行管理程序实现的。由于程控数字交换机数据量大，要处理的事件多，一般采用进程调度的策略来实现并发（多进程）处理；执行管理程序可以根据程序的执行级别安排程序的执行顺序或者按照一定的规则并发执行，提高处理机的利用率和呼叫处理能力。

（1）程序的层次结构

程控数字交换机程序都采用模块化设计，将一个系统的功能分成许多分功能和子功能，每一个功能块用一段程序实现，这个程序段就称为程序模块。每个模块相对独立，可以单独编制、调试和修改。由于在程控数字交换机中，程序和数据是相对独立的，各个程序模块通过数据库管理系统（DBMS）调用交换机数据库中的数据，这样也有利于交换机功能的改进和新业务的开发。

采用模块化以后，可使整个程序结构层次清楚；修改、调用、增加或删除变得方便；大大提高了程序的通用化程度，从而提高程序设计的速度。

在程序的层次结构中，把模块按调用次序排列成若干层，各层之间的模块只能单向调用或单向依赖，只允许高层调用低层，低层依赖于高层，而高层不依赖于低层。这样可以把程控数字交换机中复杂的软件系统分解成若干功能单一的模块，即把整个功能局部化，使模块之间的组织结构更加清晰。

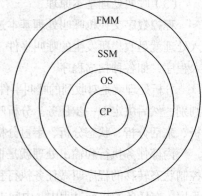

图 3-19　S1240 交换机程序的层次

在程序的层次结构中，层次也不能太多。因为层次多了，管理各种程序之间的接收、发送、交换各种呼叫处理信息的管理程序也要增加，调用时的保护和恢复也要增加一些程序，从而使总的程序数量增加，程序总的执行时间增加，同时也使软件的开发工作量增加，但是这些不足之处可以通过采用高速处理机和大容量的存储器克服。

例如，S1240 程控数字交换机程序的层次结构如图 3-19 所示。在 S1240 程控数字交换机中，程序模块分为 3 个层次：有限消息处理机（FMM）、系统支持机（SSM）、操作系统（OS）。最高层是消息处理机，最低层是操作系统。

（2）程序的执行级别

在程控数字交换机中的各个程序都要按照其实时性的要求规定一个执行级别。对实时性要求高的程序，执行级别就高，应优先执行。对程序执行划分为故障级、周期级和基本级 3 个执行级别。在这 3 个执行级别内部，还可以根据需要，再分成若干级，见表 3-1。

表 3-1　　　　　　　　　　　　程序的执行级别

等　　级		举　　例
故障级	FH 级	紧急处理程序装载并执行
	FM 级	检测中央处理子系统中的故障设备，然后进行再启动
	FL 级	检测话路子系统或 I/O 子系统中的故障设备
周期级	H 级	执行实时性要求高的各类程序，例如脉冲扫描接收程序
	L 级	执行实时性要求低的各类程序，例如控制数字交换网络和 I/O 设备的程序
基本级	B 级	执行无实时性要求的处理工作，执行可以延迟处理的工作

① 故障级程序。故障级程序是指设备发生故障时由故障中断启动的程序。它不受任何任务调度的控制，而是在故障发生时优先执行，以保证交换系统立即恢复正常运行，等待故障处理结束，

再由任务调度去启动周期级和基本级程序。故障级程序按故障部位影响系统的程度分为高、中、低 3 个等级。

② 周期级程序，也称时钟级程序。周期级程序是指交换系统正常运行时优先执行、由周期性中断启动的程序。实时处理是电话呼叫接续的基本要求，周期级程序是电话呼叫处理中实时性要求高的程序，如各种扫描程序均属于周期级程序。时间表即时间控制表，用来启动周期级程序的执行。对于数量较多、启动周期不同的周期级程序执行管理，采用时间表是一种简便而有效的方法。

③ 基本级程序。基本级程序是指实时性要求不太高的程序。基本级程序的级别低于周期级程序，这些程序的执行没有严格的时间制约，有任务才执行，例如分析程序、链路测试程序等。

3 种级别的程序一般按以下原则进行管理：基本级程序按级别依次执行；基本级程序执行中可被周期级或故障级程序中断插入；周期级程序执行中可被故障级程序中断插入；故障级程序执行中只允许高等级的故障级程序中断插入。3 种级别程序的执行顺序如图 3-20 所示。

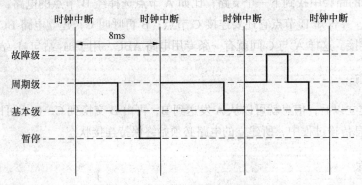

图 3-20　不同级别程序的执行

设每隔 8ms 产生一次中断，在第 1 个 8ms 中断周期中，处理机已执行完周期级和基本级任务，暂停并等待下一个时钟中断的到来；在第 2 个 8ms 中断周期中，基本级任务未执行完就被中断；在第 3 个 8ms 中断周期中，表示产生了故障后，优先执行故障级任务。

3.3　电路交换技术

电路交换是一种应用广泛的交换方式，传统电话交换一直采用电路交换方式，数据交换也可以采用电路交换方式。本节主要介绍电路交换的工作原理以及电路交换技术的特点。

3.3.1　电路交换的工作原理

电路交换是一种应用广泛的交换方式，传统电话交换一直采用电路交换方式，数据交换也可以采用电路交换方式。

电路交换是一种直接的交换方式，它为一对需要进行通信的站点间提供一条临时的专用传输通道，该通道既可是物理通道，也可以是逻辑通道。这条通道是由节点内部电路对节点间传输路径通过适当选择、连接而成的，是由多个节点和多条节点间传输路径组成的链路。

电路交换基本过程包括电路建立、信息传输、电路拆除三个阶段。

1. 电路建立

在传输任何数据之前，要先经过呼叫建立过程建立一条端到端的电路，如图 3-21 所示。

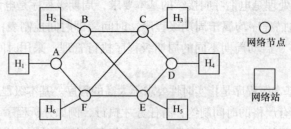

图 3-21　交换网络的拓扑结构

若 H_1 站要与 H_3 站连接，典型的做法是：H_1 站先向与其相连的 A 节点提出请求；然后 A 节点在通向 C 节点的路径中找到下一个支路，比如 A 节点选择经 B 节点的电路，在此电路上分配一个未用的通道，并告知 B 节点它还要连接 C 节点；B 再呼叫 C，建立电路 BC；最后，节点 C 完成到 H_3 站的连接。这样 A 与 C 间就有一条专用电路 ABC，用于 H_1 站与 H_3 站间的信息传输。

2. 信息传输

电路 ABC 建立以后，信息就可以从 A 发送到 B，再由 B 交换到 C；C 也可以经 B 向 A 发送信息。在整个信息传输过程中，所建立的电路必须始终保持连接状态。

3. 电路拆除

信息传输结束后，由某一方（A 或 C）发出拆除请求，然后逐节拆除到对方节点，所有电路复原，以备下一次接续。

3.3.2　电路交换技术的特点

1. 呼叫建立时间长且有呼损

在通信双方所在的两节点间（中间可能有若干个节点）建立一条专用电路所花的时间称呼叫建立时间。在电路建立过程中，若由于交换网繁忙等原因而使电路建立失败，交换网则要拆除已建立的部分电路，用户需要挂断重拨，这称为呼损。过负荷时呼损率增加，但不影响接通的用户。

2. 对传输的信息无差错控制

电路连通后提供给用户的是"透明通道"，即交换网对用户信息的编码方法、信息格式及传输控制程序等都不加以限制，对通信信息不做任何处理，原封不动地传送（信令除外）。但对通信双方来说，必须做到双方的收发速度、编码方法、信息格式及传输控制等完全一致才能完成通信。

3. 传输时延小

一旦电路建立后，数据以固定的速率传输。除通过传输通道形成的传播延迟外，没有其他延迟。在每个节点上的延迟很小，因此延迟完全可以忽略。它适用于实时、大批量、连续的数据传输。

4．线路利用率低

从电路建立到进行数据传输，直到通信链路拆除，通道都是专用的，再加上通信建立时间、拆除时间和呼损，其利用率较低。只有建立、释放时间短，才能体现高效率。

5．通信用户间必须建立专用的物理连接通路

通信前建立的连接过程只要不释放，物理连接就永远保持。物理连接任一部分出问题都会引起通信中断。

6．实时性较好

每一个终端发起呼叫或出现其他动作，系统能够及时发现并做出相应的处理。

3.4　分组交换技术

分组交换在通路的选择、信息的传输等方面与电路交换有本质的区别。本节主要介绍报文交换技术、分组交换技术以及结合了电路交换与分组交换各自优点的 ATM 交换技术。

3.4.1　报文交换

当端点间交换的数据具有随机性和突发性时，采用电路交换会造成信道容量和有效时间的浪费。采用报文交换则不存在这种问题。

1．报文交换原理

报文交换方式的数据传输单位是报文，报文就是站点一次性要发送的数据块，其长度不限且可变。当一个站要发送报文时，它将一个目的地址附加到报文上，网络节点根据报文上的目的地址信息，把报文发送到下一个节点，一直逐个节点地转送到目的节点。报文交换示意图如图 3-22 所示。

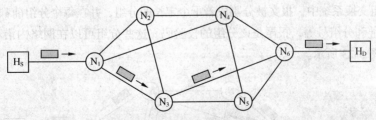

图 3-22　报文交换示意图

每个节点在收到整个报文并检查无误后，就暂存这个报文，然后利用路由信息找出下一个节点的地址，再把整个报文传送给下一个节点，因此，端与端之间无需先通过呼叫建立连接。一个报文在每个节点的延迟时间，等于接收报文所需的时间加上向下一个节点转发所需的排队延迟时

间之和。

2. 报文交换的特点

① 报文从源点传送到目的地采用"存储—转发"方式。在传送报文时，一个时刻仅占用一段通道。
② 在交换节点中需要缓冲存储。报文需要排队，故报文交换不能满足实时通信的要求。

3. 报文交换的优点

① 电路利用率高。由于许多报文可以分时共享两个节点之间的通道，所以对于同样的通信量来说，对电路的传输能力要求较低。
② 通信量大时仍然可以接收报文。在电路交换网络上，当通信量变得很大时，就不能接收新的呼叫。
③ 可以把一个报文发送到多个目的地。电路交换网络很难做到这一点。
④ 报文交换网络可以进行速度和代码的转换。

4. 报文交换的缺点

① 不能满足实时或交互式的通信要求。报文经过网络的延迟时间长且不定。
② 有时节点收到过多的数据而无空间存储或不能及时转发时，就不得不丢弃报文，而且发出的报文不按顺序到达目的地。

长报文可能超过了节点的缓冲器容量，也可能使相邻节点间的线路被长时间占用。一个线路故障有可能导致整个报文丢失。因此，报文交换网络已不再被广泛采用，而逐渐被更为高效的分组交换网络所取代。

3.4.2　分组交换

1. 分组交换原理

分组交换又称包交换，是报文交换的一种改进，它将报文分成若干个分组，每个分组的长度有一个上限，有限长度的分组使得每个节点所需的存储能力降低了，分组可以存储到内存中，提高了交换速度。它适用于交互式通信（如终端与主机通信），是计算机网络中使用最广泛的一种交换技术。在分组交换系统中，报文被分割成若干个定长的分组，并在每个分组前都加上报头报尾。报头中含有地址和分组号等，报尾是该分组的校验码。这些分组可以在网络内沿不同的路径并行进行传输，如图 3-23 所示。

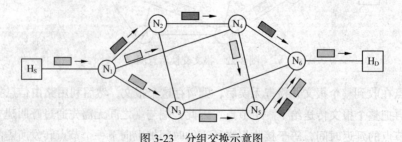

图 3-23　分组交换示意图

分组交换原理：信息以分组为单位进行存储—转发。源节点把报文分为分组，分组基本格式如图 3-24 所示，在中间节点存储—转发，目的节点把分组合成报文。分组交换技术是在模拟线路环境下建立和发展起来的，规定了一套很强的检错、纠错和流量、拥塞控制机制，以使网络平均误比特率低于 10^{-9}，防止网络拥塞，但却使网络时延变大。

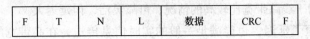

| F | T | N | L | 数据 | CRC | F |

图 3-24　分组基本格式示意图

分组基本格式各字段含义如下。

F：表示分组开始和结束的字段；

T：代表信息类型的字段；

L：说明分组长度的字段；

N：字段内为目的地址、源地址、分组号以及其他必须的控制字符或代码。

在分组正文结束处附有 CRC 校验码（也可能是其他校验码），供分组内各个节点检查错误之用。

2．分组交换的特点

① 每个分组头包括目的地址，独立进行路由选择。

② 网络节点设备中不预先分配资源。

③ 用统计复用技术，动态分配带宽。避免带宽的浪费，保证合理、有效地利用网络资源和简化物理接口，线路利用率高。

④ 节点存储器利用率高。

⑤ 易于重传，可靠性高。

⑥ 易于开始新的传输，让紧急信息优先通过。

⑦ 适用于交互式短报文，数据传输速率在 64kbit/s 以下，能够容忍网络平均时延大约在 1s 以内的应用场合。

⑧ 额外信息增加。

3．分组交换采用的路由方式

分组交换采用的路由方式有数据报（datagram）和虚电路（Virtual Circuit，VC）方式。

（1）数据报

采用数据报方式，每个分组被独立地传输。也就是说，网络协议将每一个分组当做单独的一个报文，对它进行路由选择。这种方式允许路由策略考虑网络环境的实际变化，如果某条路径发生阻塞，它可以变更路由。

（2）虚电路

采用虚电路方式，在数据传输前，通过发送呼叫请求，建立端到端的虚电路；一旦建立，同一呼叫的数据分组沿这一虚电路传送；呼叫终止，清除分组，拆除虚电路。虚电路方式的连接为逻辑连接，并不独占线路，可分为交换虚电路（SVC）和永久虚电路（PVC）两种方式。交换虚电路需要呼叫建立时间；永久虚电路不需要呼叫建立时间。

4．电路交换、报文交换和分组交换的比较

各种交换方式的比较如图 3-25 和表 3-2 所示。比较结论如下。

① 电路交换适用于实时信息和模拟信号传送，在线路带宽比较低的情况下使用比较经济。

② 报文交换适用于线路带宽比较高的情况，可靠灵活，但延迟大。

③ 分组交换缩短了延迟，也能满足一般的实时信息传送，在高带宽的通信中更为经济、合理、可靠。随着通信技术的不断发展，在分组交换的思想基础上，产生了帧中继技术与 ATM 技术。

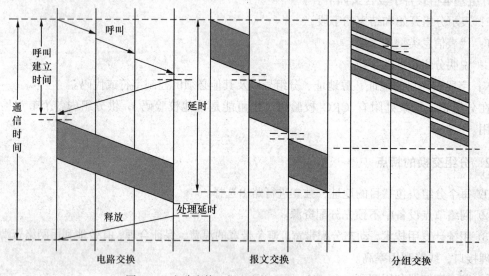

图 3-25　电路交换、报文交换和分组交换的比较

表 3-2 　　　　　　　　　　各种交换方式的比较

策　略	优　　点	缺　　点
电路交换	快速，适用于不允许传输延迟的情况	由于网络线路是专用的，所以其他路由不能使用。和电话通话一样，通信双方必须同时参与
报文交换	路由是非专用的，完成一个报文传输后，可以立即被重新使用，接收方无须立即接收报文	通常报文需要用更长的时间，才能到达目的地，由于中间节点必须存储报文，所以报文过长，也会产生问题。报文尾部仍沿用原先设定的路由，而不管网络状况是否已经改变
分组交换	当发生拥塞时，分组交换网络的数据报方式会为报文的不同分组选择不同的路由，因此能更好地利用网络	由于每个分组被单独传送，费用将相应增加。须为每个分组选择路由。在数据报方式中，分组可能不按次序到达

3.4.3　ATM 交换

传统网络普遍存在以下缺陷。第一，业务的依赖性。一般性网络只能用于专一服务，公用电话网不能用来传送 TV 信号，X.25 不能用来传送高带宽的图像和对实时性要求较高的语言信号。第二，无灵活性。即业务拓展的可能性不大，原有网络的服务质量，很难适应今后出现的新业务。

第三，效率低。一个网络的资源很难被其他网络共享。

随着社会不断发展，网络服务不断多样化，人们可以利用网络干很多事情，如收发信件、家庭办公、网络电话，这对网络的要求越来越高，有人还不禁提出这样一个想法：能否把这些对带宽、实时性、传输质量要求各不相同的网络服务由一个统一的多媒体网络来实现，做到真正的一线通？这就是 ATM 网。幸运的是，现在的半导体和光纤技术为 ATM 的快速交换和传输提供了坚实的保障。随着通信业务的发展，用户对传送高质量图像和高速数据的要求越来越高。异步传送模式（Asynchronous Transfer Mode，ATM）是一种快速分组交换技术。ATM 技术是以信元为信息传输、复接和交换的基本单位的传送方式。ATM 可以看做是一种特殊的分组型传递方式，建立在异步时分复用基础上，使用不连续的数据块进行数据传输，并允许在单个物理接口上复用多条逻辑连接。

1. ATM 信元

ATM 所面临的挑战是建立一种物理网络，包容所有先前的网络功能和服务，还要能适应未来服务需求的改变而免遭淘汰。正因为如此，网络才会有五花八门的互相分离的类型。因此就像建造房屋那样，ATM 要发明可以建造任何需要的或想要的种类的房屋的砖瓦，这种砖瓦就是 ATM 的信元。

在 ATM 中，每一个逻辑连接上的信息流量都被组织成固定大小的称为信元（Cell）的分组。每个信元包含 5byte 的信息头与 48byte 的信息段。ATM 信元是一种固定长度的数据分组，它以 53byte 的等长信元为传输单位。ATM 的目标是要提供一种高速、低延迟的多路复用和交换网络以支持用户所需进行的多种类型的业务传输，如声音、图像、视频、数据等。

2. ATM 的虚电路概念

ATM 方式的优点是可以灵活地把用户线路分割成速率不同的各个子信道，以适应不同的通信要求。这些子信道就是虚路径和虚通道。

虚通道（Virtual Channel，VC）：是指一条单向 ATM 信元传输信道，有唯一的标志符。

虚路径（Virtual Path，VP）：也是指一条单向 ATM 信元传输信道，含多条通路，有相同的标志符。

在不同的时刻，用户的通信要求不同，虚路径和虚通道的使用就不一样。当需要某一个通信时，ATM 交换机就可为该通信选择一个空闲中的 VPI（虚路径标识符）和 VCI（虚通道标识符），在通信过程中，该 VPI-VCI 就始终表示该通信在进行。当该通信使用完毕后，这个 VPI-VCI 就可以为其他通信所用了。这种通信过程就称为建立虚路径、虚通道和拆除虚路径、虚通道。

一条虚路径是一种可适用于所有虚通道的逻辑结构。一个虚路径标识符内可放入多条虚通道。路径/通道概念的使用允许 ATM 交换设备以相同的方式在一条路径上处理所有的通道，路径可以将许多通道绑在一起作公共处理，对于要求服务类的连接（通道），公共处理是需要的，使用虚通道降低了处理开销和缩短了连接建立时间。虚通道一旦建立，剩下的工作就不多了。通过在一条虚通道连接上预留容量以防后来呼叫的到达，新的虚通路连接可以通过在虚通道连接的端点执行简单的控制功能来建立，在转接节点中无需进行呼叫处理，因此，在已有的虚通道中增加新的虚通路涉及的处理很少。

一条信道的传输路径及 VP、VC 之间的复用关系如图 3-26 所示。

图 3-26 VP、VC 之间的复用关系图

虚通道的概念是为了响应高速连网的趋势而提出来的，在高速连网的情况下，网络控制费用成为占整个网络开销越来越多的一部分。虚通道技术有利于节省控制费用，因为它将共享公共通道的连接捆成一捆，通过网络到一个网络用户单元，这样一来，网络管理动作能够被应用到一个少量的连接组而代替大量的单个连接。ATM 面向连接，通过建立虚电路进行数据传输。

3．ATM 交换原理

在 ATM 交换机上连接用户线与中继线，所传送的数据单元都是 ATM 信元。因此，对 ATM 交换机而言，在很多情况下不必区分用户线与中继线，而仅需区分 ATM 的入线与出线。ATM 交换机的任务就是根据输入信元的 VPI 和 VCI，将该信元送到相应的出线。

（1）入线处理与出线处理

入线处理部件对入线上的 ATM 信元进行处理，使它们成为适合交换单元进行交换的形式，并完成同步和对齐等工作。出线处理部件对交换单元送出的 ATM 信元进行处理，以转换成适合在线路上传输的形式。

（2）交换单元

交换单元的结构可以分为空分交换和时分交换两大类。交换单元的任务是将入线上 ATM 信元，根据信头的 VPI/VCI 转送到相应的出线上。此外，ATM 交换单元还应该具备 ATM 信元的复制功能，以支持多播业务。

（3）控制单元

ATM 控制单元的任务是对交换单元的动作进行控制。由于控制交换单元动作的信令和运行、维护等信息都是以 ATM 信元的形式传送的，因此，ATM 控制单元应具有接收和发送 ATM 信元的能力。在 ATM 交换单元中，控制部分根据信头地址（VPI 或 VCI）查找地址映射表，改写信头地址，并送往相应端口输出。整个交换过程十分简单，可以采用硬件寻址和并行交换方式，极大地提高了 ATM 信元的交换速度。ATM 采用统计时分复用技术进行数据传输，根据各种业务的统计特性，保证业务质量要求的情况下，在各业务之间动态的分配网络带宽，达到最佳的资源利用率。ATM 交换机的结构原理图如图 3-27 所示。

在大多数情况下，当 VP 通过 ATM 交换机时，在交换机输出端分配给信元一个不同的 VPI（虚路径标识符）。这是由于给定的 VP 连接（VPC）必须能够从共享输出传输通道的新 VPC 组中被唯一地识别出来。当 ATM 交换机改变信元的 VPI 时，由于改变了虚电路，它通知其他的交换机以便它们能够重新配置虚电路来识别新的 VPI。虚通道交换如图 3-28 所示，说明了当 VP 通过 ATM 交换机时一个特定 VPC 的 VPI 是如何改变的。图 3-28 中交换机入口处 VPI=1，出口处变为 VPI=5，但是由于 VCI 从共享同一 VP 的所有 VC 中唯一地识别了每个 VC，所以 VCI 没有改变。

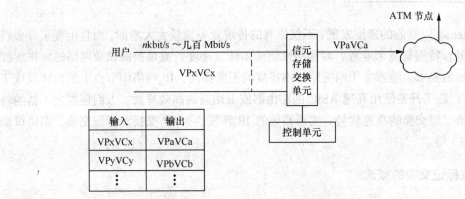

图 3-27　ATM 交换机的结构原理图

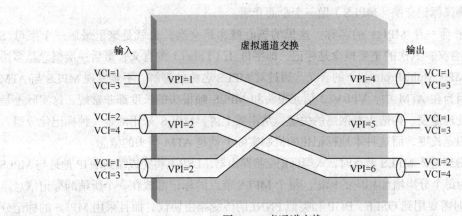

图 3-28　虚通道交换

4．ATM 网络的特点

① ATM 兼具电路交换方式和分组交换方式的基本特点。

② 适应高带宽应用的需求。

③ 采用统计复用方式、充分利用网络资源。

④ 能同时传输多种数据信息。

⑤ 改进分组通信协议，交换节点可不再进行差错控制，减少延迟，提高了通信能力。

⑥ 支持不同类型宽带业务，如图像、高速数据等多媒体信息。

⑦ 具有良好的可扩展性。

综上所述，ATM 既可以看做是电路交换方式的演进，也可以看做是分组交换方式的演进。

3.5　交换新技术

随着通信技术的发展，人们对通信的需求已由语音为主变为数据为主，网络的结构越来越庞大复杂、业务的种类越来越多、信息的速率越来越高，一些新的交换技术适应了这种通信的发展需求。本节主要介绍多协议标记交换技术、软交换技术以及自动交换光网络技术。

3.5.1　多协议标记交换

近年来 Internet 以空前的速度发展，不仅原有的传统业务流量大大增加，而且出现了许多新业务。各种业务，特别是宽带业务，对网络性能（如转发速度、流量控制以及网络的可扩展性等）提出了较高的要求。随着主干网链路传输速度的不断提高，IP 网络中节点上的包转发成了网络的"瓶颈"。除了开发使用高速 ASIC 的路由器或采用新的高效算法，人们还提出了新的转发模型，结合第二层交换的高速优势，实现高效的 IP 转发，如 IP 交换、标记交换、多协议标记交换（MPLS）等。

1．多协议标记交换的概念

在以上的技术中，对于多协议标记交换（MPLS）我们可能有所耳闻，但真正了解的并不多，我们在此对多协议标记交换（MPLS）做一个全面介绍。

我们首先来看一看 MPLS 的名称。这里的核心概念是交换，也就是这里最后一个字母 S（Switching）的含义；其次的重要概念是标记，即字母 L（Label）的含义；最后一层概念是多协议，即这里的 MP（Multi-Protocol）的含义。通过对 MPLS 名称的理解，不难发现 MPLS 与 ATM 的相似之处。因为在 ATM 中，VPI/VCI 信元报头和 MPLS 帧报头的长度都非常短，这实际上是提高网络节点处理速度、构造大型网络的关键。从本质上讲，MPLS 采用的是一种标记化分组，这里标记采用固定长度，而这种本地标记化的机制实际上就是 ATM 报头的概念。

当传统 IP 分组进入 MPLS 节点时，入端标记交换路由器（LSR）将完成端到端 IP 地址与 MPLS 标记的映射，为每个分组增加相应的标记。每个 MPLS 节点的标记都放在一个所谓的标记信息库（LIM）中，这时需要用到 OSPF、BGP 和类似 PNNI 的传统路由协议，而且采用 MPLS 的标记分配协议（LDP）会将相应连接的标记分配到网络的相应节点上。在分组通过 MPLS 中间节点时，实际上已不再需要进行路由选择，只需要根据分配到的标记进行标记交换即可。而在分组离开 MPLS 网络时，MPLS 的出口标记路由器将完成标记与 IP 地址的反映射，即取消标记。由于分组在通过 MPLS 网络时只需一次路由，因此大大提高了网络效率。

MPLS 是一个可以在多种第二层媒质上进行标记交换的网络技术。这一技术结合了第二层的交换和第三层路由的特点，将第二层的基础设施和第三层的路由有机地结合起来。第三层的路由在网络的边缘实施，而在 MPLS 的网络核心采用第二层交换。

MPLS 通过在每一个节点的标签交换来实现包的转发。它不改变现有的路由协议，并可以在多种第二层的物理媒质上实施，目前有 ATM、FR（帧中继）、Ethernet 以及 PPP 等介质。

通过 MPLS，第三层的路由可以得到第二层技术的很好补充，充分发挥第二层良好的流量设计管理以及第三层"Hop-by-Hop（逐跳寻径）"路由的灵活性，以实现端到端的 QoS 保证。

我们来打一个比方：日常的走路。

我们从 A 地走到 B 地的方法大体有三种：一种是大概朝着一个方向走，直到走到了为止，就像我们所熟知的"南辕北辙"的故事；另外一种方式却截然相反，就是每过一个街区就问一次路，"我要去 B 地，下一步怎么走？"，就像我们去一个陌生的地方，生怕走错了路会遇到危险；最后一种情况就是在出发前就查好地图，知道如何才能到达 B 地，"朝东走 5 个街区，再向右转第 6 个街区就是"。这三种情况如果和我们的包传输方式关联的话，不难想象分别是广播、逐跳寻径以及源路由。

当然,如果我们是跟在向导后面走,就会存在第四种走法。向导可以在走过的路上做好标记,你只要沿着标记的指示走就可以了。而这就是"标记交换",如图 3-29 所示。

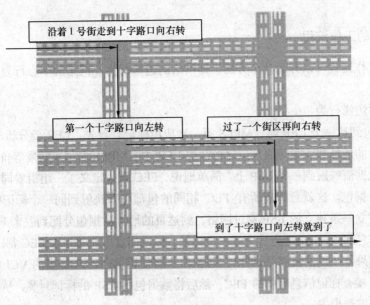

沿着 1 号街走到十字路口向右转

第一个十字路口向左转   过了一个街区再向右转

到了十字路口向左转就到了

图 3-29   标记交换示意图

实际上,我们在以往的多个网络中,都已经使用过标记,只不过标记的重要程度不同而已。我们很容易想起,在 ATM 网中,使用 VPI/VCI 作为标记;在 FR 中,采用 DLCI 作为网络的标记;X.25 网中的 LCN 及 TDM 的时隙,都可以看做是标记。

2.MPLS 的网络结构

MPLS 是一种特殊的转发机制,它为进入网络中的 IP 数据包分配标记,并通过对标记的交换来实现 IP 数据包的转发。标记作为 IP 包头在网络中的替代品而存在,在网络内部 MPLS 在数据包所经过的路径沿途通过交换标记(而不是看 IP 包头)来实现转发;当数据包要退出 MPLS 网络时,数据包被解开封装,继续按照 IP 包的路由方式到达目的地。

MPLS 的网络结构如图 3-30 所示,MPLS 网络包含一些基本的元素。在网络边缘的节点

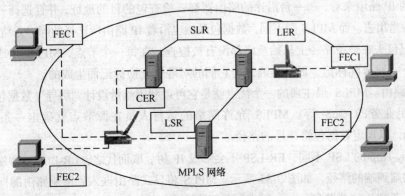

FEC1   SLR   LER   FEC1
CER   LSR   FEC2
FEC2   MPLS 网络

图 3-30   MPLS 的网络结构

称做标记边缘路由器（LER），而网络的核心节点就称为标记交换路由器（LSR）。LER 节点在 MPLS 网络中完成的是 IP 包的进入和退出过程，LSR 节点在网络中提供高速交换功能。在 MPLS 节点之间的路径就叫做标记交换路径（LSP），一条 LSP 可以看做是一条贯穿网络的单向隧道。

3. MPLS 的工作流程

MPLS 的工作流程可以分为几个方面，即网络的边缘行为、网络的中心行为以及如何建立标记交换路径。

（1）网络的边缘行为

当 IP 数据包到达一个 LER 时，MPLS 第一次应用标记。首先，LER 要分析 IP 包头的信息，并且按照它的目的地址和业务等级加以区分。在 LER 中，MPLS 使用了转发等价类（FEC）的概念来将输入的数据流映射到一条 LSP 上。简单地说，FEC 就是定义了一组沿着同一条路径、有相同处理过程的数据包。这就意味着所有 FEC 相同的包都可以映射到同一个标记中。对于每一个 FEC，LER 都建立一条独立的 LSP 穿过网络，到达目的地。数据包分配到一个 FEC 后，LER 就可以根据标记信息库（LIB）来为其生成一个标记。标记信息库将每一个 FEC 都映射到 LSP 下一跳的标记上。如果下一跳的链路是 ATM，则 MPLS 将使用 ATM VCC 里的 VCI 作为标记。转发数据包时，LER 检查标记信息库中的 FEC，然后将数据包用 LSP 的标记封装，从标记信息库所规定的下一个接口发送出去。

（2）网络的核心行为

当一个带有标记的包到达 LSR 的时候，LSR 提取入局标记，同时以它作为索引在标记信息库中查找。当 LSR 找到相关信息后，取出出局的标记，并由出局标记代替入局标签，从标记信息库中所描述的下一跳接口送出数据包。

最后，数据包到达了 MPLS 域的另一端，在这一点，LER 剥去封装的标记，仍然按照 IP 包的路由方式将数据包继续传送到目的地。

（3）如何建立标记交换路径

建立 LSP 的方式主要有以下两种。

① "Hop-by-Hop" 路由。一个 Hop-by-Hop 的 LSP 是所有从源站点到一个特定目的站点的 IP 树的一部分。对于这些 LSP，MPLS 模仿 IP 转发数据包的面向目的地的方式建立了一组树。

从传统的 IP 路由来看，每一台沿途的路由器都要检查包的目的地址，并且选择一条合适的路径将数据包发送出去。而 MPLS 则不同，数据包虽然也沿着 IP 路由所选择的同一条路径进行传送，但是它的数据包头在整条路径上从始至终都没有被检查。在每一个节点，MPLS 生成的树是通过一级一级为下一跳分配标记，而且是通过与它们的对等层交换标记而生成的。

② 显式路由。MPLS 最主要的一个优点就是它可以利用流量设计 "引导" 数据包，比如避免拥塞或者满足业务的 QoS 等。MPLS 允许网络的运行人员在源节点就确定一条显式路由的 LSP(ER-LSP)，以规定数据包将选择的路径。

与 Hop-by-Hop 的 LSP 不同，ER-LSP 不会形成 IP 树。取而代之，ER-LSP 从源端到目的端建立一条直接的端到端的路径，如图 3-31 所示。MPLS 将显式路由嵌入到限制路由的标记分配协议的信息中，从而建立这条路径。

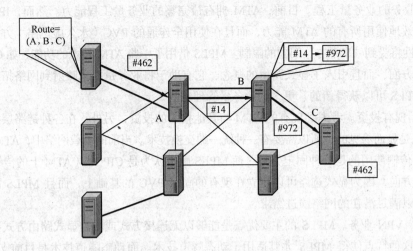

图 3-31　显式路由

4．MPLS 与 ATM 的结合

由于 MPLS 的标记交换与 ATM 交换有十分相似的地方，因此在 IP 和 ATM 结合的模型中，MPLS 将标记填入到 ATM 信元的 VPI/VCI 域中，利用 ATM 交换网络的硬件实现转发。这样的模型属于集成模型，标记的分配和发布与 ATM 网络路由协议相结合，不需要重叠模型中的 ATM 和 IP 地址的映射解析，中间 LSR 上只根据 ATM 信元中 VPI/VCI 中的标记来转发，而不是重组 IP 包后根据目的地址转发。这样要求 ATM 交换机和 IP 路由器设备合而为一，现在很多 ATM 厂商采用在现有 ATM 交换机上加软件补丁的办法提供 MPLS 支持。

5．MPLS 的优势

MPLS 在解决网络的扩展性、实施流量工程、同时支持多种要求特定 QoS 保障的 IP 业务等诸多方面具有得天独厚的技术优势。

① 满足了 ATM 传送 IP 技术的网络总体技术要求。ATM 支持 IP 的网络的强制性要求包括以下方面：网络的技术方案必须独立于所支持的 IP 协议版本；必须具备支持大型网络的足够的可扩展性；必须包括在 ATM 网络上支持高效而且具有可扩充性的 IP 组播的能力；必须具有足够的捆绑性以便支持大型网络。

② 适用于较大规模的网络。众所周知，MPOA（ATM 上的多协议规范）非常适用于小规模的网络，然而它应用于较大规模的网络就要受到限制。而 MPLS 正是为满足大规模网络的各种要求（如灵活性、可扩充性与可管理性等要求）而设计的。

③ 适用于多种承载网络。大规模的网络可以使用包括 ATM 在内的多种承载技术。从一个较宽的范围来讲，应该选取一种对于 IPOA（IP over ATM）是最优，而且对于其他的链路层技术也是最优的技术，而 MPLS 则可能正是能够适应这一范围的唯一技术。

④ 路由控制的灵活性。从选路的角度来讲，MPLS 技术可以使我们获得同时选择使用固定路由或者是动态路由方式的可能性。具体使用哪种方式取决于网络操作者的选择。

⑤ 能同时支持 MPLS 和 ATM 控制协议。较理想的情况是有一种独立于链路层协议的控制技术，同时，同一交换机上也可以使用 ATM 控制方式。

⑥ IP 业务的业务量工程。目前，ATM 拥有最完整的业务量工程能力。然而，IPOA 的重叠模型无法高效地使用所有的 ATM 能力，而且在使用全连通的 PVC（永久虚电路）方式时，其应用的可扩充性将受到"N 平方"问题的限制。MPLS 借用了一些 ATM 技术的功能，如 QoS、选路、资源管理等方面，而且引入了显式路由的概念，它有助于将业务量要求映射到网络拓扑之上。这样，使用 MPLS 可以获得新的、更多的业务量管理功能。

⑦ 利用现有投资。考虑到现有的 ATM 与其他技术的投资，另外，在各种链路层技术上传输 IP 的需求也是显而易见的，所以需要有一种统一的交换技术。当前的承载网络中，ATM 硬件对于 IP 业务量的传输使用的是一种固定方式，而 MPLS 则被认为是 CIPOA（ATM 上的传统 IP 技术）近期的演进方向，因为显式选路可以建立在现有的固定 PVC 的基础上，而且 MPLS 的网络结构的灵活性足以满足潜在的网络演进需求。

⑧ 支持 VPN 业务。MPLS 的主要优点是能够以无连接方式或者是显式路由方式提供面向连接的业务，这种特点使得 MPLS 尤其适用于动态隧道技术。而动态隧道技术是目前支持 VPN 业务的有效传送手段。但目前由于提供基于 MPLS 的 VPN 的方式不是唯一的，这使得将它同其他 IPOA 技术进行比较较为困难。

⑨ QoS 方面。IP Diff Serv（IP 区分服务）与 MPLS 有明显的默契，因为它们的设计中都满足了业务提供商的需求。由于标记的扩展语义可以携带 Diff Serv 信息，借助于标记与端到端的标记交换路径及一定的资源预留机制，将可以保证 QoS 机制在特定 MPLS 域中的一致性。

6. MPLS 的发展前景

随着 Internet 上各种宽带业务的引入，对 Internet 的带宽以及保证 QoS 的要求不断增加，MPLS 作为一种主干网转发技术在一定程度上满足了这些要求，它提供了高效的转发过程、QoS 保证以及对现有网络的可利用性，已经为业界认可为将来宽带 IP 网最具前途的主干网技术之一。

MPLS 是一种在开放的通信网上利用标签引导数据高速、高效传输的新技术。它的价值在于具有在一个无连接的网络中引入连接模式的特性，其主要优点是降低了网络复杂性，兼容现有各种主流网络技术，能降低 50%网络成本，在提供 IP 业务时能确保 QoS 和安全性，具有流量工程能力。此外，MPLS 能解决 VPN（虚拟专用网）扩展问题和维护成本问题。MPLS 技术是最具竞争力的下一代通信网络技术。

3.5.2 软交换

1. 软交换技术发展的背景

NGN 是集语音、数据、传真和视频业务于一体的全新网络。在向未来网络发展的过程中，运营商们已经越来越清楚地意识到一点：业务已经逐渐成为他们在市场竞争中立于不败之地的主要因素。软交换思想正是在下一代网络建设的强烈需求下孕育而生的。软交换思想吸取了 IP、ATM、IN 和 TDM 等众家之长，完全形成分层的全开放的体系架构，使得各个运营商可以根据自己的需要，全部或者部分利用软交换体系的产品，采用适合自己的网络解决方案，在充分利用现有资源的同时，寻找到自己的网络立足点。我国工业和信息化部电信传输研究所对软交换的定义是："软交换是网络演进以及下一代分组网络的核心设备之一，它独立于传送网络，主要完成呼叫控制、资源分配、协议处理、路由、认证、计费等主要功能，同时可以向用户提供现有电路交换机所能提供的所有业务，并向第三方提供可编程能力。"

软交换作为下一代网络的发展方向，不但实现了网络的融合，更重要的是实现了业务的融合，具有充分的优越性，真正向着"个人通信"的宏伟目标迈出了重要的一步，即在任何时间（Whenever）、任何地点（Whatever）与任何人（Whoever）进行通信。交换机是目前电信设施的基础元件。传统的交换机在当今带宽要求日益苛刻的情况下，成了"发展"的瓶颈，其原因有以下两点：一是现有的电话系统是在主叫和被叫之间建立一条专用的通路，而用户在通信中不可能每时每刻都有信息传送，因而对单次通信来说提供的带宽又常常是过剩的；二是传统的呼叫请求要通过汇接局路由，而目前采用的交换机费用昂贵。软交换则能克服上述不足：软交换是一个软交换和控制方案，运行在标准的硬件上，可用来补充或替代汇接局交换功能。

虽然软交换提供的功能与传统交换机相同，但它与传统交换机相比还有几个重要区别。首先，软交换是开放的，而非专用的；其次它易于扩展；最后，它可顺利地处理多媒体数据。而电话交换机只能处理语音信号或简单的低速率数据信号。

基于软交换技术的下一代网络是业务驱动的网络，通过呼叫控制、媒体交换及承载的分离，实现了开放的分层架构，各层次网络单元通过标准协议互通，可以各自独立演进，以适应未来技术的发展。运营商则可以选择最适合自己的网络构件，以更多的创新和更低的成本，构建自己的网络解决方案，确立自己的业务发展立足点。

软交换体系具有强大的业务能力，通过标准的应用编程接口（API），支持第三方业务创建，使得专业化的业务提供商可以方便地进入电信运营领域，利用各自的优势为特定用户群提供量身定做的个性化业务，从而为构成具有电信级特征的、良性循环的下一代网络价值链建立基础，进一步促进电信业务的繁荣。基于软交换技术的下一代网络通过 IP 包交换网实现网络和业务融合，提供综合的多媒体业务，可以有效地降低运营商的运营成本；此外借助于数据组件 10 倍于语音组件的性能来提高速度，伴随着市场规模的扩大，运营商的投资成本将进一步降低。

随着经济和技术的发展，人们对通信服务的需求已不再是简单的语音或单项的视频，而是更快速、更丰富、交互式的宽带多媒体业务。传统的电信网以及新兴的有线电视网和计算机互联网在网络资源、信息资源和接入技术方面虽有各自的特点和优势，但建设之初均是面向特定的业务，任何一方基于现有的技术都不能满足用户宽带接入和综合接入的需要，用户只能从不同的服务提供商获得所需的各类业务，各网间不能实现互通。因此，三网融合到下一代网络（NGN）是实际的需要。

2. 软交换的网络结构及实现

国际软交换组织（International Softswitch Consortium, ISC）自 1999 年 5 月成立以来，致力于提供一个开放分布的体系结构，体系结构支持语音、数据和多媒体通信与多提供商互通。ISC提出了软交换的概念。

软交换要求把呼叫控制功能从媒体网关（传输层）中分离出来，通过软件实现连接控制、翻译和选路、网关管理、呼叫控制、带宽管理、信令、安全性和生成呼叫详细记录等功能，把控制和业务提供分开。软交换提供了在包交换网中与电路交换相同的功能，因此，软交换也称为呼叫代理或呼叫服务器。

软交换是与业务无关的,它是在基于 IP 的网络上提供电信业务的技术。在电路交换网中,呼叫控制、业务提供以及交换矩阵均集中在一个系统中;而软交换的主要设计思想是业务、控制与传送、接入分开,各实体间通过标准协议进行连接和通信,能够更灵活地提供业务。即软交换是基于软件的分布式交换/控制平台,它将呼叫控制功能从网关中分离出来,从而可以方便地在网上引入多种业务。

软交换主要处理实时性业务,包括语音、视频和多媒体等业务。它可用于 IP 网、ATM 网等数据通信网,也可用于电路交换网络。软交换用在 IP 网上是很自然的,因为 IP 网的呼叫控制与承载连接是分开的,从应用来说,软交换主要是应用在 IP 网上的。

由于传统电信网的"呼叫控制"功能是与业务结合在一起的,不同的业务所需要的呼叫控制功能也不同。而软交换则与业务无关,这要求它提供的呼叫控制功能完成对各种业务的基本呼叫控制,通过把呼叫控制和业务交换分离到不同平面,提供强大的软件。软交换可把低层的传输服务与控制信令协议绑定,实现业务应用层中一种服务到另一种服务的平滑过渡,并可快速地将新的业务引入到现有的平台上。

基于软交换的网络体系结构如图 3-32 所示。

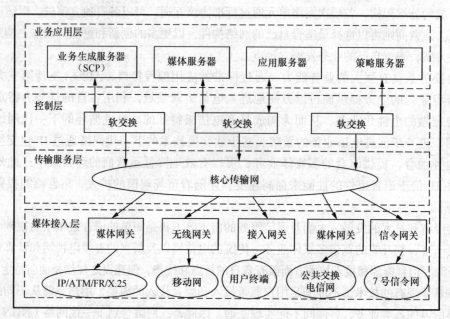

图 3-32　基于软交换的网络体系结构

软交换网络体系结构分成媒体接入层、传输服务层、控制层和业务应用层。与传统电信网络体系结构相比,其最大的不同就是把呼叫的控制和业务的生成从媒体层中分离出来。

(1)媒体接入层

媒体接入层主要实现异构网络到核心传输网以及异构网络之间的互连互通,集中业务数据量并将其通过路由选择传送到目的地。

媒体网关用来处理电路交换网和 IP 网的媒体信息互通。它作为媒体接入层的基本处理单元,负责管理 PSTN 与分组数据网之间的互通,媒体、信令的相互转换,包括协议分析、语音编解码、回声消除、数字检测和传真转发等。

信令网关负责将电路交换网的信令转换成 IP 网的信令,根据相应的信令生成 IP 网的控制信令，在 IP 网中传输。信令网关提供 SS7 信令网络和分组数据网络之间的交换，其中包括协议 ISUP 和 TCAP 等的转换。

无线网关则负责移动通信网到分组数据网络的交换。

（2）传输服务层

传输服务层完成业务数据和控制层与媒体接入层间控制信息的集中承载传输。

（3）控制层

控制层决定呼叫的建立、接续和交换，将呼叫控制与媒体业务相分离，理解上层生成的业务请求，通知下层网络单元如何处理业务流。

软交换通过提供基本的呼叫控制和信令处理功能，对网络中的传输和交换资源进行分配和管理，在这些网关之间建立起呼叫或是已定义的复杂的处理，同时产生这次处理的详细资料。

（4）业务应用层

业务应用层则决定提供和生成哪些业务，并通知控制层做出相应的处理。

业务应用层中的应用服务器提供了执行、处理和生成业务的平台，负责处理与控制层中软交换的信令接口，提供开放的 API 用于生成和管理业务。应用服务器也可单独生成和提供各种各样增强的业务。媒体服务器用于提供专用媒体资源（IVR、会议、传真）的平台，并负责处理与媒体网关的承载接口。应用服务器和软交换之间的接口采用 IETF 制定的会话发起协议（SIP），软交换可以通过它将呼叫转至应用服务器进行增强业务的处理，同时应用服务器也可通过该接口将呼叫重新转移到软交换设备。

由上可见，软交换是下一代网络的控制功能实体，为下一代网络提供具有实时性要求的业务呼叫控制和连接控制功能，是下一代网络呼叫与控制的核心。软交换技术是 NGN 体系结构中的关键技术，其核心思想是硬件软件化，通过软件来实现原来交换机的控制、接续和业务处理等功能，各实体间通过标准化协议进行连接和通信，便于在 NGN 中更快地实现各类复杂的协议，更方便地提供业务。软交换设备是多种逻辑功能实体的集合，提供综合业务的呼叫控制、连接以及部分业务功能，是 NGN 中语音/数据/视频业务呼叫、控制、业务提供的核心设备。

3．软交换的功能

软交换作为新、旧网络融合的关键设备，必须具有以下功能。

① 媒体网关接入功能。该功能可以认为是一种适配功能。它可以连接各种媒体网关，如 PSTN/ISDN 的 IP 中继媒体网关、ATM 媒体网关、用户媒体网关、无线媒体网关、数据媒体网关等，完成 H.248 协议功能。同时还可以直接与 H.323 终端和 SIP（Session Initiation Protocol，会话初始化协议）客户端终端进行连接，提供相应业务。

② 呼叫控制功能。呼叫控制功能是软交换的重要功能之一。它完成基本呼叫的建立、保持和释放，所提供的控制功能包括呼叫处理、连接控制、智能呼叫触发检出和资源控制等。

③ 业务提供功能。由于软交换在网络从电路交换向分组交换演进的过程中起着十分重要的作用，因此，软交换应能够支持 PSTN/ISDN 交换机提供的全部业务，包括基本业务和补充业务；同时还应该可以与现有智能网配合，提供现有智能网提供的业务。

④ 互连互通功能。目前，存在两种比较流行的 IP 电话体系结构，一种是 ITU-T 制定的 H.323 协议，另一种是 IETF 制定的 SIP 协议标准，两者是并列的、不可兼容的体系结构，均可以完成

呼叫建立、释放、补充业务、能力交换等功能。软交换可以支持多种协议，当然也可以同时支持这两种协议。

4．软交换技术的优势

软交换将是下一代话音网络交换的核心。如果说传统的电信网是基于程控交换机的网络，那么下一代分组话音网则是基于软交换的网络。目前的软交换组网技术虽然与人们期望的水平还有一段距离，还存在这样那样的一些问题，但是它与传统的电路交换网相比也有一些自己的特点或长处。发展软交换技术有许多优越性，例如，软交换真正实现了分层的网络结构，保证了高可靠性、灵活的组网方式，提供了多样的解决方案，创造了新的收入来源、集中智能的网络管理体系、灵活的接入方式、更多的新业务提供手段和更短的业务提供周期、终端的个性化和智能化。软交换是新、旧网络融合的枢纽，这主要表现在以下几个方面。

① 软交换成本低。从经济角度考虑，与电路交换机相比，软交换成本低。软交换由于采用了开放式平台，易于接受新的应用，且软交换利用的是普遍计算机器件，其性价比每年提高 80%，远高于电路交换（每年提高 20%），可见软交换在经济方面有很大优势。

② 用户选择余地大。从用户角度考虑，在传统的交换网络中，一个设备厂商往往供应软件、硬件和应用等所有的东西，用户被锁定在供应商那里，没有选择的空间，实现和维护的费用也很高。基于软交换的新型网络彻底打破了这种局面，因为厂商的产品都是基于开放标准的，所以用户可以向多个厂商购买各种层次的产品，可以在每一类产品中选择性价比最好的来构建自己的网络。

③ 软交换可以提高网络的可靠性。软交换将以前的电路交换的核心功能进行了分类，将功能以功能软件的形式分配到分组网络的骨干网中。这种分门别类的分布式结构是可编程的，并对服务供应商和第三方开发商是开放的。由于所有的功能都以标准的计算机平台为基础，可以很容易地实现网络的可伸缩性和可靠性。

④ 软交换组网灵活的接入方式。目前，各运营商不再像以前盲目地进行投资，而是经过实际的研究和调查之后，根据本公司的发展方向而进行投资。而 IP 电话在中国经过几年的风风雨雨之后，一些运营商已经对 IP 电话有了重新的认识，认为 H. 323 IP 电话不会替换传统的电路交换网，但是 H. 323 IP 电话可以作为传统长途电路交换网的补充手段，向特定的用户群提供业务质量稍差但价格便宜的服务。对于业务质量要求高的高端用户，还是需要电路交换网向用户提供业务。对于运营商，软交换或 NGN 的诱惑力，并不是长途 IP 电话的价格便宜，而是利用软交换特有的技术向用户的住宅、办公室放一根五类线，就可以提供话音、数据、视频、多媒体业务这一整套解决方案。

⑤ 新的业务提供方式。传统电话网的业务主要有两种：交换机提供的基本业务、补充业务、智能业务和智能网提供的智能网业务。采用软交换的组网技术之后，有了更多的业务提供方式和更多的业务，并且提供业务的周期也相应地缩短。

⑥ 终端的多功能性。在软交换体系中，用户终端也发生了相应的变化。传统电路交换网中的终端是普通的模拟电话机，最基本的业务就是拨打接听电话，如果增加新的业务就需要用户更换具有新功能的终端，例如，向用户提供主叫用户号码显示业务和固定网短消息业务，都需要用户更新终端。而软交换或 NGN 体系中的终端将是智能终端，它可以是专用的智能终端，也可以是装载在普通计算机上的专用软件（即软终端），这样采用软终端向用户提供新的业务并不需要用户

购买新的终端。软终端对一些高端用户有非常大的吸引力，在他们出差外地时，只要带着笔记本电脑接入网络，进行注册认证之后，就可以像在自己的办公室一样使用公司的所有资源，例如，电话、上网、信息传送，在计算机上带一个摄像头并装载相应的软件就可以向用户提供视频业务和多媒体业务。

5. 软交换技术可提供的新业务

软交换继承了 PSTN/ISDN 原有电信网的基本业务和补充业务，可以实现电话业务、传真业务、号码识别类补充业务、呼叫提供类补充业务、呼叫完成类补充业务、多方通信类补充业务、Centrex 业务等，还可以与网络的其他实体结合提供新的业务。

（1）与 Internet 结合提供的业务

① 用户对业务的个性化管理。用户上网登录到一个 Web 服务器，对用户的各种业务进行设置，然后 Web 服务器再把设置好的业务装载到应用服务器或软交换。例如，用户通过上网配置各种呼叫前转数据，配置呼叫筛选（可有选择地接听和拒绝呼叫），根据来电配置铃声，当被叫用户注册了多个接续号码时可配置接续的方式和次序等。

② 多媒体业务。网络提供的不再是简单的话音业务，还可以提供各种类型媒体的业务。例如，多媒体视频业务，通过文本在不同用户间在线聊天的即时消息业务，主动向对方推送 Web 页面，实现同址浏览的 PUSH 业务，通过白板、文件传送、剪贴板共享和在线游戏等手段实现跨地域的协同工作业务等。

（2）应用服务器提供的业务

传统的电话交换网提供的智能网业务是在业务交换点检出触发点之后，在业务控制点（SCP）的控制下执行业务逻辑。由于信令网关实现了软交换与 No.7 信令网的互通，软交换可以访问 No.7 信令网中的 SCP，因此软交换也可以触发智能网中定义的业务。如果这些智能网业务在应用服务器中定义，也是这些业务提供的一种方式。它与传统智能网业务的不同之处在于，传统智能网业务的业务规程是在 No. 7 信令网的 MTP/SCCP 上传送，而这种业务的应用规程是基于 IP 的传送层传送的。应用服务器还可以向用户提供个性化的业务，例如，对不同来电方提供不同个性化问候的业务，对来电基于 TOD（Time Of Day）、DOW（Day Of Week）进行屏蔽的业务等。

（3）第三方提供的业务

软交换的组网体系架构中，在业务应用层面包含应用服务器和第三方服务器。也就是说，未来的业务可以由电信运营商在应用服务器提供，也可以由认证的第三方在第三方服务器来提供。具体的实现方式是电信运营商向第三方的应用服务器提供一种应用编程接口（API），第三方服务器使用 API 完成业务的实现。其中，API 是屏蔽了具体的网络资源（例如 SIP、INAP、MAP 等）而抽象出的一种接口，它包括呼叫控制、用户交互、移动性、终端能力、计费等。API 与网络资源的映射由 API 网关实现，它可以由应用服务器完成，也可以由独立的 API 网关完成。提供业务的第三方可以不再关心复杂的网络资源，而是利用较为高级的 API 接口来实现业务逻辑，可以快速灵活地完成各种新业务的生成和控制，而加载新业务对整个系统的影响很小，不像传统交换机的升级那么复杂，而电信运营商也不再需要运营网络和维护业务。

事实上，某种具体业务的实现可能采用这种方式提供，也可能采用另一种方式实现，或上述几种方式的组合。

3.5.3 自动交换光网络

1. 自动交换光网络的发展背景

随着骨干网络容量的日益增大以及城域接入能力的多样化，对传输网络具备良好自适应能力的需求逐步提上日程，对网络带宽进行动态分配并具有高性价比的解决方案已是人们追求的目标。

自动交换光网络（ASON）正是在这样的市场环境下应运而生的新一代光网络技术。在 ASON 网络中，业务可实现动态连接，时隙资源也可进行动态分配，其原理是在现有的光网络上增加一层控制平面，并利用这层控制平面来为用户建立连接、提供服务和对底层网络进行控制，同时支持不同的技术方案和不同的业务需求，具备高可靠性、可扩展性和高有效性等特点。对运营商来说，有了智能光网络，网络业务的调配变得更加灵活，可将话音信号传输、Internet IP 业务传输、ATM 信号传输、数字图像信号传输融为一体，可以在同一传送平台提供话音信号、数据信号、图像信号的传输，实现传输网络的统一，使传输服务提供商在较低的投资下提供全业务传输服务，增强传输业务服务商的竞争能力，且业务升级容易，网络维护管理费用降低，同时可提供多种类型的网络恢复机制。

2. ASON 的网络结构

ASON 是指一种具有灵活性、高可扩展性的能直接在光层上按需提供服务的光网络。传输设备是 ASON 的基本传输载体，通常提供线性或环状组网结构。光交叉连接设备 OXC 为 ASON 的核心硬件设备，为其提供交换平台。光交叉连接设备的引入，使组网拓扑从环状、线性结构演进成高效的网状拓扑，从而可为寻找最优化的光路由或在网络发生故障时快速寻找保护路由提供可能，同时也便于在全网共享备用资源。ASON 自身的伸缩性与网络软件的结合可提供全网的伸缩性，各种直接向用户提供的特色服务都要通过交换平台实施。按照 ITU-T G.8080 建议，ASON 分为传送平面、控制平面和管理平面。ASON 功能结构如图 3-33 所示。

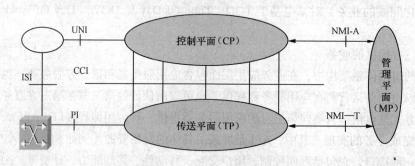

PI—物理接口　　　　　NMI-A—网络管理接口 A
UNI—用户网络接口　　　NMI-T—网络管理接口 T
CCI—连接控制接口　　　ISI—内部信令接口

图 3-33　ASON 功能结构图

此前，光传送网只有传送平面和管理平面，没有分布式智能化的控制平面，因此，ASON 概念的提出，使传输、交换和数据网络结合在一起，实现了真正意义的路由设置、端到端业务调度和网络自动恢复，它是光传送网的一次具有里程碑的重大突破。

传送平面包括提供子网络连接（SNC）的网元（NE），它具有各种粒度的交换和疏导结构，如光纤交叉连接，波带和波长交叉连接；具有各种速率和多业务的物理接口，如 SDH（STM-N），以太网接口、ATM 接口以及其他特殊接口等；具有与控制平面交互的连接控制接口（CCI）。

ASON 控制平面的核心是利用信令功能实现端到端自动连接的建立，它基于通用交换协议（GMPLS）簇，其智能化实现的前提是传送平面的网元设备具备全自动时隙交换的功能（包括 SDH 时隙和波长时隙），即时隙信号可以从网元设备的任意入时隙位置交叉到出时隙位置。

管理平面通过网络管理接口 T（NMI-T）管理传送平面，通过网络管理接口 A（NMI-A）管理控制平面，通过结合控制模块的链路管理协议（LMP）协同完成对 DCN 管理。它主要面向网络运营者，侧重于对网络运营情况的掌握和网络资源的优化配置。

3．ASON 采用的技术

ASON 由智能化的光网络节点所构建的光传送网以及对光传送网进行控制管理的光信令控制网络构成。从发展趋势来看，网络资源管理的智能化将集中在业务层上，而光学资源的管理将通过一个由业务层和光传输层所共享的集成控制平面提供。ASON 的实现依赖 GMPLS 等控制协议所构建的控制平面的完善和智能化光层网络节点（如 OXC、OADM 和波长路由器）的真正实现。

（1）ASON 的关键技术

在 ASON 中，提出了全新的 CP（控制平面）概念。CP 涉及接口、协议和信令 3 个方面的问题，负责连接的提供、维护以及网络资源的管理。在网络中连接的提供需要路由选择算法、沿被选路由的请求和建立连接的信令机制。一旦一个连接被成功地建立起来，它就需按照业务等级协议（SLA）进行维护。而获得网络的拓扑（包括网络总体情况和连通性）以及可用资源的信息是网络操作的基本功能。此外，有效的网络资源的利用要求维护一个网络总体的当前可用网络资源信息，这都是完成 CP 功能、实现连接动态提供的基础。ASON 正是有了这样的 CP，有了接口，通过协议和信令系统动态地交换网络拓扑状态信息、路由信息及其他控制信息，才具备了实现光通道的动态建立和拆除的能力，具备了自动交换的能力。

（2）ASON 生存性技术

目前，ASON 采用的生存性技术分为保护、集中恢复和分布恢复，其中保护和集中恢复是传统光网络的功能，而分布恢复则是 ASON 所特有的功能。

与传统的光传输网不同，ASON 的控制平台是运营商可以为用户提供选择业务等级及向用户提供 SLA 协议所承诺的指标。保护和恢复可以由管理平台命令发起或者临时禁止。此外，管理平台的命令可用于日常的维护，也可以在紧急故障时压制自动完成的动作。在 ASON 中，恢复与控制平面的动作有关，保护则由传输平面完成。ASON 的保护技术主要有：1+1 单向路径保护，1+N 路径保护，1+1 单向 SNC/N 和 SNC/S 保护。同时还有光通道（OCH）共享保护和光复用段（OMS）共享保护环，这两种方式均使用 APS 协议。

（3）ASON 的恢复技术

ASON 的恢复方法分为 3 种：预计算、动态和这两种同时采用。它们的区别在于所采用的恢复动作顺序不同。

（4）ASON 设备中的新技术

① 40Gbit/s 速率的光接口。随着各种新兴电信业务的出现，特别是数据业务对网络带宽的占

用量越来越大，我们在使网络变得智能化的同时，也要考虑网络宽带化的问题。对于应用于骨干层网络 ASON 节点设备来说，能够提供 40Gbit/s 的更大速率光接口就显得非常有必要了。另外，各种高端路由器和交换机的接口速率达到了 10Gbit/s，这种大容量高端路由器和交换机的出现也大大推动了 40Gbit/s 光接口在 ASON 节点设备中的应用。

② 基于 BitSlice 技术的多播严格无阻塞交叉矩阵。交叉矩阵是 ASON 节点设备传送平面的核心部分，ASON 设备和传统的 SDH/MSTP 设备相比，除了增加控制平面外，在传送平面硬件方面也有部分改进。例如交叉容量的提升和交叉矩阵的多播严格无阻塞特性。为什么 ASON 节点设备需要多播严格无阻塞、大交叉能力的交叉矩阵呢？主要是以下三方面的原因。首先，ASON 是基于格状网络构建的，相对于以往的环状结构来说，ASON 节点设备上要提供更多的光接口，要有更强的业务调度和疏导能力。其次，采用多播严格无阻塞的交叉矩阵对于 ASON 网络的恢复时间性能有显著提高。与之相比，传统的 3 级 CLOS 矩阵方式具有重构无阻塞特性，在网络发生故障时，ASON 节点设备的交叉连接要进行内部路由搜索，延长了全网恢复时间。最后，采用多播严格无阻塞矩阵可以更好地支持 ASON 网络中的广播业务。若采用重构无阻塞交叉矩阵，在广播业务达到 25% 以上时，会显示出阻塞特性。

（5）ASON 技术的演进

① 在光传输网完全采用 WDM 传输技术的基础上，首先在长途节点使用 OEO 交换技术的 OXC 设备，采用 ASON 的信令、路由协议和 NNI 接口，在域内实现 ASON 的功能。

② 在城域网范围内，采用具有 UNI 接口的多业务传输平台（MSTP）或 OXC 设备，以便使 MSTP 或 OXC 设备可以通过 UNI 接口，实现端到端智能管理。

③ 在全网内，全面采用 ASON 的信令、路由协议、NNI 接口和功能。

④ 不同运营商的 ASON，使用 NNI 或 UNI 接口互通。

4. ASON 的优势

① ASON 为静态的光传送网（OTN）引入智能，使之变为动态的光网络。智能光网络将 IP 的灵活和效率、SDH/SONET 的保护能力、DWDM 的容量通过创新的分布式网管系统有机地结合在一起，形成以软件为核心的能感知网络和用户服务要求，并能按需直接从光层提供服务的新一代光网络。

② 从设计上，ASON 致力于克服 IP over DWDM 模式的限制，同时加入新的特性和功能。新加的特性包括完善的服务和管理功能，传送运营商级的 1Gbit/s 和 10Gbit/s 的以太网能力，以及以软件为中心的系统结构。

③ ASON 采用先进的基于 IP 的光路由和控制算法，使得光路的配置、选路和恢复成为可能，具有智能决策和动态调节能力的智能光交换设备可以使传统上复杂而耗时的操作自动化，并且还能为构建一种具有高度弹性和伸缩性的网络基础设施打下基础。

5. ASON 的管理

Soft optics 主要由 4 个功能部分组成：光器件驱动、系统 Soft optics、路由 Soft optics 和 NMS Soft optics。光器件驱动是软件/固件模块，用于控制相关的光器件并提取相关数据供系统 Soft optics 分析，系统 Soft optics 负责收集和分析光路完整状态和性能监视数据。路由 Soft optics 负责向路由软件提供光通路的相关参数，包括通道类型、FEC、传送格式等，路由软件据此计算路由。

NMS Soft optics 负责端到端的性能监视和报告、故障分析、光器件运行状态检测等。NMS 则根据这些信息管理网络。

ASON 的每个网元都具有智能性，网元间可进行路由信息和链路状态信息的交换。每个网元依据动态路由协议掌握着整个网络的拓扑结构和相关链路的状态。网元知道哪些网元具有可达性，并知道通过哪些路径可达。智能光网络充分简化了网络管理系统，通过一个网管系统就可实现对网络的有效管理，实现端到端的配置、故障管理和性能管理等功能。

ASON 具有自身的网管系统，它是光传送网网管体系结构的一个组成部分。在逻辑上，ASON 网管系统与 SDH 网管系统、WDM 网管系统并行管理光传送网，它们属于同一层面。因此，ASON 网络管理应采取以 ASON 网管系统管理为主，需要时应与 SDH 网管系统相配合来协调管理整个传送网，充分发挥 ASON 网在传送网中的智能化电路调度作用。

6．ASON 组网方案

考虑与实际已经存在的 DWDM，SDH 网络融合，ASON 组网方案有两种。

（1）ASON+DWDM 组网方案

利用 DWDM 系统的大容量和长途传输能力以及 ASON 节点的宽带容量和灵活调度能力，可以组建一个功能强大的网络。在这样的网络中，尤其在骨干和汇聚层网络，ASON 节点可以完成传统 SDH 设备所能完成的所有功能，并提供更大的节点宽带容量、更灵活和更快捷的电路调度能力，同时网络的建设和运营费用也比较低。ASON 节点所能提供的单节点交叉容量可以大大缓解网络中节点的"瓶颈"问题。

（2）ASON 和 SDH 混合组网方案

ASON 可以基于 G.803 规范的 SDH 传送网实现，也可以基于 G.872 规范的光传送网实现，因此，ASON 可与现有 SDH 传送网络混合组网。ASON 与现有电信网络的融合是一个渐进的过程，先在现有的 SDH 网络形成一个个 ASON，然后逐步形成整个的 ASON，这一发展过程与 PDH 向 SDH 设备的过渡非常相似。

对于 ASON 网络的发展，其标准化进程的加快，将实现不同厂商设备的互通和互操作，同时网络结构从环状网向网状网演进，着重于网状网物理平台的建设及系统资源的完善和优化，随着 ASON 技术的逐步成熟，未来几年将进入实用化阶段。ASON 利用单一的控制平面，可以实现跨厂商、跨运营商管理域 OTN/SDH 传送平面的统一控制，完成端到端的电路建立、保护和恢复，解决了端到端配置、保护和恢复、电路 SLA 等问题。可以相信，ASON 网络体系将为网络运营商和服务商带来了新的业务增长点，创造了巨大的市场机遇与经济效益。

本章小结

1．现代通信网主要由终端系统、交换系统和传输系统三大部分组成。

2．交换即转接，是电话通信网实现数据传输的必不可少的技术。常用的交换技术有电路交换、分组交换、帧交换、ATM 交换、软交换等。

3. 程控数字交换机的基本功能结构包括连接、终端接口和控制功能，由硬件系统和软件系统两大部分组成。

4. 模拟用户电路是程控数字交换机与模拟用户的接口电路，基本功能可归结为 BORSCHT 功能；中继器是数字程控交换机与其他交换机的接口，可分成模拟中继器和数字中继器两大类。

5. 程控数字交换机的根本任务是要通过数字交换实现大量用户之间的通话连接，数字交换网络是完成这一任务的核心部件。

6. 程控数字交换机的控制方式主要是指控制系统中处理机的配置方式，可分为集中控制方式和分散控制方式；分散控制方式又分为分级功能控制和全分布控制两种。

7. 程控数字交换机软件系统包括程序和数据两类软件。程控数字交换机的数据可分为系统数据、局数据和用户数据。

8. 时间接线器简称 T 接线器，其作用是完成一条时分复用线上的时隙交换功能。T 接线器主要由话音存储器（SM）和控制存储器（CM）组成。T 接线器的工作方式有两种：一种是"顺序写入，控制读出"；另一种是"控制写入，顺序读出"。

9. 空间接线器简称 S 接线器，其作用是完成不同时分复用线之间在同一时隙的交换功能，即完成各复用线之间空间交换功能。S 接线器由电子交叉点矩阵和控制存储器（CM）组成。S 接线器的控制方式有两种：输入控制和输出控制。

10. 小容量的程控数字交换机的交换网络采用 T 接线器组成。大容量的程控数字交换机可采用 TST 交换网络，两级 T 接线器的工作方式必须不同，这样有利于控制。为了减少链路选择的复杂性，双方通话的内部时隙选择通常采用反相法。

11. 在呼叫建立过程中，呼叫类型有本局呼叫、出局呼叫、入局呼叫和转接呼叫。

12. 程控数字交换机呼叫处理基本过程包括输入处理、分析处理、内部任务执行和输出处理。

13. 程序的执行可划分为故障级、周期级和基本级 3 个执行级别。

14. 电路交换基本过程包括电路建立、信息传输、电路拆除三个阶段。

15. 报文交换采用"存储—转发"方式，在交换节点中需要缓冲存储。

16. 分组交换采用的路由方式有数据报和虚电路方式。交换虚电路需要呼叫建立时间，永久虚电路不需要呼叫建立时间。

17. ATM 交换是电路交换和分组交换的结合，称为异步传送模式。它以 53 字节的等长信元为传输单位。ATM 信元是一种固定长度的数据分组。

18. 多协议标记交换（MPLS）采用一种固定长度的标记化分组，相当于 ATM 的报头。

19. 软交换是与业务无关的，它是在基于 IP 的网络上提供电信业务的技术。软交换的主要设计思想是业务、控制与传送、接入分开，各实体间通过标准协议进行连接和通信，能够更灵活地提供业务，即软交换是基于软件的分布式交换/控制平台，将呼叫控制功能从网关中分离出来，从而可以方便地在网上引入多种业务。

20. 自动交换光网络（ASON）是新一代光网络技术。在 ASON 网络中，业务可实现动态连接，时隙资源也可进行动态分配，同时支持不同的技术方案和不同的业务需求，具备高可靠性、可扩展性和高有效性等特点。可将话音信号传输、Internet IP 业务传输、ATM 信号传输、数字图像信号传输融为一体，可以在同一传送平台提供话音信号、数据信号、图像信号的传输，实现传输网络的统一，使传输服务提供商在较低的投资下提供全业务传输服务，增强传输业务服务商的竞争能力，且业务升级容易，网络维护管理费用降低，同时可提供多种类型的网络恢复机制。

 课后习题

1. 目前通信网上有哪些主要的交换技术？

2. 简述交换机的发展历史。

3. 简述程控数字交换机的硬件组成和各主要部分功能。

4. 用户电路具有 BORSCHT 功能，解释其含义。

5. 程控交换机的数据有哪些？

6. 简述 T 接线器的功能及其组成。

7. 简述 S 接线器的功能及其组成。

8. 在图 3-11 中，若 A 用户所用的时隙是 2，B 用户所用的时隙是 28，A→B 方向选用内部时隙 5，该网络内部时隙总数为 512，B→A 方向采用反向法，试填写各存储单元。

9. 程控交换机在呼叫建立过程中的呼叫类型有哪些？

10. 程控交换机的程序执行是如何分级的？

11. 请比较电路交换与分组交换的优缺点。

12. 简述 ATM 信元的概念。

13. 你所了解的交换新技术有哪些？

14. 软交换设备完成的功能主要有哪些？

通信缩略语英汉对照表（三）

英文缩写	英文全写	中文解释
CTM	Circuit Transfer Mode	电路转移模式
STM	Synchronous Transfer Mode	同步转移模式
PTM	Packet Transport Mode	分组传递模式
ATM	Asynchronous Transfer Mode	异步传输模式
PVC	Permanent Virtual Circuit	永久虚电路
SVC	Switched Virtual Circuit	交换式虚电路
B-ISDN	Broadband Integrated Services Digital Network	宽带综合业务数字网
SPC	Stared Program Control	程控交换
TS	Time Slot	时隙
DTMF	Dual Tone Multi-Frequency	双音多频信号
MFC	Multi-Frequency Control	多频互控
DSN	Digital Switching Network	数字交换网络
VC	Virtual Circuit	虚电路
VC	Virtual Channel	虚通道

英 文 缩 写	英 文 全 写	中 文 解 释
VCI	Virtual Channel Identifier	虚通道标识符
VP	Virtual Path	虚通路
VPI	Virtual Path Identifier	虚路径标识符
MPLS	Multi-Protocol Label Switching	多协议标记交换
FR	Frame Relay	帧中继
LSR	Label Switched Router	标记交换路由器

第**4**章

传输技术

从古到今，人类对通信技术的追求从未停止。随着时间的推进，从烽火到电报，再到 1940 年第一条同轴电缆正式服役，然后 1963 年 7 月同步通信卫星的发射，以及第一个商用的光纤通信系统在 1980 年问市。通信系统的复杂度与精细度也不断地进步，对传输系统的要求也越来越高。现代传输系统的发展主要是两个方向：高速化（光纤），无线化（微波、卫星）。

4.1　光纤通信

光纤通信技术从光通信中脱颖而出，已成为现代通信的主要支柱之一，在现代电信网中起着举足轻重的作用。光纤通信作为一门新兴技术，近几十年来发展速度之快、应用面之广是通信史上罕见的，也是世界新技术革命的重要标志和未来信息社会中各种信息的主要传送工具。

4.1.1　光通信历史

1880 年，贝尔发明了一种利用光波作载波传递语音信息的"光电话"，它证明了利用光波作载波传递信息的可能性。他利用太阳光作光源，大气为传输介质，用硒晶体作为光接收器件，成功地进行了光电话的实验，通话距离最远达到了 213m。1881 年，贝尔宣读了一篇题为《关于利用光线进行声音的产生与复制》的论文，报道了他的光电话装置。

由于当时并没有同调性高的发光源，也没有适合作为传递光信号的介质，光通信一直只是概念。直到 20 世纪 60 年代，激光的发明才解决了第一项难题。与普通光相比，激光谱线很窄，方向性及相干性极好，是一种理想的相干光源和光载波。

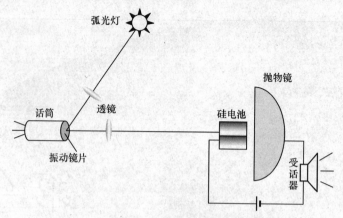

图 4-1　贝尔光电话原理

　　1966 年，英籍华裔学者高锟和霍克哈姆发表了关于传输介质新概念的论文，指出了利用光纤进行信息传输的可能性和技术途径，打开了解决第二项问题的大门。当时石英纤维的损耗高达 1000dB/km 以上，高锟等人指出：这样大的损耗不是石英纤维本身固有的特性，而是由于材料中的杂质，例如过渡金属离子的吸收产生的。材料本身固有的损耗基本上由瑞利散射决定，它随波长的四次方而下降，其损耗很小。因此有可能通过原材料的提纯制造出适合于长距离通信使用的低损耗光纤。

图 4-2　高锟在工作中

　　1970 年，光纤研制取得了重大突破，康宁公司研发出高品质低衰减的光纤，此时信号在光纤中传递的衰减量第一次低于光纤通信之父高锟所提出的每千米衰减 20 分贝的关卡，证明了光纤作为通信介质的可能性。与此同时，使用砷化镓作为材料的半导体激光也被发明出来，并且凭借着体积小的优势而大量运用于光纤通信系统中。

　　1976 年，第一条速率为 44.7Mbit/s 的光纤通信系统在美国亚特兰大的地下管道中诞生。经过了五年的研发期，第一个商用的光纤通信系统在 1980 年问市。这个人类史上第一个光纤商用通信系统使用波长 800nm 的砷化镓激光作为光源，传输的速率达到 45Mbit/s，每 10km 需要一个中继器增强信号。

　　第二代的商用光纤通信系统也在 20 世纪 80 年代初期就发展出来，使用波长 1300nm 的磷砷化镓铟激光。早期的光纤通信系统虽然受到色散的问题而影响了信号品质，但是 1981 年单模光纤的发明克服了这个问题。到了 1987 年，一个商用光纤通信系统的传输速率已经高达 1.7Gbit/s，比第一个光纤通信系统的速率快了将近四十倍之多。同时传输的功率与信号衰减的问题也有显著改善，间隔 50km 才需要一个中继器增强信号。20 世纪 80 年代末，EDFA 的诞生，堪称光通信历史上的一个里程碑事件，它使光纤通信可直接进行光中继，使长距离高速传输成为可能，并促使了 DWDM 的诞生。

第三代的光纤通信系统改用波长 1550nm 的激光做光源，而且信号的衰减已经低至每千米 0.2 分贝（0.2dB/km）。之前使用磷砷化镓铟激光的光纤通信系统常常遭遇到脉波延散问题，科学家则设计出色散迁移光纤来解决这些问题，这种光纤在传递 1550nm 的光波时，色散几乎为零，因其可将激光的光谱限制在单一纵模。这些技术上的突破使得第三代光纤通信系统的传输速率达到 2.5Gbit/s，而且中继器的间隔可达到 100km。

第四代光纤通信系统引进了光放大器，进一步减少中继器的需求。另外，波分复用（WDM）技术则大幅增加传输速率。这两项技术的发展让光纤通信系统的容量以每六个月增加一倍的方式大幅跃进，到了 2001 年时已经到达 10Tbit/s 的惊人速率，足足是 20 世纪 80 年代光纤通信系统的 200 倍之多。近年来，传输速率已经进一步增加到 14Tbit/s，每隔 160km 才需要一个中继器。

第五代光纤通信系统发展的重心在于扩展波分复用器的波长操作范围。传统的波长范围，也就是一般俗称的"C band"，是 1530～1570nm，新一带的无水光纤（Dry Fiber）低损耗的波段则延伸到 1300～1650nm。另外一个发展中的技术是引进光固子的概念，利用光纤的非线性效应，让脉波能够抵抗色散而维持原本的波形。

1990 年至 2000 年，光纤通信产业受到因特网泡沫的影响而大幅成长。此外一些新兴的网络应用，如视频点播使得因特网带宽的成长甚至超过摩尔定律所预期集成电路芯片中晶体管增加的速率。而自因特网泡沫破灭至今，光纤通信产业通过企业整并壮大规模，以及委外生产的方式降低成本来延续生命。

现在的发展前沿就是全光网络了，要使光通信完全代替电信号通信系统，还有很长的路要走。

4.1.2　光纤

1. 光纤的结构

目前通信用的光纤大多采用石英玻璃（SiO_2）制成的横截面很小的双层同心圆柱体，未经涂覆和套塑时称为裸光纤。从图 4-3 中可以看出，光纤由纤芯和包层两部分组成，纤芯的材料是 SiO_2，掺杂微量的其他材料，掺杂的作用是为了提高材料的光折射率。包层的材料一般用纯 SiO_2，也有掺杂的，掺杂的作用是降低材料的光折射率。所以纤芯的折射率略高于包层的折射率，目的在于使进入光纤的光有可能全部限制在纤芯内部传输。由于石英玻璃质地脆、易断裂，为保护光纤不受损害，提高抗拉度，一般需要在裸光纤外面涂敷两次。它的剖面结构图如图 4-4 所示。

从图中可以看出：纤芯位于光纤中心，直径（$2a$）为 5～75μm，作用是传输光波；包层位于纤芯外层，直径（$2b$）为 100～150μm，作用是将光波限制在纤芯中。为了使光波在纤芯中传送，包层材料折射率 n_2 比纤芯材料折射率 n_1 小，即光纤导光的条件是 $n_1 > n_2$。

一次涂敷层是为了保护裸纤而在其表面涂上的聚氨基甲酸乙脂或硅酮树脂层，厚度一般为 30～150μm。套层又称二次涂覆或被覆层，多采用聚乙烯塑料或聚丙烯塑料、尼龙等材料。经过二次涂敷的裸光纤称为光纤芯线。

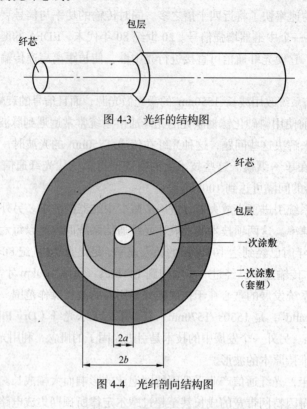

图 4-3 光纤的结构图

图 4-4 光纤剖向结构图

2. 光纤的分类

光纤可按组成材料、纤芯折射率分布及传输模式数等划分。其详细分类情况如图 4-5 所示。

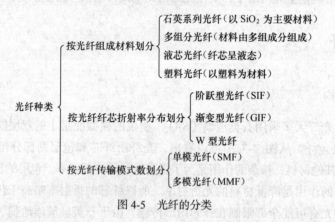

图 4-5 光纤的分类

所谓模式，实质上是电磁场的一种分布形式。模式不同，其分布不同，根据光纤中传输模式数量来分，可分为单模光纤和多模光纤。

多模光纤：中心玻璃芯较粗（50μm 或 62.5μm），包层外直径 125μm，可传多种模式的光。但其模间色散较大，这就限制了传输数字信号的频率，而且随距离的增加会更加严重。例如：600MB/km 的光纤在 2km 时则只有 300MB 的带宽了。因此，多模光纤传输的距离就比较近，一般只有几千米。

单模光纤：中心玻璃芯很细（芯径一般为 9μm 或 10μm），只能传一种模式的光。因此，其模间色散很小，适用于远程通信，但还存在着材料色散和波导色散，这样单模光纤对光源的谱宽和稳定性有较高的要求，即谱宽要窄，稳定性要好。后来又发现在 1.31μm 波长处，单模光纤的材料色散和波导色散一为正、一为负，大小也正好相等。这就是说在 1.31μm 波长处，单模光纤的总色散为零。从光纤的损耗特性来看，1.31μm 处正好是光纤的一个低损耗窗口。这样，1.31μm 波长区就成了光纤通信的一个理想的工作窗口。另外一个光纤的理想工作窗口是 1.55μm 波长区，该波长区虽然色散不为零，但是该波长的传输损耗是最小的，在理想状态下可以达到 0.18dB/km，常用于长距离传输。

按折射率分布情况，光纤又可以分为阶跃型和渐变型光纤。阶跃型：光纤的纤芯折射率高于包层折射率，使得输入的光能在纤芯—包层交界面上不断产生全反射而前进。这种光纤纤芯的折射率是均匀的，包层的折射率稍低一些。光纤中心芯到玻璃包层的折射率是突变的，只有一个台阶，简称阶跃光纤，也称突变光纤。

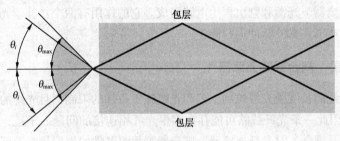

图 4-6　阶跃光纤

渐变光纤的中心芯到玻璃包层的折射率逐渐变小，可使高次模的光按正弦形式传播，这能减少模间色散，提高光纤带宽，增加传输距离，但成本较高，现在的多模光纤多为渐变型光纤。渐变光纤的包层折射率分布与阶跃光纤一样，为均匀的。渐变光纤的纤芯折射率中心最大，沿纤芯半径方向逐渐减小。

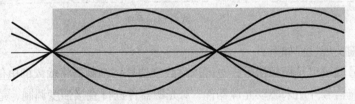

图 4-7　渐变光纤

4.1.3　光纤通信系统

一个基本的光纤通信系统由三大部分构成：光发射设备、光传输通道、光接收设备，如图 4-8 所示。光传输通道又可细分为光纤、中继，以及光纤连接器、耦合器等无源器件。

1．光发信机

光发信机是实现电/光转换的光端机。它由光源、驱动器和调制器组成。其功能是将来自电子通信设备的电信号对光源发出的光波进行调制，成为已调光波，然后再将已调的光信号耦合到光纤或光缆去传输。

2．光收信机

光收信机是实现光/电转换的光端机。它由光检测器和光放大器组成。其功能是将光纤或光缆传输来的光信号经光检测器转变为电信号，然后再将这微弱的电信号经放大电路放大到足够的电平，送到接收端的电子通信设备。

3．光纤或光缆

光纤或光缆构成光的传输通路。其功能是将发信端发出的已调光信号，经过光纤或光缆的远距离传输后，耦合到收信端的光检测器上去，完成传送信息任务。

4．中继器

中继器由光检测器、光源和判决再生电路组成。它的作用有两个：补偿光信号在光纤中传输时受到的衰减；对波形失真的脉冲进行修正。

5．光纤连接器、耦合器等无源器件

由于光纤或光缆的长度受光纤拉制工艺和光缆施工条件的限制，且光纤的拉制长度也是有限度的（如 1km），因此一条光纤线路可能存在多根光纤相连接的问题。于是，光纤间的连接、光纤与光端机的连接及耦合，对光纤连接器、耦合器等无源器件的使用是必不可少的。

图 4-8　光纤通信系统

光纤信号传输实现过程如下：

输入的电信号既可以是模拟信号，也可以是数字信号；调制器将输入的电信号转换成适合驱动光源器件的电流信号并用来驱动光源器件，对光源器件进行直接强度调制，完成电/光变换的功能；光源输出的光信号直接耦合到传输光纤中，经一定长度的光纤传输后送达接收端。

在接收端，光电检测器对输入的光信号进行直接检波，将光信号转换成相应的电信号，再经过放大恢复等电处理过程，弥补线路传输过程中带来的信号损伤，最后输出和原始输入信号相一致的电信号，从而完成整个传输过程。

4.2　SDH 传输技术

SDH 技术具有传输容量大、距离远、质量好，具有较强的网管功能和自愈功能，不同厂家的SDH 设备能相互兼容，易于升级扩容，并可传递综合业务等优点，被国际电信联盟确定为长途传输的标准技术。

4.2.1　PDH 和 SDH

在数字通信系统中，传送的信号都是数字化的脉冲序列。这些数字信号流在数字交换设备之间传输时，其速率必须完全保持一致，才能保证信息传送的准确无误，这就叫做"同步"。

在数字传输系统中，有两种数字传输系列，一种叫"准同步数字系列"（Plesiochronous Digital Hierarchy，PDH）；另一种叫"同步数字系列"（Synchronous Digital Hierarchy，SDH）。

采用准同步数字系列（PDH）的系统，是在数字通信网的每个节点上都分别设置高精度的时钟，这些时钟的信号都具有统一的标准速率。尽管每个时钟的精度都很高，但总还是有一些微小的差别。为了保证通信的质量，要求这些时钟的差别不能超过规定的范围。因此，这种同步方式严格来说不是真正的同步，所以叫做"准同步"。PDH 三种体系如图 4-9 所示。

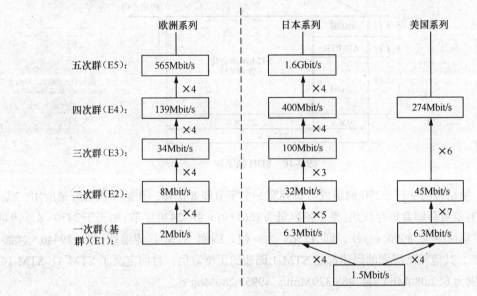

图 4-9　PDH 三种体系

以光纤为代表的大容量传输技术的进步，要求 PDH 向更高速率发展。而随着电信网的发展和用户要求的提高，准同步（PDH）系统暴露出了一些固有的缺点，其表现如下。

① PDH 是逐级复用的，当要在传输节点从高速数字流中分出支路信号时，需配备背对背的各级复分接器，分支/插入电路不灵活。

② PDH 各级信号的帧中预留的开销比特很少，不利于传送操作管理和维护（OAM）信息，不适应电信管理网（TMN）的需要。

③ PDH 中 1.5Mbit/s 与 2Mbit/s 两大系列难以兼容互通。

④ 更高次群如继续采用 PDH 将难以实现。

20 世纪 80 年代以来，光纤通信获得广泛应用，并以其优良的宽带特性、传输性能和低廉的价格而逐渐成为电信网的主要传输手段。光纤通信传输容量越来越大，但就其潜力而言也仅仅是开发了很小一部分，因此，带宽的节省不再是选择速率的主要依据，重要的是网络运用的灵活性、可靠性，维护管理的方便性以及对未来发展的适应性。基于这一想法并针对 PDH 的缺点，美国 Bellcore 公司在 1985 年提出了同步光纤网（SONET）的设想，在此基础上，CCITT 于 1988

年提出 SDH 的建议，并于 1990 年和 1992 年两次修订完善，形成了一套 SDH 的标准。

4.2.2　SDH 的帧结构

1．帧结构

SDH 最基本、最重要的数据块为同步传输模块 STM-1。更高级别的 STM-N 信号则是将 STM-1 按同步复用，经字节间插后形成的。STM-1 矩形块状帧结构如图 4-10 所示，它由两部分组成：比特开销和信息净负荷。

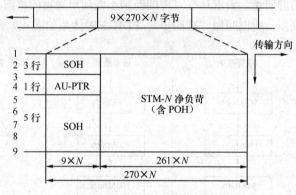

图 4-10　SDH 帧结构

STM-1 帧结构由 9 行、270 列组成。每列宽一个字节即 8 比特，开始 9 列为开销所用，其余 261 列则为有效负荷即数据存放地。整个帧容量为 (261+9) × 9 = 2430 字节，相当于 2430× 8 = 19440 比特。帧传输速率为 8000 帧/秒，即 125μs 为一帧，因而 STM-1 传输速率为 19440 × 8000 = 155.520Mbit/s，其他较高级别的码速都是 STM-1 码速的正整数倍；目前定义了 STM-4、STM-16、STM-64 分别为 622.080Mbit/s，2488.320Mbit/s，9953.280Mbit/s。

STM-1 帧结构字节的传送是从左到右、从上到下按行进行，首先传送帧结构左上角第一个 8 比特字节，依次传递，直到 9 × 270 个字节都送完，再转入下一帧。

2．比特开销

比特开销由段开销（SOH）和指针组成。段开销（SOH）中 9 × 8 矩阵提供网络运行、维护和管理所需的附加字节。对 STM-1 而言，每帧有 8 × 9 = 72 字节（576bit）用于段开销，所占比例几乎为 3%，可见段开销是相当丰富的，这是 SDH 的重要特点之一。

SDH 的比特开销又分为再生段开销（RSOH）和复用段开销（MSOH）。在 SDH 中，1~3 行分给 RSOH，5~9 行分给 MSOH。RSOH 可以在再生中继器接入，也可以在终端设备中接入。MSOH 则只能在终端设备中接入。

3．信息净负荷

信息净负荷是 STM-1 帧结构中存放各种信息的地方，占有 2344 个字节，其中有少量用于通道性能监视、管理和控制的通道开销字节（POH）作为净负荷的一部分，并与其一起在网络中传送。

在将低速支路信号复用成 STM-*N* 信号时要经过 3 个步骤：映射、定位、复用。这部分内容在下一节中将详细论述。

4.2.3　复用结构与步骤

1．复用

SDH 的复用包括两种情况，一种是低阶的 SDH 信号复用成高阶 SDH 信号，另一种是低速支路信号（例如 2Mbit/s、34Mbit/s、140Mbit/s）复用成 SDH 信号 STM-*N*。

第一种情况主要通过字节间插复用方式来完成，复用的个数是 4 合 1，即 4×STM-1→STM-4，4 × STM-4→STM-16。

第二种情况用得最多的就是将 PDH 信号复用进 STM-N 信号中去，使多个低阶通道层的信号适配进高阶通道层，例 U12（×3）→TUG2（×7）→TUG3（×3）→VC4，复用也就是通过字节交错间插方式把 TU 组织进高阶 VC 或把 AU 组织进 STM-*N* 的过程。由于经过 TU 和 AU 指针处理后的各 VC 支路信号已相位同步，因此该复用过程是同步复用，复用原理与数据的串并变换相类似。

2．映射

映射是一种在 SDH 网络边界处，例如 SDH/PDH 边界处将支路信号适配进虚容器的过程。像我们经常使用的将各种速率 140Mbit/s、34Mbit/s、2Mbit/s 信号先经过码速调整分别装入到各自相应的标准容器中，再加上相应的低阶或高阶的通道开销形成各自相对应的虚容器的过程。

SDH 采用了自己独特的一套复用步骤和复用结构，在这种复用结构中通过指针调整定位技术来取代 125μs 缓存器，用以校正支路信号频差和实现相位对准。

各种业务信号复用进 STM-*N* 帧的过程都要经历映射（相当于信号打包）、定位（相当于指针调整）、复用（相当于字节间插复用）三个步骤。ITU-T 规定了一整套完整的复用结构，也就是复用路线通过这些路线可将 PDH 的 3 个系列的数字信号以多种方法复用成 STM-*N* 信号。SDH 的基本复用单元包括标准容器（C）、虚容器（VC）、支路单元（TU）、支路单元组（TUG）、管理单元（AU）和管理单元组（AUG）

ITU-T 规定的复用路线如图 4-11 所示。

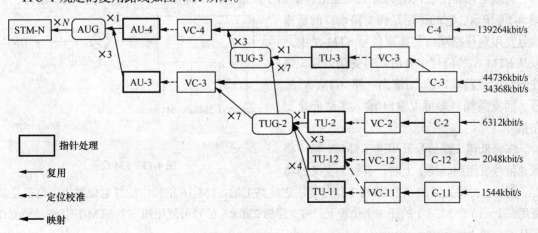

图 4-11　SDH 复用映射过程

从图中可以看到此复用结构包括了一些基本的复用单元：C – 容器、VC – 虚容器、TU – 支路单元、TUG – 支路单元组、AU – 管理单元、AUG – 管理单元组，这些复用单元的下标表示与此复用单元相应的信号级别。在图中从一个有效负荷到 STM-*N* 的复用路线不是唯一的，有多条路线（也就是说有多种复用方法）。例如：2Mbit/s 的信号有两条复用路线，也就是说可用两种方法复用成 STM-*N* 信号。不知你注意到没有，8Mbit/s 的 PDH 信号是无法复用成 STM-*N* 信号的。

尽管一种信号复用成 SDH 的 STM-*N* 信号的路线有多种，但是对于一个国家或地区则必须使复用路线唯一化。我国的光同步传输网技术体制规定了以 2Mbit/s 信号为基础的 PDH 系列作为 SDH 的有效负荷，并选用 AU-4 的复用路线，其结构见图 4-12 所示。

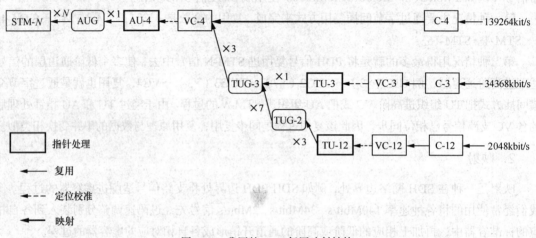

图 4-12 我国的 SDH 复用映射结构

4.2.4 SDH 网元和拓扑

1. SDH 网元

（1）TM——终端复用器

终端复用器用在网络的终端站点上，例如一条链的两个端点上，它是一个双端口器件，如图 4-13 所示。它的作用是将支路端口的低速信号复用到线路端口的高速信号 STM-*N* 中，或从 STM-*N* 的信号中分出低速支路信号。请注意它的线路端口输入/输出一路 STM-*N* 信号，而支路端口却可以输出/输入多路低速支路信号。

在将低速支路信号复用进 STM-*N* 帧（将低速信号复用到线路）上时，有一个交叉的功能，例如：可将支路的一个 STM-1 信号复用进线路上的 STM-16 信号中的任意位置上，也就是指复用在 1~16 个 STM-1 的任一个位置上。将支路的 2Mbit/s 信号可复用到一个 STM-1 中 63 个 VC12 的任一位置上去。

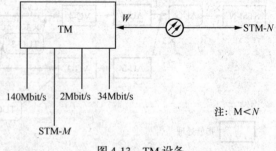

图 4-13 TM 设备

（2）ADM——分插复用器

分插复用器用于 SDH 传输网络的转接站点处，例如链的中间节点或环上节点，是 SDH 网上使用最多、最重要的一种网元，它是一个三端口的器件。

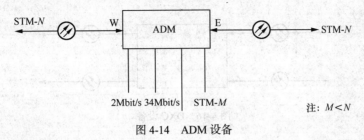

注：$M < N$

图 4-14　ADM 设备

ADM 有两个线路端口和一个支路端口。两个线路端口各接一侧的光缆（每侧收/发共两根光纤），为了描述方便我们将其分为西（W）向、东（E）向两个线路端口。ADM 的作用是将低速支路信号交叉复用进东或西向线路上去，或从东或西侧线路端口收的线路信号中拆分出低速支路信号。另外，还可将东/西向线路侧的 STM-N 信号进行交叉连接，例如将东向 STM-16 中的 3#STM-1 与西向 STM-16 中的 15#STM-1 相连接。

ADM 是 SDH 最重要的一种网元，通过它可等效成其他网元，即能完成其他网元的功能，例如：一个 ADM 可等效成两个 TM。

（3）REG——再生中继器

光传输网的再生中继器有两种，一种是纯光的再生中继器，主要进行光功率放大以延长光传输距离；另一种是用于脉冲再生整形的电再生中继器，主要通过光/电变换、电信号抽样、判决、再生整形、电/光变换，以达到不积累线路噪声，保证线路上传送信号波形的完好性。此处讲的是后一种再生中继器，REG 是双端口器件，只有两个线路端口——W、E，如图 4-15 所示。

图 4-15　REG 设备

它的作用是将 W/E 侧的光信号经 O/E、抽样、判决、再生整形、E/O 在 E 或 W 侧发出。注意到没有，REG 与 ADM 相比仅少了支路端口，所以 ADM 若本地不上/下话路（支路不上/下信号）时完全可以等效成一个 REG。

真正的 REG 只需处理 STM-N 帧中的 RSOH，且不需要交叉连接功能（W—E 直通即可），而 ADM 和 TM 因为要完成将低速支路信号分/插到 STM-N 中，所以不仅要处理 RSOH，而且还要处理 MSOH；另外 ADM 和 TM 都具有交叉复用能力（有交叉连接功能），因此用 ADM 来等效 REG 有点大材小用了。

（4）DXC——数字交叉连接设备

数字交叉连接设备完成的主要是 STM-N 信号的交叉连接功能，它是一个多端口器件，它实际上相当于一个交叉矩阵，完成各个信号间的交叉连接，如图 4-16 所示。

2．SDH 网络拓扑

网络拓扑是特定的物理、逻辑或虚拟网络部件和设备（节点）的排列。网络拓扑仅由节点之间的连接配置决定。节点之间的距离、物理互连、传输率和信号类型不作用在一个网络拓扑中。网络的"拓扑结构"是指网络的几何连接形状，画成图就叫网络"拓扑图"，如图 4-17 所示。

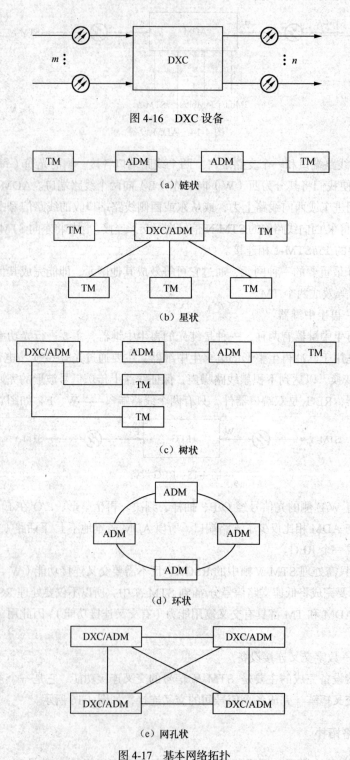

图 4-16　DXC 设备

（a）链状

（b）星状

（c）树状

（d）环状

（e）网孔状

图 4-17　基本网络拓扑

SDH 有四种网元：TM、ADM、REG、DXC，可以利用这些网元组成多种网络拓扑，满足组网需要。

（1）链状网

网络中的所有节点一一相连，并且首尾开放、结构简单、经济。

（2）星状网

此种网络拓扑是将网中一网元作为特殊节点与其他各网元节点相连，其他各网元节点互不相连，网元节点的业务都要经过这个特殊节点转接。这种网络拓扑的特点是可通过特殊节点来统一管理其他网络节点，利于分配带宽，节约成本，但存在特殊节点的安全保障和处理能力的潜在"瓶颈"问题。特殊节点的作用类似交换网的汇接局，此种拓扑多用于本地网（接入网和用户网）。

（3）树状网

该拓扑从总线拓扑演变而来，形状像一棵倒置的树，顶端是树根，树根以下带分支，每个分支还可再带子分支。树状网的优点是易于扩展，故障隔离较容易。其缺点是各个节点对根的依赖性太大。

（4）环状网

环状拓扑实际上是指将链形拓扑首尾相连，从而使网上任何一个网元节点都不对外开放的网络拓扑形式。这是当前使用最多的网络拓扑形式，主要是因为它具有很强的生存性，即自愈功能较强。环状网常用于本地网（接入网和用户网）、局间中继网。

（5）网孔状网

将所有网元节点两两相连，就形成了网孔状网络拓扑。这种网络拓扑为两网元节点间提供多个传输路由，使网络的可靠性更强，不存在"瓶颈"问题和失效问题。但是由于系统的冗余度高，必会使系统有效性降低，成本高且结构复杂。网孔状网主要用于长途网中，以提供网络的高可靠性。

4.2.5　SDH 自愈网

电信业务一旦中断造成的经济损失和社会负面影响都将是非常巨大的。如何尽量减少由于传输线路中断或节点瘫痪而引起的业务中断，使网络在发生故障时尽快恢复，这是网络运营者和用户都极为关心的问题，也是网络生存性问题的研究内容。

网络生存性泛指网络经受各种故障，特别是灾难性大故障后仍能维持可接受的业务质量的能力。为了满足网络生存性的需求，自愈网的概念应运而生。所谓自愈就是无需人为的干预，网络就能在极短的时间内从失效故障中自动恢复业务传输能力，而用户感觉不到网络已出现故障。自愈是网络生存性最突出的特点。通常可以通过以下一些途径提高网络生存性能力：降低网元的脆弱性，提高网络拓扑结构的可靠性，及通过网络自愈技术来实现网络的生存性。基于光 SDH 传输网络是构建未来宽带通信网络的最重要的途径之一。生存性问题在 SDH 技术中变得越来越重要和突出。

目前环状网络的拓扑结构用得最多，因为环状网具有较强的自愈功能。自愈环的分类可按保护的业务级别、环上业务的方向、网元节点间光纤数来划分。按环上业务的方向可将自愈环分为单向环和双向环两大类；按网元节点间的光纤数可将自愈环划分为双纤环（一对收/发光纤）和四纤环（两对收发光纤）；按保护的业务级别可将自愈环划分为通道保护环和复用段保护环两大类。

对于通道倒换环，业务的保护是以通道为基础的，倒换与否按环上的每一个通道信号质量的优劣而定；对于复用段倒换环，业务的保护是以复用段为基础的，倒换与否按每一对节点间的复用段信号质量优劣而定。当复用段出问题时，整个节点间的复用段业务信号都转向保护环。通道倒换环与复用段倒换环的一个重要区别是：前者往往使用专用保护，即正常情况下保护段也在传业务信号；后者往往使用公用保护，即正常情况下保护段是空闲的。

环状网按业务传送方向可分单向保护环与双向保护环。单向保护环：环上二节点间的往来业务，如从节点 A 到 C 的业务 AC 和从节点 C 到 A 节点的业务 CA，沿着环的同一方向（同为顺时针或同为逆时针）传送。在图 4-18 中，A 到 C 的传输路径为 A→D→C，C 到 A 的传输路径为 C→B→A。双向保护环：环上二节点间的往来业务，沿着环的不同方向（一为顺时针，另为逆时针）传送。比如图中 A 到 C 的传输路径为 A→D→C，C 到 A 的传输路径为 C→D→A。

环网的复用段保护环可分为二纤环与四纤环。二纤环如图 4-18 所示，环网由两根光纤组成，根据业务传送方向又可分单向保护环与双向保护环。

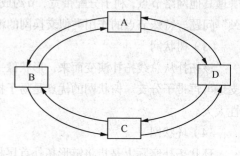

图 4-18　二纤环

四纤环如图 4-19 所示，环网由四根光纤组成，两根主用光纤与两根备用光纤，备用光纤为主用光纤提供反方向保护；备用光纤可传送额外业务（图中所示只是环的一部分）。

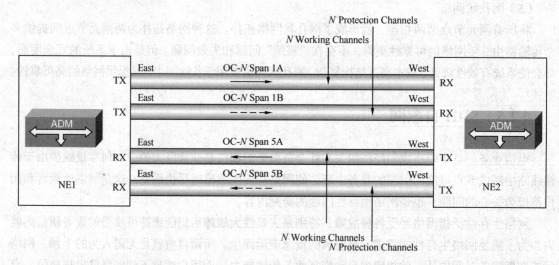

图 4-19　四纤环

SDH 网络提供了丰富的保护功能机制，包括二纤单向通道倒换环（如图 4-20 所示）、二纤双向通道保护环、二纤单向复用段环、四纤双向复用段保护环、双纤双向复用段保护环等多种，目前常见的自愈环有二纤单向通道保护环和二纤双向复用段保护环两种。下面对二纤单向通道保护环原理做一个简单介绍。

二纤通道保护环由两根光纤组成两个环。其中一个为主环 S1，一个为备环 P1；两环的业务流向一定要相反，通道保护环的保护功能是通过网元支路板的"并发选收"功能来实现的，也就是支路板将支路上环业务并发到主环 S1、备环 P1 上，两环上业务完全一样且流向相反。在正常状态下，网元支路板选收主环下支路的业务如图 4-20 所示。

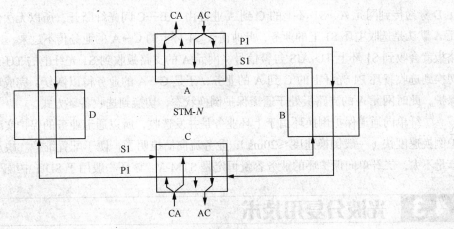

图 4-20　二纤单向通道倒换环

若环网中网元 A 与 C 互通业务，网元 A 和 C 都将上环的支路业务"并发"到环 S1 和 P1 上，S1 和 P1 上的所传业务相同且流向相反，S1 为逆时针，P1 为顺时针。在网络正常时，网元 A 和 C 都选收主环 S1 上的业务，那么 A 与 C 业务互通的方式是：A 到 C 的业务经过网元 D 穿通，由 S1 光纤传到 C（主环业务）；由 P1 光纤经过网元 B 穿通传到 C（备环业务）。在网元 C 支路板"选收"主环 S1 上的 A→C 业务，完成网元 A 到网元 C 的业务传输。网元 C 到网元 A 的业务传输与此类似。

当 BC 光缆段的光纤同时被切断时，网元支路板的并发功能没有改变，也就是此时 S1 环和 P1 环上的业务还是一样的，如图 4-21 所示。

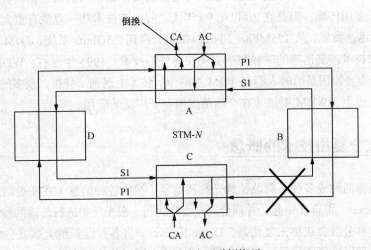

图 4-21　二纤单向通道倒换环

我们看看这时网元 A 与网元 C 之间的业务如何被保护。网元 A 到网元 C 的业务由网元 A 的支路板并发到 S1 和 P1 光纤上，其中 S1 业务经光纤由网元 D 穿通传至网元 C，P1 光纤的业务经网元 B 穿通，由于 B、C 间光缆断开，所以光纤 P1 上的业务无法传到网元 C，不过由于网元 C 默认选收主环 S1 上的业务，这时网元 A 到网元 C 的业务并未中断，网元 C 的支路板不进行保护倒换。

网元 C 的支路板将到网元 A 的业务并发到 S1 环和 P1 环上，其中 P1 环上的 C 到 A 业务经网元 D 穿通传到网元 A，S1 环上的 C 到 A 业务由于 B—C 间光纤断开，所以无法传到网元 A，网元 A 默认是选收主环 S1 上的业务，此时由于 S1 环上的 C→A 的业务传不过来，这时网元 A 的支路板就会收到 S1 环上 TU-AIS 告警信号。网元 A 的支路板收到 S1 光纤上的 TU-AIS 告警后立即切换到选收备环 P1 光纤上的 C 到 A 的业务，于是 C→A 的业务得以恢复，完成环上业务的通道保护，此时网元 A 的支路板处于通道保护倒换状态，切换到选收备环方式。

二纤单向通道保护倒换环由于上环业务是并发选收，所以通道业务的保护实际上是 1+1。保护倒换速度快（一般倒换速度≤20ms），业务流向简捷明了，便于配置维护。缺点是网络的业务容量不大，二纤单向保护环的业务容量恒定是 STM-N。该环一般用于 SDH 中继网和接入网。

4.3 光波分复用技术

随着通信业的发展，用户对多媒体宽带数据业务的需求日益增长，现有通信网络的传输能力的增加开始无法跟上这种需求。通信公司需要从多种可供选择的方案中找出低成本的解决方法。缓和光纤数量不足的一种途径是敷设更多的光纤，这对那些光纤安装耗资少的网络来说，不失为一种解决方案。但这不仅受到许多物理条件的限制，也不能有效利用光纤带宽。另一种方案是采用时分复用（TDM）方法提高比特率，但单根光纤的传输容量是有限的，何况传输比特率的提高受到电子电路物理极限限制。第三种方案是波分复用（WDM）技术，WDM 系统利用已经敷设好的光纤，使单根光纤的传输容量在 TDM 的基础上成 N 倍地增加。WDM 能充分利用光纤的带宽，解决通信网络传输能力不足的问题，具有广阔的发展前景。

WDM 波分复用并不是一个新概念，在光纤通信出现伊始，人们就意识到可以利用光纤的巨大带宽进行波长复用传输，但是在 20 世纪 90 年代之前，该技术却一直没有重大突破，其主要原因在于 TDM 的迅速发展，从 155Mbit/s 到 622Mbit/s，再到 2.5Gbit/s 系统，TDM 速率速度提高很快。人们在一种技术进展迅速的时候很少去关注另外的技术。1995 年左右，WDM 系统的发展出现了转折，一个重要原因是当时人们在 TDM 10Gbit/s 技术上遇到了挫折，众多的目光就集中在光信号的复用和处理上，WDM 系统才在全球范围内有了广泛的应用。

4.3.1 波分复用技术的概念

波分复用是将两种或多种不同波长的光载波信号（携带各种信息）在发送端经复用器（亦称合波器，Multiplexer）汇合在一起，并耦合到光线路的同一根光纤中进行传输的技术。在接收端，经解复用器（亦称分波器或称去复用器，Demultiplexer）将各种波长的光载波分离，然后由光接收机作进一步处理以恢复原信号。这种在同一根光纤中同时传输两个或众多不同波长光信号的技术，称为波分复用，如图 4-22 所示。

通信系统的设计不同，每个波长之间的间隔宽度也有不同。按照通道间隔的不同，WDM 可以细分为 CWDM（稀疏波分复用）和 DWDM（密集波分复用）。CWDM 的信道间隔为 20nm，而 DWDM 的信道间隔为 0.2～1.2nm，所以相对于 DWDM，CWDM 称为稀疏波分复用技术。

CWDM 和 DWDM 的区别主要有两点：一是 CWDM 载波通道间距较宽，因此，同一根光纤上只能复用 5～6 个波长的光波，"稀疏"与"密集"称谓的差别就由此而来；二是 CWDM 调制激光采用非冷却激光，而 DWDM 采用的是冷却激光。冷却激光采用温度调谐，非冷却激光采用电子调谐。由于在一个很宽的波长区段内温度分布很不均匀，因此温度调谐实现起来难度很大，成本也很高。CWDM 避开了这一难点，因而大幅降低了成本，整个 CWDM 系统成本只有 DWDM 的30%。CWDM 是通过利用光复用器将在不同光纤中传输的波长结合到一根光纤中传输来实现。在链路的接收端，利用解复用器将分解后的波长分别送到不同的光纤，接到不同的接收机。

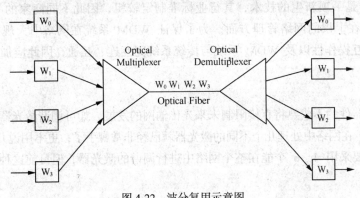

图 4-22   波分复用示意图

4.3.2 波分复用技术的特点

1. WDM 技术的优点

① 传输容量大，可节约宝贵的光纤资源。对单波长光纤系统而言，收发一个信号需要使用一对光纤，而对于 WDM 系统，不管有多少个信号，整个复用系统只需要一对光纤。例如对于 16个 2.5Gbit/s 系统来说，单波长光纤系统需要 32 根光纤，而 WDM 系统仅需要 2 根光纤。

② 对各类业务信号"透明"，可以传输不同类型的信号，如数字信号、模拟信号等，并能对其进行合成和分解。

③ 网络扩容时不需要敷设更多的光纤，也不需要使用高速的网络部件，只需要换端机和增加一个附加光波长就可以引入任意新业务或扩充容量，因此 WDM 技术是理想的扩容手段。

④ 组建动态可重构的光网络，在网络节点使用光分插复用器（OADM）或者使用光交叉连接设备（OXC），可以组成具有高度灵活性、高可靠性、高生存性的全光网络。

2. 波分复用技术目前存在的问题

以 WDM 技术为基础的具有分插复用功能和交叉连接功能的光传输网具有易于重构、良好的扩展性等巨大优势，已成为未来高速传输网的发展方向，但在真正实现之前，还必须解决下列问题。

（1）网络管理

目前，WDM 系统的网络管理，特别是具有复杂的上/下通路需求的 WDM 网络管理仍处于不成熟期。如果 WDM 系统不能进行有效的网络管理，将很难在网络中大规模采用。例如在故障管理方面，由于 WDM 系统可以在光通道上支持不同类型的业务信号，一旦 WDM 系统发生故障，操作系统应能及时发现故障，并找出故障原因。但到目前为止，相关的运行维护软件仍不成熟。

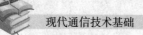

在性能管理方面，WDM 系统使用模拟方式复用及放大光信号，因此常用的比特误码率并不适用于衡量 WDM 的业务质量，必须寻找一个新的参数来准确衡量网络向用户提供的服务质量等。如果这些问题不及时解决，将阻碍 WDM 系统的发展。

（2）互连互通

由于 WDM 是一项新生的技术，其行业标准制定较粗，因此不同商家的 WDM 产品互通性较差，特别是在上层的网络管理方面。为了保证 WDM 系统在网络中大规模实施，需保证 WDM 系统间的互操作性以及 WDM 系统与传统系统间互连、互通，因此应加强光接口设备的研究。

（3）光器件

一些重要光器件的不成熟将直接限制未来光传输网的发展，如可调谐激光器等。对于一些大的运营公司来说，在网络中处理几个不同的激光器就已经非常棘手了，更不用说几十路光信号了。通常光网络中需要采用 4～6 个能在整个网络中进行调谐的激光器，但目前这种可调谐激光器还无法进入商用。

4.3.3　DWDM 技术简介

1．DWDM 对光纤性能的要求

DWDM 是密集的多波长光信道复用技术，光纤的非线性效应是影响 WDM 传输系统性能的主要因素。光纤的非线性效应主要与光功率密度、信道间隔和光纤的色散等因素密切相关：光功率密度越大、信道间隔越小，光纤的非线性效应就越严重；色散与各种非线性效应之间的关系比较复杂，其中四波混频随色散接近零而显著增加。随着 WDM 技术的不断发展，光纤中传输的信道数越来越多，信道间距越来越小，传输功率越来越大，因而光纤的非线性效应对 DWDM 传输系统性能的影响也越来越大。

克服非线性效应的主要方法是改进光纤的性能，如增加光纤的有效传光面积，以减小光功率密度；在工作波段保留一定量的色散，以减小四波混频效应；减小光纤的色散斜率，以扩大 DWDM 系统的工作波长范围，增加波长间隔；同时，还应尽量减小光纤的偏振模色散，以及在减小四波混频效应的基础上尽量减小光纤工作波段上的色散，以适应单信道速率的不断提高。

2．DWDM 系统中的光源

密集波分复用系统中的光源应满足以下 4 点要求：

① 波长范围很宽；

② 尽可能多的信道数；

③ 每信道波长的光谱宽度应尽可能窄；

④ 各信道波长及其间隔应高度稳定。因此，在波分复用系统中使用的激光光源，都是分布反馈激光器（DFB-LD），而且目前多为量子阱 DFB 激光器。

随着科学技术的发展与进步，用在波分复用系统中的光源除了分立的 DFB-LD、可调谐激光器、面发射激光器外，还有两种形式。其一是激光二极管的阵列，或是阵列的激光器与电子器件的集成，实际是光电集成回路（OEIC）。与分立的 DFB-LD 相比，这种激光器在技术上前进了一

大步，它体积缩小、功耗降低、可靠性高，应用上简单、方便。另一种新的光源是超连续光源，确切地说应该是限幅光谱超连续光源（Spectrum Sliced Supercontinuum Source）。研究表明，当具有很高峰值功率的短脉冲注入光纤时，由于非线性传播会在光纤中产生超连续（SC）宽光谱，它能限幅成为许多波长，并适合于作波分复用的光源，这就是所谓的限幅光谱超连续光源。

3．实现 DWDM 的关键技术和设备

实现光波分复用和传输的设备种类很多，各个功能模块都有多种实现方法，具体采用何种设备应根据现场条件和系统性能的侧重点来决定。总体上看，在 DWDM 系统当中有光发送/接收器、波分复用器、光放大器、光监控信道和光纤五个模块。

（1）光发送/接收器

光发送/接收器主要产生和接收光信号，主要要求具有较高的波长精度控制技术和较为精确的输出功率控制技术。两种技术都有两种实现方法。常用控制波长的方式包括：温度控制，使激光器工作在恒定的温度条件下来达到控制精度的要求；波长反馈技术，采用波长敏感器件监控和比较激光器的输出波长，并通过激光器控制电路对输出波长进行精确控制。

（2）波分复用器

波分复用器（OMD）包括合波器和分波器。

光合波器用于传输系统发送端，是一种具有多个输入端口和一个输出端口的器件，它的每一个输入端口输入一个预选波长的光信号，输入的不同波长的光波由同一个输出端口输出。

光分波器用于传输系统接收端，正好与光合波器相反，它具有一个输入端口和多个输出端口，它将多个不同波长的光信号分离开来。

光合波器一般有耦合器型、介质膜滤波器型和集成光波导型等种类。光分波器主要有介质膜滤波器型、集成光波导型、布拉格光栅型等种类。其中，集成光波导技术使用最为广泛，它利用光平面波导构成 $N \times M$ 个端口传输分配器件，可以接收多个支路输入并产生多个支路输出，利用不同通道的置换，可用作合波器，也可用作分波器。它具有集成化程度高的特点，但是对环境较为敏感。

（3）光放大器

光放大器可以作为前置放大器、线路放大器、功率放大器，是光纤通信中的关键部件之一。目前使用的光放大器分为光纤放大器（OFA）和半导体光放大器（SOA）两大类，光纤放大器又有掺铒光纤放大器（EDFA）、掺镨光纤放大器（PDFA）、掺铌光纤放大器（NDFA）。其中，掺铒光纤放大器的性能优越，已经在波分复用实验系统、商用系统中广泛应用，成为现阶段光放大器的主流。EDFA 的基本要求是高增益且在通带内增益平坦、高输出、宽频带、低噪声、增益特性与偏振不相关等。半导体光放大器早期受噪声、偏振相关性等因素的影响，性能不达到实用要求，后来在应变量子阱材料的 SOA 研制成功后，再度引起人们的关注。SOA 结构简单，适于批量生产，成本低、寿命长、功耗小，还能与其他配件一块集成，以及使用波长范围可望覆盖 EDFA 和 PDFA 的应用。

（4）光监控通道

根据 ITU-T G.692 建议要求，DWDM 系统要利用 EDFA 工作频带以外的一个波长对 EDFA 进行监控和管理。目前在这个技术上的差异主要体现在光监控通道（OSC）波长选择、监控信号速率、监控信号格式等方面。

4.4 微波通信系统

微波是指频率在 300MHz～300GHz 的电磁波，对应波长为 1m～1km，传播速度与光速相同。作为传输介质，微波有着其他通信方式无法比拟的优点。微波中继通信系统以及现有的微波宽带通信系统是已经商用的系统。从通信系统使用的信道传输频率来看，属于微波通信系统的有卫星通信系统、地面微波中继通信系统、本地多点分配接入系统（LMDS）等系统。图 4-23 所示为一微波中继站。

图 4-23　微波中继站

4.4.1 微波系统简介

微波的主要特性有以下几点。

① 微波能穿透高空电离层，这一特点为天文观测增加了一个"窗口"，使得射电天文学研究成为可能。同时，微波能穿透电离层这一特点又可被用来进行卫星通信和宇航通信。但另一方面，也正是由于微波不能为电离层所反射，所以利用微波的地面通信只限于天线的视距范围之内，远距离微波通信需用中继站接力。

② 微波的波长比一般宏观物体（如建筑物、船舰、飞机、导弹等）的尺寸短得多，因此当微波波束照射到这些物体上时将产生显著的反射。一般地说，电磁波的波长越短，其传播特性就越接近于光波。微波的波长短这一特点，对于雷达、导航和通信等应用都是很重要的。此外，一般微波电路的尺寸可以和波长相比拟。由于延时效应，电磁波的传播特性将明显地表现出来，使得电磁场的能量分布于整个微波电路之中，形成所谓的"分布参数"，这与低频时电场和磁场能量分别集中在各个元件中的所谓"集总参数"有原则上的区别。

③ 由于微波的频带较宽，信息容量较大，故需要传送较大信息量的通信都可以用其作为载波。利用微波中继接力可以传送电视信号和进行通信。

目前利用微波的通信系统主要有微波中继通信、微波宽带系统、卫星系统。卫星系统在下一节介绍，本节主要讲微波中继通信、微波宽带系统。

微波中继通信是利用微波作为载波并采用中继（接力）方式在地面上进行的无线电通信。A、B 两地间的远距离地面微波中继通信系统的如图 4-24 所示。

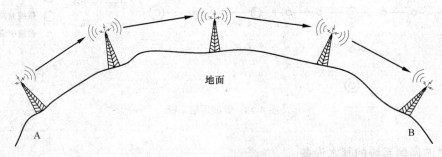

图 4-24　中继示意图

对于地面上的远距离微波通信，采用中继方式的直接原因有两个。首先是因为微波波长短，接近于光波，使直线传播具有视距传播特性，而地球表面是个曲面，因此，若在通信两地直接通信，当通信距离超过一定数值时，电磁波传播将受到地面的阻挡，为了延长通信距离，需要在通信两地之间设立若干中继站，进行电磁波转接。

其次是因为微波传播有损耗，随着通信距离的增加信号衰减，有必要采用中继方式对信号逐段接收、放大后发送给下一段，延长通信距离。微波中继通信主要用来传送长途电话信号、宽频带信号（如电视信号）、数据信号、移动通信系统基地站与移动业务交换中心之间的信号等，还可用于山区、湖泊、岛屿等特殊地形的通信。

LMDS 是一种微波宽带系统，它工作在微波频率的高端（10～40GHz），使用的带宽可以达到 1GHz 以上。LMDS 可以在较近的距离（3～10km）传输，可以实现用户远端到骨干网的宽带无线接入，能够实现从 64kbit/s～2Mbit/s，甚至高达 155Mbit/s 的用户接入速率。LMDS 可以实现点到多点双向传输语音、视频和图像信号等多种宽带交互式数据及多媒体业务，也可作为 Internet 的接入网，支持 ATM、TCP/IP 和 MPEG-2 等标准。LMDS 组网灵活，可靠性高，在网络投资、建设速度、业务提供上比光纤经济、快速、方便，能为运营商提供有效的网络服务，因此具有"无线光纤"的美称。特别是，随着 Internet 的快速发展，国内居民对于家中高速上网的需求也日益巨大，这使得 LMDS 发展日益蓬勃。出于大带宽、高容量的考虑，其使用的传输频率大体为 24～38GHz。如 NEC 公司的 PASOLINK 系列的微波通信产品，工作频率覆盖 7～38GHz，在 26GHz 的工作频率上，采用 QPSK 调制方式，发射功率为 20dBm；P-COM 公司的 Tel-LinkPMP 系列的微波通信产品，工作频率覆盖 10～38GHz，在 26GHz 的工作频率上，采用 QPSK 调制方式时发射功率为 22dBm，采用 16QAM 时发射功率为 20dBm，采用 64QMA 时发射功率为 18dBm。

4.4.2　数字微波通信系统的组成

数字微波通信系统的组成可以是一条主干线，中间有若干支线，其主干线可以长达几百千米甚至几千千米，除了在线路末端设置微波终端站外，还在线路中间每隔一定距离设置若干微波中继站和微波分路站，如图 4-25 所示。

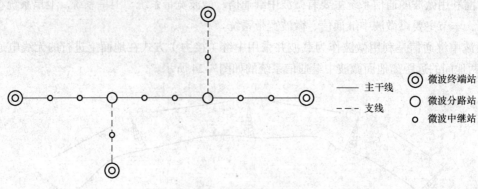

图 4-25　微波通信系统

1. 微波通信系统的基本设备

广义地说，数字微波通信系统设备（如图 4-26 所示）由用户终端、交换机、终端复用设备、微波站等组成。狭义地说，数字微波通信系统设备仅仅指微波站设备。

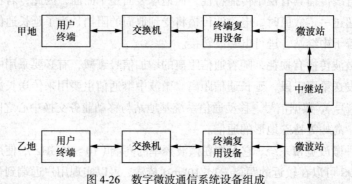

图 4-26　数字微波通信系统设备组成

用户终端是逻辑上最靠近用户的输入/输出设备，如电话机、传真机等。用户终端主要通过交换机集中在微波终端站或微波分路站。交换机的作用是实现本地用户终端之间的业务互通，如实现本地语音，又可通过微波中继通信线路实现本地用户终端与远地（对端交换机所辖范围）用户终端之间的业务互通。交换机配置在微波终端站或微波分路站。终端复用设备的基本功能是将交换机送来的多路信号或群路信号适当变换，送到微波终端站或微波分路站的发信机；或者相反，将微波终端站或微波分路站的收信机送来的多路信号或群路信号适当变换后送到交换机。在民用数字微波通信中，数字微波通信系统的终端复用设备是脉冲编码调制（PCM）时分复用设备。

微波站的基本功能是传输来自终端复用设备的群路信号。微波站分为终端站、分路站、枢纽站和中继站。处于主干线两端或支线路终点的微波站称为终端站，在此站可上、下全部支路信号。处于微波线路中间，除了可以在本站上、下某收、发信波道的部分支路信号外，还可以沟通卜线上两个方向之间通信的微波站称为分路站。配有交叉连接设备，除了可以在本站上、下某收、发信波道的部分支路信号外，可以沟通干线上数个方向之间通信的微波站称为枢纽站。处于微波线路中间，不需要上、下话路的微波站称为中继站，只对信号进行解调、判决、再生至下一方向发信机。

2．微波通信系统的简单工作过程

用图 4-26 来说明微波通信系统传输长途电话的简单工作过程。甲地发端用户的电话信号，首先由用户所属的市话局送到该端的微波站（或长途电信局）。时分多路复用设备将多个用户电话信号组成基带信号，基带数字信号在调制—解调设备中对 70MHz 的中频信号进行调制。调制器输出的 70MHz 中频已调波送到微波发信机，经发信混频得到微波射频已调波，这时已将发端用户的数字电话信号载到微波频率上。经发端的天线馈线系统，可将微波射频已调波发射出去，若甲、乙两地相距较远，需经若干个中继站对发端信号进行多次转发。信号到达收端后，经收端的天线馈线系统馈送到收信机，经过收信混频后，将微波射频已调波变成 70MHz 中频已调波，再送到调制—解调设备进行解调，即可解调出多个用户的数字电话信号（即基带信号）。再经收端的时分多路复用设备进行分路，将用户电话信号送到市话局，最后到收端的用户终端（电话机），送给乙地用户。

3．微波站设备

数字微波站的主要设备包括微波发信设备、微波收信设备、微波天线设备、电源设备、监测控制设备等。这里介绍数字微波收发信设备的组成、主要性能指标和中继设备及中继站的转接方式。

（1）发信设备

在中频调制方式发信设备中，数字微波发信机将中频调制器送来的中频（70MHz）数字调相信号经延时均衡和中频放大后送到发信混频器，与发信本振混频，经过边带滤波器取出所需微波信号，经微波功率放大器放大到所需功率，再通过分路滤波器送至天线发射。为保证末级功率放大器不超出自线工作范围，以免产生过大的非线性失真，需采用自动电平控制电路把输出功率维持在合适的电平上。在发信设备中，信号的调制方式可分为中频调制和微波直接调制。目前的微波中继系统中大多数采用中频调制方式，勤务信号经常采用微波调制方式。发信设备的组成如图 4-27 所示。

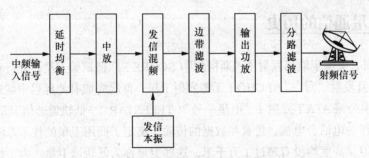

图 4-27　发信设备组成方框图

（2）收信设备

微波收信设备包括射频系统、中频系统和群频系统（数字解调器等）三部分。收信机将分路滤波器选出的射频信号进入具有自动益控制（AGC）的低噪声微波放大器放大后，送到收信混频器，混频器将射频信号变成中频信号，经前置中放、中频滤波、延时均衡和主中放得到中频调相信号，再送往解调器。延时均衡器将发信机、收信机、馈线和分路系统产生的群延时失真进行均衡。主中放有自动增益控制（AGC）电路，自动增益控制电路是微波中继收信机不可缺少的一部分，如果没有这部分电路，当发生传输衰落时，解调器就无法工作。以正常传输电平为基准，低于这个电平的传输状态称为下衰落，高于这个电平的传输状态称为上衰落。假定数字微波通信的上衰落为 5dB，下衰落为-40dB，其动态范围为 45dB。当收信电平变化时，若仍要求收信机的额定输出电平不变，就应在收信机的中频放大器内设有自动益控制（AGC）电路，使之当收信电平下降时，中放增益随之增大；收信电平增大时，中放增益随之减小。收信设备的组成如图 4-28 所示。

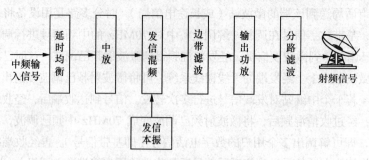

图 4-28　收信设备组成方框图

（3）中继设备

目前我国投入使用的中、小容量数字微波中继设备以三次群设备（34Mbit/s，480 路）为主，大容量设备以四次群设备（140Mbit/s，1920 路）为主。

微波中继通信系统中间站的转接方式一般是按照收发信机转接信号时的接口频带划分的，分为三种方式：基带转接方式、中频转接方式和微波转接方式。

4.5　卫星通信系统

科技的发展日新月异，人类从地面到天空，从天空到太空，通信科技也从有线到无线，更进入了太空，科技的进步给生活带来了莫大的帮助，卫星通信给通信方式提供了更多的选择。

4.5.1　卫星通信的历史

1958 年 12 月，美国宇航局发射了"斯柯尔"（SCORE）广播试验卫星，进行磁带录音信号的传输。1960 年 8 月发射"回声"（ECHO）无源发射卫星，首次完成有源延迟中继通信。1962 年 7 月，美国电话电报公司 AT&T 发射了"电星一号"（TELESTAR-1）低轨道通信卫星在 6GHz/4GHz 实现了横跨大西洋的电话、电视、传真和数据的传输，奠定了商用卫星的技术基础。那时，由于火箭推力有限，卫星高度均没有超过 1 万千米，这些卫星称为低轨道卫星。为了接收来自卫星地信号，地球站的天线要不停地跟踪卫星，而当卫星转到地球的另一侧的时候，地球站只有暂停工作，等再一次转到这一侧的时候继续跟踪，所以地球站与卫星间的通信只能进行几个小时。

1963 年 7 月，美国宇航局发射"辛康二号"（SYNCOM-II），其轨道高度升高后，可使卫星在赤道上空绕地球一周的时间与地球自转一周的时间相等，这种卫星和地球站是相对的，故称为静止卫星。至此，经历了二十年的时间，完成了通信卫星的试验，并且卫星通信的实用价值得到广泛的承认。

我国于 1970 年 4 月 24 日发射的第一颗人造地球卫星，主要用途为广播"东方红"乐曲，如图 4-29 所示。1984 年 4 月 8 日，中国第一颗地球静止轨道试验通信卫星发射成功。4 月 16 日，卫星成功地定点于东经 125°赤道上空。这次发射成功，标志着中国掌握了地球静止轨道卫星发射、测控和准确定点等技术。

图 4-29 东方红一号卫星

4.5.2 卫星通信的概念和特点

卫星通信系统实际上也是一种微波通信，它以卫星作为中继站转发微波信号，在多个地面站之间通信，卫星通信的主要目的是实现对地面的"无缝隙"覆盖，由于卫星工作在几百、几千、甚至上万千米的轨道上，因此覆盖范围远大于一般的移动通信系统。但卫星通信要求地面设备具有较大的发射功率，因此不易普及使用。

在微波频带，整个通信卫星的工作频带约有 500MHz 宽度，为了便于放大和发射及减少变调干扰，一般在卫星上设置若干个转发器，每个转发器被分配一定的工作频带。目前的卫星通信多采用频分多址技术，不同的地球站占用不同的频率，即采用不同的载波。这比较适用于点到点大容量的通信。近年来，时分多址技术也在卫星通信中得到了较多的应用，即多个地球站占用同一频带，但占用不同的时隙。与频分多址方式相比，时分多址技术不会产生互调干扰，不需用上下变频把各地球站信号分开，适合数字通信，可根据业务量的变化按需分配传输带宽，使实际容量大幅度增加。另一种多址技术是码分多址（CDMA），即不同的地球站占用同一频率和同一时间，但利用不同的随机码对信息进行编码来区分不同的地址。CDMA 采用了扩展频谱通信技术，具有抗干扰能力强、有较好的保密通信能力、可灵活调度传输资源等优点。它比较适合于容量小、分布广、有一定保密要求的系统使用。

通信地球站是微波无线电收、发信站，用户通过它接入卫星线路，进行通信。卫星通信系统跟有线通信有很大的差异，它的特点如下。

① 下行广播，覆盖范围广：对地面的情况（如高山海洋）等不敏感，适用于在业务量比较稀少的地区提供大范围的覆盖，在覆盖区内的任意点均可以进行通信，而且成本与距离无关。

② 工作频带宽：可用频段从 150MHz～30GHz，目前已经开始开发 O、V 波段（40～50GHz），ka 波段甚至可以支持 l55Mbit/s 的数据业务。

③ 通信质量好：卫星通信中电磁波主要在大气层以外传播，电波传播非常稳定。虽然在大气层内的传播会受到天气的影响，但仍然是一种可靠性很高的通信系统。

④ 网络建设速度快、成本低：除建地面站外，无需地面施工，运行维护费用低。

⑤ 信号传输时延大：高轨道卫星的双向传输时延达到秒级，用于语音业务时会有非常明显的中断。

⑥ 控制复杂：由于卫星通信系统中所有链路均是无线链路，而且卫星的位置还可能处于不断变化中，因此控制系统也较为复杂。控制方式有星间协商和地面集中控制两种。

4.5.3 卫星通信系统

1．系统组成

卫星通信系统包括通信和保障通信的全部设备。一般由空间分系统、通信地球站、跟踪遥测及指令分系统和监控管理分系统等四部分组成，如图 4-30 所示。

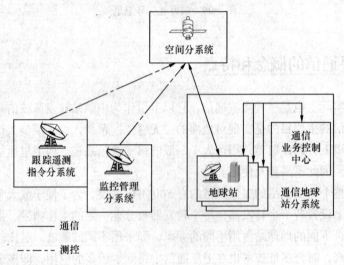

图 4-30 卫星通信系统

（1）跟踪遥测及指令分系统

跟踪遥测及指令分系统负责对卫星进行跟踪测量，控制其准确进入静止轨道上的指定位置。待卫星正常运行后，要定期对卫星进行轨道位置修正和姿态保持。

（2）监控管理分系统

监控管理分系统负责对定点的卫星在业务开通前、后进行通信性能的检测和控制，例如卫星转发器功率、卫星天线增益以及各地球站发射的功率、射频频率和带宽等基本通信参数进行监控，以保证正常通信。

（3）空间分系统（通信卫星）

通信卫星主要包括通信系统、遥测指令装置、控制系统和电源装置（包括太阳能电池和蓄电池）等几个部分。通信系统是通信卫星上的主体，在空中起中继站的作用，即把地面站发上来的电磁波放大后再返送回另一地面站。卫星星体又包括两大子系统：星载设备和卫星母体。

（4）通信地球站

地球站是卫星系统与地面公众网的接口，地面用户也可以通过地面站出入卫星系统形成链路，地面站还包括地面卫星控制中心。

2．通信过程

卫星通信系统是由空间部分（通信卫星和地面部分）和通信地面站两大部分构成的。在这一系统中，通信卫星实际上就是一个悬挂在空中的通信中继站。它居高临下，视野开阔，只要在它的覆盖照射区以内，不论距离远近都可以通信，通过它转发和反射电报、电视、广播和数据等无线信号。

通信卫星工作的基本原理如图 4-31 所示。从地面站1 发出无线电信号，这个微弱的信号被卫星通信天线接收后，首先在通信转发器中进行放大、变频和功率放大，最后再由卫星的通信天线把放大后的无线电波重新发向地面站 2，从而实现两个地面站或多个地面站的远距离通信。举一个简单的例子：如北京市某用户要通过卫星与大洋彼岸的另一用户打通电话，先要通过长途通信局，由它把用户线路与卫星通信系统中的北京地面站连通，地面站把电话信号发射到卫星，卫星接到这个信号后通过功率放大器，将信号放大再转发到大洋彼岸的地面站，地面站把电话信号取出来，送到受话人所在的城市长途电话局转接用户。

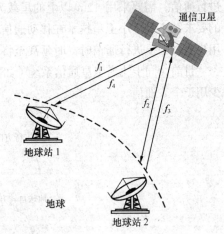

图 4-31　卫星通信过程

3．卫星通信系统的分类

按照工作轨道区分，卫星通信系统一般分为以下 3 类。

① 低轨道卫星通信系统（LEO）。距地面 500～2000km，传输时延和功耗都比较小，但每颗星的覆盖范围也比较小，典型系统有 Motorola 的铱星系统。低轨道卫星通信系统由于卫星轨道低、信号传播时延短，所以可支持多跳通信；其链路损耗小，可以降低对卫星和用户终端的要求，可以采用微型/小型卫星和手持用户终端。但是低轨道卫星系统也为这些优势付出了较大的代价：由于轨道低，每颗卫星所能覆盖的范围比较小，要构成全球系统需要数十颗卫星，如铱星系统有 66颗卫星、Globalstar 有 48 颗卫星、Teledisc 有 288 颗卫星。同时，由于低轨道卫星的运动速度快，对于单一用户来说，卫星从地平线升起到再次落到地平线以下的时间较短，所以卫星间或载波间切换频繁。因此，低轨系统的系统构成和控制复杂，技术风险大，建设成本也相对较高。

② 中轨道卫星通信系统（MEO）。距地面 2000～20000km，传输时延要大于低轨道卫星，但覆盖范围也更大，典型系统是国际海事卫星系统。中轨道卫星通信系统可以说是同步卫星系统和低轨道卫星系统的折中，中轨道卫星系统兼有这两种方案的优点，同时又在一定程度上克服了这两种方案的不足之处。中轨道卫星的链路损耗和传播时延都比较小，仍然可采用简单的小型卫星。由于其轨道比低轨道卫星系统高许多，每颗卫星所能覆盖的范围比低轨道系统大得多，当轨道高度为 l0000km 时，每颗卫星可以覆盖地球表面的 23.5%，因而只要几颗卫星就可以覆盖全球。若有十几颗卫星就可以提供对全球大部分地区的双重覆盖，这样可以利用分集接收来提高系统的可靠性，同时系统投资要低于低轨道系统。因此，从一定意义上说，中轨道系统可能是建立全球或区域性卫星移动通信系统较为优越的方案。

③ 高轨道卫星通信系统（GEO）：距地面 35800km，即同步静止轨道。理论上，用三颗高轨道卫星即可以实现全球覆盖，如图 4-32 所示。传统的同步轨道卫星通信系统的技术最为成熟，自

从同步卫星被用于通信业务以来，用同步卫星来建立全球卫星通信系统已经成为了建立卫星通信系统的传统模式。但是，同步卫星有一个不可克服的障碍，就是较长的传播时延和较大的链路损耗，严重影响到它在某些通信领域的应用，特别是在卫星移动通信方面的应用。首先，同步卫星轨道高，链路损耗大，对用户终端接收机性能要求较高。这种系统难于支持手持机直接通过卫星进行通信，需要采用 12m 以上的星载天线（L 波段），这就对卫星星载通信有效载荷提出了较高的要求，不利于小卫星技术在移动通信中的使用。其次，由于链路距离长，传播延时大，当移动用户通过卫星进行通信时，时延甚至将达到秒级，用户难以忍受。

目前，同步轨道卫星通信系统（如图 4-32 所示）主要用于 VSAT 系统、电视信号转发等，较少用于个人通信。

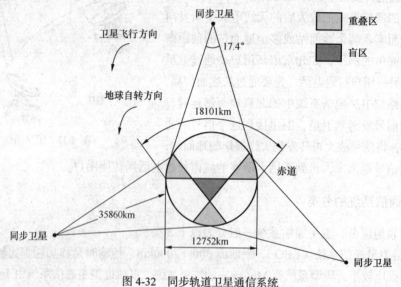

图 4-32　同步轨道卫星通信系统

卫星除了按照离地距离进行划分外，还有其他划分方法，比如：按照通信范围区分，卫星通信系统可以分为国际通信卫星、区域性通信卫星、国内通信卫星；按照用途区分，卫星通信系统可以分为综合业务通信卫星、军事通信卫星、海事通信卫星、电视直播卫星等；按照转发能力区分，卫星通信系统可以分为无星上处理能力卫星、有星上处理能力卫星等。

4. 铱星系统

凡是通过移动的卫星和固定的终端、固定的卫星和移动的终端或二者均移动的通信，均称为卫星移动通信系统。从 20 世纪 80 年代开始，西方很多公司开始意识到未来覆盖全球、面向个人的无缝隙通信，即所谓的个人通信全球化，实现了 5 个"任何"（5W），即任何人（Whoever）在任何地点（Wherever）、任何时间（Whenever）与任何人（Whomever）采取任何方式（Whatever）进行通信，相继发展以中、低轨道的卫星星座系统为空中转接平台的卫星移动通信系统，开展卫星移动电话、卫星直播、卫星数字音频广播、互联网接入以及高速、宽带多媒体接入等业务。至20 世纪 90 年代，已建成并投入应用的主要有：铱星（Iridium）系统、Globalstar 系统、ORBCONN系统、信使系统（俄罗斯）等，下面介绍下铱星（Iridium）系统。

铱星移动通信系统是美国于 1987 年提出的第一代卫星移动通信星座系统，其每颗卫星的质量为 670kg 左右，功率为 1200w，采取三轴稳定结构，每颗卫星的信道为 3480 个，服务寿命为 58

年。铱星移动通信系统最大的技术特点是通过卫星与卫星之间的接力来实现全球通信，相当于把地面蜂窝移动电话系统搬到了天上。

为了保证通信信号的覆盖范围，获得清晰的通话信号，初期设计认为全球性卫星移动通信系统必须在天空上设置 7 条卫星运行轨道，每条轨道上均匀分布 11 颗卫星，组成一个完整的卫星移动通信的星座系统。由于它们就像化学元素铱（Ir）原子核外的 77 个电子围绕其运转一样，所以该全球性卫星移动通信系统被称为铱星。后来经过计算证实，设置 6 条卫星运行轨道就能够满足技术性能要求，因此，全球性卫星移动通信系统的卫星总数被减少到 66 颗，但仍习惯称为铱星移动通信系统。

铱星主要具有两方面的优势：一是轨道低，传输速度快，信息损耗小，通信质量大大提高；二是不需要专门的地面接收站，每部卫星移动手持电话都可以与卫星连接，这就使地球上人迹罕至的不毛之地、通信落后的边远地区、自然灾害现场的通信都变得畅通无阻。

所以说，铱星移动通信系统计划开始了个人卫星通信的新时代。铱星移动通信系统为用户提供的主要业务是：移动电话（手机）、寻呼和数据传输。从技术角度看，铱星移动通信系统已突破了星间链路等关键技术问题，系统基本结构与规程已初步建成，系统研究发展的各个方面都取得了重要进展，在此期间有全世界几十家公司都参与了铱星计划的实施，应该说铱星计划初期的确立、运筹和实施是非常成功的。

从高科技而言，铱星计划的确是一个美丽的故事。铱星系统的复杂、先进之处在于采用了星上处理和星间链路技术，相当于把地面蜂窝网倒置在空中，使地面实现无缝隙通信；另外一个先进之处是铱星系统解决了卫星网与地面蜂窝网之间的跨协议漫游。铱星系统由空间段和地面段组成：空间段即星座，地面段包括系统控制中心、关口站和用户终端。铱星系统开创了全球个人通信的新时代，被认为是现代通信的一个里程碑，使人类在地球上任何"能见到的地方"都可以相互连络。其最大特点就是通信终端手持化、个人通信全球化，实现了 5 个 W。

然而，如此高的"科技含量"却好景不长，价格不菲的"铱星"通信在市场上遭受到了冷遇，用户最多时才 5.5 万，而据估算它必须发展到 50 万用户才能盈利。由于巨大的研发费用和系统建设费用，铱星背上了沉重的债务负担，整个铱星系统耗资达 50 多亿美元，每年光系统的维护费就要几亿美元。2000 年 3 月 18 日，铱星背负 40 多亿美元债务正式破产。

铱星破产重组后，通过技术改造，严格控制成本，扩展数据业务，几年后起死回生。2008 年8 月的统计数据显示，新铱星客户达到了 28.5 万户，2008 年第二季度收入为 8170 万美元，铱星系统这个曾被人们看做已经"陨落"了的科技神话，正低调而稳健地迈向成功。

本章小结

1. 传输是电信系统的重要部分，最近二十年传输速率得到了极大提升，目前已经达到 TB 级别。传输的主流介质是光纤，光纤具有高带宽、低损耗、抗干扰能力强、材料（硅）成本低廉等特点，是传输的理想介质。

2. SDH 技术是传输系统的一个巨大成就，它是一个全球统一的标准。SDH 以同步传送模块（STM-1，155Mbit/s）为基本概念，其模块由信息净负荷（Payload）、段开销（SOH）、管理单元指针（AU）构成，其突出特点是利用虚容器方式兼容各种 PDH 体系。SDH 传输网具有智能化的路由配置能力、上下电路方便、维护监控管理能力强、光接口标准统一等优点。

3. WDM 是一项用来在现有的光纤骨干网上提高带宽的激光技术。确切地说，该技术是在一根指定的光纤中，多路复用单个光纤载波的紧密光谱间距，以便利用可以达到的传输性能（如达到最小程度的色散或者衰减），这样，在给定的信息传输容量下，就可以减少所需要的光纤的总数量。WDM 技术使传输能力相比 SDH 又有了巨大提升。

4. 微波通信、卫星通信是传输系统在不同环境、情况下的有效补充，给传输提供了更多的选择。

课后习题

1. 简述光纤的分类。
2. 光纤通信系统有哪些组成部分？
3. 简述 SDH 的帧结构。
4. 简述 SDH 的网元类型。
5. 微波有哪些主要特性？
6. 按照工作轨道分，卫星通信系统可以分为几类？每类举一个实际使用的例子。

通信缩略语英汉对照表（四）

英 文 缩 写	英 文 全 写	中 文 解 释
SDH	Synchronous Digital Hierarchy	同步数字系列
PDH	Plesiochronous Digital Hierarchy	准同步数字系列
SOH	Section Overhead	段开销
TM	Termination Multiplexer	终端复用器
ADM	Add-Drop Multiplexer	分插复用器
REG	Regenerator	再生中继器
DXC	Digital Cross Connect	数字交叉连接设备
CWDM	Coarse wavelength-Division Multiplexing	稀疏波分复用
DWDM	Dense Wavelength-Division Multiplexing	密集波分复用
EDFA	Erbium-doped Optical Fiber Amplifier	掺铒光纤放大器
AGC	Automatic Gain Control	自动益控制

第5章

支撑网

支撑网（Supporting Network）即现代电信网运行的支撑系统。一个完整的电信网除了传递电信业务为主的业务网之外，还需有若干个用来保障业务网正常运行、增强网路功能、提高网路服务质量的支撑网路。支撑网中传递相应的监测和控制信号。支撑网包括信令网、同步网和电信管理网等。

5.1 信令网

通信设备之间任何应用信息的传送总是伴随着一些控制信息的传递，它们按照既定的通信协议工作，将应用信息安全、可靠、高效地传送到目的地。这些信息在计算机网络中叫做协议控制信息，而在电信网中叫做信令（Signal）。英文资料还经常使用"Signalling"（信令过程）一词，但大部分中文技术资料只使用"信令"一词，即"信令"既包括"Signal"又包括"Signalling"两重含义。

5.1.1 信令概述

1. 信令的历史

人类自1878年第一次使用电话交换机向公众提供电话业务以来就使用了信令。随着电话交换机从人工交换、机电交换到电子交换的发展，所使用的信令也由一号信令发展到了当今广泛使用的七号信令。一号信令靠人工电话交换机的话务员用振铃发送信令；二号信令采用拨号脉冲发送信令，但未付诸使用。三号信令为单音频的带内信令；四号信令为双音频的带内信令；五号信令利用六个语音频率中的两个频率的组合传送各种信令，即带内双音多频信令（Dual Tone Multi-Frepuency，DTMF）。为了适用数字程控交换机的发展，国际电报电话咨询委员会（CCITT）于1968年提出了六号信令，六号信令为

共路信令，报文长度固定，为 28 比特。考虑到数字通信向 ISDN（综合业务数字网）的发展趋势，CCITT 于 1980 年提出了通用性很强的七号信令系统，此后，七号信令系统经过多次扩展修改，已形成一个完整的信令体系。七号信令系统以网络消息方式在信令点之间传送信令，它和国际标准化组织 ISO 的开放系统互连模型 OSI 对应的关系。

2. 信令的分类

（1）按工作区域划分

信令按工作区域可分为用户线信令和局间信令。用户线信令是在用户终端与交换机之间的用户线上传送的信令，对于常见的模拟用户线，用户线信令包括：用户状态信令、选择信令和各种可闻音信令。用户线状态信令是指用户摘机、应答、拆线等信号；选择信令又称地址信令，是指主叫用户发出的被叫用户号码；各种可闻音信令是由交换机发送给用户的，包括振铃信号、回铃音、拨号音和催挂音等。局间信令是在交换机与交换机之间的中继线上传送的信令。

（2）按使用信道划分

信令按信道可分为随路信令和公共信道信令。随路信令方式就是指在所接续的话路中传递各种所需的功能信号的信令方式。具体地说，随路信令方式就是在所接续的话路中传递两局间所需的占线、应答、拆线等监视信令及控制接续的选择信令和证实信令等。早期的信令、我国自行制定的中国 1 号信令就是随路信令。它把话路所需要的各种控制信号（如占线、应答、拆线、拨号等）由该话路本身或与之有固定联系的一条信令通路来传递，即用同一通路传送语音信息和与其相应的信令。公共信道信令是指在电话网中各交换局的处理机之间用一条专门的数据通路来传送信令信息的一种信令方式。七号信令系统就是公共信道信令。

（3）按信令功能划分

信令按功能可分为管理信令、线路信令和路由信令。管理信令用于信令网的管理；线路信令是用于表示线路状态的信号；路由信令是指被叫用户地址信号。

5.1.2 七号信令

七号信令又称为 No.7 信令。1973 年 ITU-T 开始了对 No.7 信令的研究，并于 1980 年第一次正式提出 No.7 信令技术规程（1980 年黄皮书）。该规程包括了 No.7 信令系统的总体结构及消息传递部分（Message Transfer Part，MTP）、电话用户部分（Telephone User Part，TUP）和数据用户部分（Data User Part，DUP）的相关建议。1984 年通过的红皮书建议，对黄皮书建议进行了完善和补充，并提出了信令连接控制部分（Signaling Connection Control Part，SCCP）、ISDN 用户部分（ISDN User Part，ISUP）的相关建议。

1988 年形成的蓝皮书及后来的白皮书，对红皮书建议进行了完善和补充，基本完成了电话用户部分的研究，并提出了事务处理能力应用部分（Transaction Capability Application Part，TCAP）和 No.7 信令系统测试规范。至 1994 年用于窄带（64kbit/s）电话网、数据网、ISDN 的建议和支持智能网，移动应用部分（Mobile Application Part，MAP）的标准已经稳定，这些标准在国际和国内电信网上得到了广泛的应用，因此从整体上说，No.7 信令标准基本完善了。

1．No.7 信令系统结构

No.7 信令系统基本功能结构如图 5-1 所示。No.7 信令系统从功能上可以分为公用的消息传递部分（Message Transfer Part，MTP）和适合不同用户的独立的用户部分（User Part，UP）。消息传递部分的功能是作为一个公共传递系统，在相对应的两个用户部分之间可靠地传递信令消息，只负责传递，并不处理。用户部分则是使用消息传递部分传送能力的功能实体。

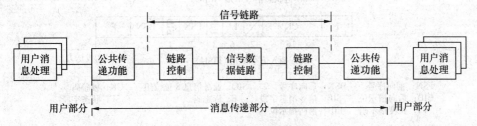

图 5-1　No.7 信令系统结构

消息传递部分分成三个功能级：第一级为信号数据链路功能级，该功能级规定了信令数据链路的物理、电气和功能特性，确定与数据链路连接的方法。

第二级为信号链路功能级，该功能级规定了在一条信令链路上，消息传递和与传递有关的功能和程序。第二级和第一级的信令数据链路一起，为在两点间进行信令消息的可靠传递提供信令链路。

第三级为信号处理和信令网路管理功能级，该功能级原则上定义了传送消息所使用的消息识别、分配、路由选择及在正常或异常情况下信令网管理调度的功能和程序。

用户部分为第四级，即用户部分功能级，该功能级规定了各用户部分使用的消息格式、编码及控制功能和程序。目前 CCITT 建议使用的用户部分主要有：电话用户部分（Telephone User Part，TUP）、数据用户部分（Data Telephone User Part，DUP）、综合业务数字网用户部分（ISDN User Part，ISUP）、信令连接控制部分（Signling connection Control Part，SCCP）、移动通信用户部分（Mobile Application Part，MAP）、事务处理能力应用部分（Tansactionc Cability Application Part，TCAP）、操作维护应用部分（OMAP）及信令网维护管理部分。

2．No.7 信令的基本消息单元

在 No.7 信令系统中，消息是以信令单元的方式传递的。信令单元的来源不同，其格式也不同。No.7 信令系统有三种信令单元，即消息信令单元（Message Signal Unit，MSU）、链路状态信令单元（Link Status Signal Unit，LSSU）、插入信令单元（Full in Signal Unit，FISU），三种信令单元基本格式如图 5-2 所示。上述信令单元格式中各字段的含义如下。

① 标志码（F）。其码型为 01111110，是信令单元的定界标志，它标志信令单元的开始和结束，位于两个 F 之间的就是一个完整的信令消息。

② BSN，BIB，FSN，FIB。信令单元序号和重发指示位，用于 MTP 第二级的差错控制。

③ 长度指示码（LI）。根据 LI 的取值可以区分三种不同的信令单元，即 LI = 0 为 FISU，LI= 1 或 2 为 LSSU，LI>2 为 MSU。

④ 校验码（CK）。每个信令单元有 16bit 的校验码，用于检测传输过程中出现的差错。

⑤ 状态字段（SF）。该字段仅用于 LSSU，用于指示信令链路的状态。

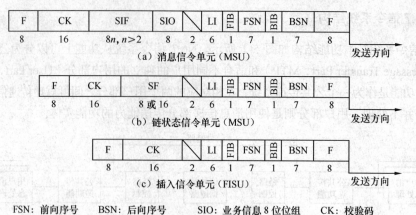

FSN：前向序号　　　BSN：后向序号　　　SIO：业务信息 8 位位组　　CK：校验码
BIB：后向指示位　　SIF：信令消息字段　　F：标志码　　　　　　　SF：状态字段
LI：长度指示码　　　FIB：前向指示位

图 5-2　No.7 信令的基本消息单元格式

⑥ 业务信息 8 位位组（SIO）。只用于 MSU，用于指示消息的业务类别以及信令网类别。

⑦ 信令消息字段（SIF）。只出现在 MSU 中，指实际要发送的消息本身，该字段为整数个字节。

由用户产生的长度可变的消息信令单元（MSU），用于传递用户部分所产生的消息；根据链路状况提供的链路状态信令单元（LSSU），用于提供链路状况信息（如正常或各种故障等）及完成链路的恢复和接通等；插入信令单元（FISU）的作用是，当没有消息信令单元或链路状况信令单元传送时，就用"插入信令单元"来填补，在信令链路上发送出去。

3. No.7 信令网

No.7 信令网是现代通信网的支撑网，是通信网向综合化、智能化方向发展的基础。No.7 信令网是指一个专门用于传送 No.7 信令消息的数据网，是具有多种功能的业务支撑网。它由信令点（Signaling Point，SP）、信令转接点（Signaling Tansfer Point，STP）以及连接它们的信令链路组成。通信网中提供 No.7 信令功能的节点称为信令点（SP）。信令点是 No.7 信令消息的起源点和目的地点。如果信令点不是 No.7 信令消息的起源点和目的地点，只完成 No.7 信令消息转发功能的节点称为信令转接点。STP 是在信令网中将 No.7 信令消息从一个信令点转接到另一个信令点的信令转接设备，分成独立型和综合型，综合型既完成 SP 功能，也完成 STP 功能。信令链路是指连接各个信令点，传送 No.7 信令消息的物理链路，由信令数据链路和信令终端组成。

HSTP：对应主信号区，每个主信号区设置一对，负荷分担方式工作，采用独立型 STP。HSTP 采用 A、B 平面网，平面内网状连接，两平面间成对相连。所谓主信号区是指电话网的一、二级（长途）交换中心。

LSTP：对应分信号区，每个分信号区设置一对，负荷分担方式工作，采用独立型 STP 或综合型 STP。LSTP 连至 A、B 平面内成对的 HSTP，所谓分信号区是指电话网的三级（本地）交换中心。

SP：信令消息的起源点或目的地点，SP 至少和两个 STP 连接。

（1）中国信令网

我国地域广阔、交换局多，根据我国网络的实际情况，确定信令网采用三级结构。第一级是信令网的最高级，称高级信令转接点 HSTP；第二级是低级信令转接点 LSTP；第三级为信令点。

No.7 信令网结构如图 5-3 所示。

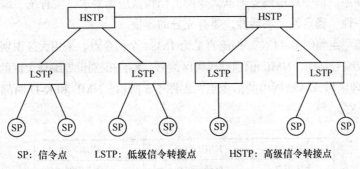

SP: 信令点　　　LSTP: 低级信令转接点　　　HSTP: 高级信令转接点

图 5-3　No.7 信令网结构

第一级 HSTP 设在各省、自治区及直辖市，成对设置，负责转接它所汇接的第二级 LSTP 和第三级 SP 的信令消息。第二级 LSTP 设在地级市，成对设置，负责转接它所汇接的第三级 SP 的信令消息。第三级 SP 是信令网传送各种信令消息的源点或目的地点，各级交换局、运营维护中心、网管中心和单独设置的数据库均分配一个信令点编码。

第一级 HSTP 间采用 AB 平面连接方式。它是网状连接方式的简化形式，如图 5-4 所示。A 和 B 平面内部各个 HSTP 网状相连，A 和 B 平面间成对的 HSTP 相连。在正常情况下，同一平面内的 STP 间连接不经过 STP 转接，只是在故障的情况下需要经由不同平面间的 STP 连接时，才经过 STP 转接。

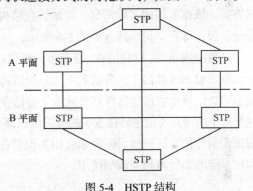

图 5-4　HSTP 结构

第二级 LSTP 至 LSTP 和未采用二级信令网的中心城市本地网中的第三级 SP 至 LSTP 间的连接方式采用分区固定连接方式。大、中城市两级本地信令网的 SP 至 LSTP 可采用按信令业务量大小连接的自由连接方式，也可采用分区固定连接方式。

分区固定连接方式是指本信令区内的信令点必须连接至本信令区的两个信令转接点，采用准直联工作方式。在工作中，本信令区内一个信令转接点故障时，它的信令业务负荷全部倒换至本信令区内的另一个信令转接点。如果出现两个信令转接点同时故障，则会全部中断该信令区的业务。

自由连接方式是随机地按信令业务量大小自由连接的方式。其特点是本信令区内的信令点可以根据它至各个信令点的业务量的大小自由连至两个信令转接点（本信令区的或另外信令区的）。按照这种连接方式，两个信令区间的信令点可以只经过一个信令转接点转接。另外，当信令区内的一个信令转接点故障时，它的信令业务负荷可能均匀地分配到多个信令转接点上，即使两个信令转接点同时故障，也不会全部中断该信令区的信令业务。

显然，自由连接方式比固定连接方式无论在信令网的设计方面，还是信令网的管理方面都要复杂得多。但自由连接方式确实大大地提高了信令网的可靠性。特别是近年来随着信令技术的发展，上述的技术问题也逐步得到解决，因而不少国家在建造本国信令网时，大多采用了自由连接方式。

（2）信令点编码

信令点编码是为了识别信令网中各信令点（含信令转接点），供信令消息在信令网中选择路由使用。由于信令网与话路网在逻辑上是相对独立的网络，因此信令网的编码与电话网中的电话号簿号码没有直接联系。信令点编码要依据信令网的结构及应用要求，实行统一编码，同时要考虑信令点编码的唯一性、稳定性、灵活性，要有充分的容量。

国际信令网信令点编码为 14 位。编码容量为 16384 个信令点。采用大区识别、区域网识别、信令点识别的三级编号结构，NML 识别世界大区编号，K-D 识别世界编号大区的地理区域或区域网，CBA 识别地理区域或区域网中的信令点，如图 5-5 所示。NML 和 K-D 两部分合起来称为信令区域编码（SANC）。

NML	KJIHGFED	CBA
大区识别	区域网识别	信令点识别

图 5-5　国际信令网信令点编码

由于 CBA（即信令点）识别为 3 位，因此，在该编码结构中，一个国家分配的国际信令点编码只有 8 个，如果一个国家使用的国际信令点超过 8 个，可申请备用的国际信令点编码。该备用编码在 Q.708 建议的附件中有规定。

我国于 1990 年制定的 No.7 技术规范中规定，全国 No.7 信令网的信令点采用统一的 24 位编码方案。依据我国的实际情况，将编码在结构上分为三级，即三个信令区，如图 5-6 所示。

主信令区编码	分信令区编码	信令点编码
主信令区识别	分信令区识别	信号点识别

图 5-6　中国信令点编码

这种编码结构，以我国省、直辖市为单位（个别大城市也列入其内）划分成若干主信令区（对应 HSTP），每个主信令区再划分成若干分信令区（对应 LSTP），每个分信令区含有若干个信令点。这样每个信令点（信令转接点）的编码由三部分组成：第一个 8bit 用来识别主信令区；第二个 8bit 用来识别分信令区；最后一个 8bit 用来识别各分信令区的信令点。在必要时，一个分信令区编码和信令点的编码可相互调剂使用。

5.1.3　IP 网中的信令

随着时代的发展，通信技术也不断进步。通信网络从 TDM 向 IP 演进。随着软交换网络的引入，IP 信令点（MSC Server 等）和新的信令协议（H.248、BICC 等）随之出现，但信令网承载的信令业务种类（ISUP、MAP、CAP 等）并没有变化；即使将来引入了 IMS 域，电路域仍将长期存在，因此信令网也会长期存在，而不会因为 IMS 域的引入而立即消失，如何引入 IP 信令网成为非常重要的问题。由于 IP 信令网与 TDM 信令网存在本质差异，因此由 TDM 信令网向 IP 信令网演进的过程中也会涉及多方面的问题。

1．IP 信令网的定义及组成

IP 信令网是指利用 IP 作为承载技术来传送 No.7 信令消息的网络，与 TDM 信令网的本质差异在于底层承载方式的不同，而承载的信令业务种类以及信令消息的寻址、选路方式没有变化。

IP 信令网仍然采用分级结构，由 IPSTP 和 IPSP 组成。IPSTP 为 MAP/CAP 信令（与呼叫控制无关的信令）提供 GT 翻译和信令转接功能。由于 IPSTP 的容量远大于 TDM STP，IP 信令网不需要再沿用 TDM 网络分级方案解决链路容量受限问题，因此 IPSTP 不需要再分级。

在网络逐渐向全 IP 网络演进的过程中，软交换设备之间的信令消息将使用 BICC 消息，在网络进行语音 IP 化改造的过程中已经实现了 IP 承载；而软交换设备与 TDM 设备之间的 ISUP 信令消息如果采用直联方式将无法实现 IP，只能随着设备逐渐的 IP 化而逐渐实现 TDM 向 IP 的演进。信令网的演进主要体现在 IPSTP 的引入方式以及相应的网络组织方式的调整。

在 IP 网中，信令消息的传递是通过下面几个主要的功能实体得以传递的：媒体网关、信令网关以及媒体网关控制器（软交换），这几个功能实体在物理上可以是单独的或者合并的实体。

（1）媒体网关

媒体网关将终结 PSTN 的局间语音中继，同时把语音包分组压缩并发送到 IP 网中，对于 IP 侧发起的呼叫，媒体网关将从事其反操作。对于 ISDN 呼叫，则需要有媒体网关控制器来进行呼叫处理，处理从媒体网关发来的 Q931 信令。

（2）媒体网关控制器（软交换）

媒体网关控制器负责处理媒体网关资源管理和注册。一个媒体网关控制器通过信令网关和 PSTN 侧交换 ISUP 消息。媒体网关控制器具有以下功能。

① 提供支持多种信令协议（包括 H.248、H.323、SIP、SCTP、ISUP+、INAP+、RADIUS、SNMP）的接口，实现 PSTN 网和 IP 网/ATM 网间的信令互通和不同网关的互操作。

② 处理实时业务：包含语音、数据业务、视频和多媒体业务，提供各种增值业务和补充业务的能力。

③ 通过不同的逻辑与媒体层的网关交互，对网关设备完成融合网络中的呼叫控制，会话的建立、修改和拆除过程以及媒体流的连接控制。

④ 提供网守功能，即接入认证与授权、地址解析和带宽管理功能。

⑤ 操作维护功能，主要包括业务统计和告警等，计费功能，应具有采集详细话单的功能。

（3）信令网关

信令网关具有信令转接功能，主要完成 PSTN/ISDN 侧的 No.7 信令与 IP 网侧信令的转换，支持 ISUP/TUP。传统的信令网与承载网络逻辑上是分离的，但物理上仍然要依靠承载网络来传输信令。而信令网关能够分析这些传统信令，并通过流控传输协议 SCTP 转接给业务控制层。信令网关可支持 A-Link 和 F-Link，根据网络情况灵活组网。

注：SCTP：流控制传输协议，是一个面向连接的传输层协议，它在对等的 SCTP 用户之间提供可靠的面向用户消息的传输服务。相对于 TCP 等其他传输协议来说，它传输时延小，可避免某些大数据引起的阻塞，有更高的传输效率和可靠性，有更高的重发效率，具有更好的安全性。

2. Sigtran 协议

Sigtran 协议对 No.7 信令消息如何在 IP 网上实现可靠的传输作了明确的规范，支持的标准原语接口不需要对现有的 No.7 信令应用进行任何修改，从而保证已有的 No.7 信令应用可以不做修改而直接使用。信令传送利用标准的 IP 传送协议作为底层传送，并通过增加自身的功能来满足 No.7 信令传送的要求。Sigtran 体系明确了两大功能模块，通用的信令传送协议模块和用以模仿底层协议的适配模块。Sigtran No.7 信令适配子层的具体实例有 M3UA（MTP-3 用户适配协议）、M2UA（MTP-2 用户适配协议）、M2PA（MTP-2 用户对等适配协议）和 SUA（SCCP 用户适配协议）。

M3UA：MTP 第三级用户的适配层协议，该协议允许信令网关向媒体网关控制器或 IP 数据库传送 MTP3 的用户信息（如 ISUP/SCCP 消息），对 SS7 信令网和 IP 网提供无缝的网管互通功能。

M2UA：MTP 第二级用户的适配层协议，该协议允许信令网关向对等的 IP SP 传送 MTP3 消息，对 SS7 信令网和 IP 网提供无缝的网管互通功能。

M2PA：MTP 第二级用户的对等适配层协议，该协议允许信令网关向 IP SP 处理传送 MTP3 的消息，并提供 MTP 信令网网管功能。

SUA：SCCP 用户的适配层协议，它的主要功能是适配传送 SCCP 的用户信息给 IP 数据库，提供 SCCP 的网管互通功能。

根据 No.7 信令与 IP 互通时的不同实现方式，这些适配协议分别有不同的应用场合。IP 网和 No.7 信令在哪个层面上互通，将决定信令网关的具体特性，如使用 M2UA 的信令网关仅充当了一个 No.7 信令链路与 IP 连接之间的一个交叉连接设备，而 M2PA 的信令网关完成了一个 STP 的功能，它可以被看做是一个 IPSP 和具有传统 No.7 链路 SP/STP 的组合。使用 M2PA 的信令网关应当包含 MTP3 协议，至于是否需要 SCCP 协议则是任选的。此时 SG 作为一个独立的信令点存在，并且具有单独的信令点编码。

5.2 同步网

5.2.1 同步网

在电信网中，时钟和定时同步一直是个引入注目的问题。现代电信网络越来越庞大，传输速率的飞速提高，对通信网时钟和同步性能的要求也越来越高。又由于网络结构在不断变化，对网络可靠性的要求也在不断提高，因此使得作为通信支撑网之一的同步网就显得越来越重要。

同步是指信号之间在频率或相位上保持某种严格的特定关系，也就是它们相对应的有效瞬间以同一个平均速率出现。

数字通信的特点是将时间上连续的信号通过抽样、量化及编码变成时间上离散的信号，再将各路信号的传送时间安排在不同时间间隙内。为了分清首尾和划分段落，还要在规定数目的时隙间加入识别码组，即帧同步码，形成按一定时间规律排列的比特流，如 PCM 信息码。在通信网内 PCM 信息码的生成、复用、传送、交换及译码等处理过程中，各有关设备都需要相同速率的时标去识别和处理信号，如果时标不能对准信号的最佳判决瞬间，则有可能出现误码，也就是数字设备要协调，且准确无误地运行就需要各时标具有相同的速率，即时钟同步。此外数字网的同步还包括帧同步。这是因为在数字通信中，对比特流的处理是以帧来划分段落的，在实现多路时分复用或进入数字交换机进行时隙交换时，都需要经过帧调整器，使比特流的帧达到同步，也就是帧同步。

1. 节点时钟设备

节点时钟设备主要包括独立型定时供给设备和混合型定时供给设备。独立型节点时钟设备是数字同步网的专用设备，主要包括：铯原子钟、铷原子钟、晶体钟、大楼综合定时系统（BITS）以及由全球定位系统 GPS 组成的定时系统。混合型定时供给设备是指通信设备中的时钟单元，它的性能满足同步网设备指标要求，可以承担定时分配任务，如交换机时钟、数字交叉连接设备

（DXC）等。

铯原子钟的长期稳定性非常好，没有老化现象，可以作为自主运行的基准源。但是铯原子钟体积大、耗能高、价格贵，并且铯素管的寿命为 5～8 年，维护费用大，一般在网络中只配置1～2 组铯原子钟做基准钟。

铷原子钟与铯原子钟相比，长期稳定性差，但是短期稳定性好，并且体积小、重量轻、耗电少、价格低。利用 GPS 校正铷钟的长期稳定性，也可以达到一级时钟的标准，因此配置了 GPS 的铷原子钟系统常用作一级基准源。

晶体钟长期稳定性和短期稳定性比原子钟差，但晶体钟体积小、重量轻、耗电少，并且价格比较便宜，平均故障间隔时间长。因此，晶体钟在通信网中应用非常广泛。

2．定时分配

定时分配就是将基准定时信号逐级传递到同步通信网中的各种设备。定时分配包括局内定时分配和局间定时分配。

（1）局内定时分配

局内定时分配是指在同步网节点上直接将定时信号送给各个通信设备，即在通信楼内直接将同步网设备（BITS）的输出信号连接到通信设备上。此时，BITS 跟踪上游时钟信号，并滤除由于传输所带来的各种损伤，例如抖动和漂移，能重新产生高质量的定时信号，用此信号同步局内通信设备。

局内定时分配一般采用星状结构，如图 5-7 所示。从 BITS 到被同步设备之间的连线采用 2Mbit/s 或 2MHz 的专线。

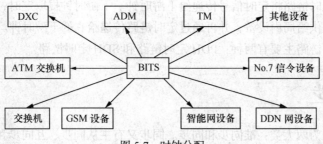

图 5-7　时钟分配

在通信楼内需要同步的设备主要包括：程控交换机、异步传送模式交换机（ATM）、No.7 信令转接点设备、数字交叉连接设备（DXC）、SDH 网的终端复用设备（TM）、分插复用设备（ADM）、DDN 网设备和智能网设备等。

这种星状结构的优点是同步结构简单、直观、便于维护。缺点是外连线较多，发生故障的概率增大。同时，由于每个设备都直接连到同步设备上，这样就占用了较多的同步网资源。因此在实际网络中，对这种星状结构进行了一些改进。当局内的设备较多时，对同一类设备或组成系统的设备，可以通过业务线串接，也可以通过外同步接口连接，如图 5-8 所示。

例如，局中有些 SDH 设备，包括 DXC、ADM、TM，组成局内传输系统，可以将 BITS 的定时信号直接连到 DXC 设备的外时钟输入口，DXC 将同步网定时承载到业务线上，传递给 ADM、TM 等设备，这些设备从业务信号中提取定时。背靠背的 TM 之间，可以通过外时钟输入口和外时钟输出口相连来传递定时，也可以提供业务线传递定时。

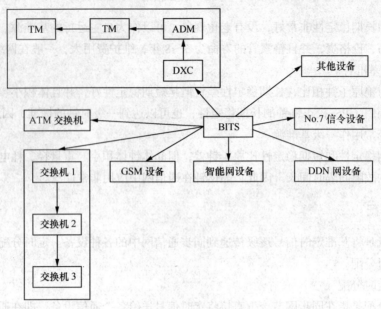

图 5-8　改进的时钟分配

（2）局间定时分配

局间定时分配是指在同步网节点间的定时传递。

根据同步网结构，局间定时传递采用树状结构，通过定时链路在同步网节点间，将来自基准钟的定时信号逐级向下传递。

上游时钟通过定时链路将定时信号传递给下游时钟。下游时钟提取定时，滤除传输损伤，重新产生高质量信号提供给局内设备，并再通过定时链路传递它的下游时钟。

目前采用的定时链路主要有两种：PDH 定时链路和 SDH 定时链路。

5.2.2　网同步

网同步技术可分为两大类：准同步和同步。同步又有主从同步、互同步和外时间基准同步，它们又可分成各种不同的实施方法。

1．准同步

准同步方式中各交换节点的时钟彼此是独立的，但它们的频率精度要求保持在极窄的频率容差之中，网络接近于同步工作状态，通常称为准同步工作方式。

准同步工作方式的优点是网络结构简单，各节点时钟彼此独立工作，节点之间不需要有控制信号来校准时钟的精度。网络的增设和改动都很灵活，因此得到了广泛的应用。它特别适合于国际交换节点之间同步使用。各国军用战术移动通信网，为提高网同步的抗毁能力，也采用准同步方式工作。各国民用数字通信网，为提高网同步的可靠性，通常要求在所选用的网同步技术出现故障时利用准同步工作方式来过渡。

准同步方式有如下缺点。

① 节点时钟是互相独立的，不管时钟的精度有多高，节点之间的数字链路在节点入口处总是

要产生周期性的滑动，这样对通信业务的质量有损伤。

② 为了减小对通信业务的损伤，时钟必须有很高的精度，通常要求采用原子钟，需要较大的投资，可靠性也差。为保证时钟的可靠性，节点时钟通常采用三台原子钟自动切换方式，这样将使时钟的管理维护费用增大。

采用准同步方式的网络，为了保证端到端的滑动速率符合要求，采用定期复位各节点输入口缓冲存储器的方法来实现同步。

2. 主从同步

主从同步（Master Slave Synchronized）方式指数字网中所有节点都以一个规定的主节点时钟作为基准，主节点之外的所有节点或者是从直达的数字链路上接收主节点送来的定时基准，或者是从经过中间节点转发后的数字链路上接收主节点送来的定时基准，然后把节点的本地振荡器相位锁定到所接收的定时基准上，使节点时钟从属于主节点时钟，如图 5-9 所示。主从同步方式的定时基准由树状结构传输链路的数字信息来传送。

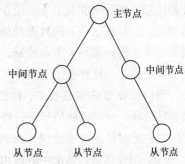

图 5-9　主从同步

3. 互同步

互同步技术是指数字网中没有特定的主节点和时钟基准，网中每一个节点的本地时钟通过锁相环路受所有接收到的外来数字链路定时信号的共同加权控制。因此节点的锁相环路是一个具有多个输入信号的环路，而相互同步网构成将多输入锁相环相互连接的一个复杂的多路反馈系统。在相互同步网中各节点时钟的相互作用下，如果网络参数选择得合适，网中所有节点时钟最后将达到一个稳定的系统频率，从而实现了全网的同步工作。

相互同步方式必然是一个双向控制系统，它可以是单端或双端控制的。单端控制技术无法消除传输链路时延变化的影响，只适用于局部地区的小网；双端控制技术消除了传输链路时延变化的影响，可以用在相当大的区域网中。

4. 外时间基准同步

外时间基准同步方式是指数字通信网中所有节点的时间基准依赖于该节点所能接收到的外来基准信号。通过将本地时钟信号锁定到外来时间基准信号的相位上，来达到全网定时信号的同步。

这种时间基准信号的频率精度很高（大都采用铯原子钟），传输路径与数字信息通路无关。但是这种信号只有在外时间基准信号的覆盖区才能采用，非覆盖区就无法采用。同时，外时间基准信号还得采用专门的接收设备。目前常用的外时间基准信号是 GPS 系统。

（1）GPS 系统概述

GPS（全球定位系统）是美国国防部组织建立并控制的卫星定位系统，它可以提供三维定位（经度、纬度和高度）、时间同步和频率同步，是一套覆盖全球的全方位导航系统。早期的 GPS 系统主要用于导航定位，主要为美国军方服务。20 世纪 90 年代初，由于 GPS 接收机价格低廉，不向用户收取使用费，并且能够提供高性能的频率同步和时间同步，因此，GPS 开始在通信领域使用，并且随着近几年通信的迅猛发展，GPS 的应用也越来越广泛。

（2）GPS 系统组成

GPS 系统可以分为三部分：GPS 卫星系统、地面控制系统和用户设备。GPS 卫星系统包括 24 颗卫星，分布在 6 个轨道上，其中 3 颗卫星作备用。每个轨道上平均有 3～4 颗卫星，每个轨道面相对于赤道的倾角为 55°，轨道平均高度为 20200km，卫星运行周期为 11 小时 58 分。这样，全球在任何时间、任何地点至少可以看到 4 颗卫星，最多可以看到 8 颗。每颗卫星上都载有铷原子钟，称为卫星钟，接受地面主钟的控制。

地面控制系统包括 1 个主控站、5 个监控站和 3 个地面站。监控站分布在不同地域，能够同时检测多达 11 颗卫星。监控站对收集来的数据并不做过多的处理，而将原始的测试数据和相关信息送给主控站处理。主控站根据收集来的数据估算出每个卫星的位置和时间参数，并且与地面基准相比对，然后形成对卫星的指令。这些新的数据和指令被送往卫星地面站，通过卫星地面站发送出去，卫星按这些新的数据和指令进行工作，并把有关数据发送给用户。主控站中用于比对的同步基准由美国海军天文台控制，它是原子钟与协调世界时（Coordinated Universal Time，UTC）比对后的信号。这样就使卫星钟与 GPS 主时钟之间保持精确同步。

用户设备指 GPS 接收机，包括天线、馈线和中央处理单元。其中中央处理单元由高稳晶振和锁相环组成，它对接收信号进行处理，经过一套严密的误差校正，使输出的信号达到很高的长期稳定性，定时精度能够达到 300ns 以内。

（3）GPS 在通信系统中的应用

频率同步是指信号的频率跟踪到基准频率上，使其长期稳定地与基准保持一致，但不要求与起始时刻保持一致。这样，基准不一定跟踪 UTC，可以使用独立运行的铯钟组作为同步基准，也可以使用 GPS 对铯钟组进行校验，以使其保持更好的准确度。

在 CDMA 移动通信系统中，要求基站之间相对于 UTC 的时刻差 ＜±500ns，由于地面传输的时延问题，时间基准不能像频率基准那样传输和分配，因此，目前不得不采用 GPS 技术，即在每个基站配置 GPS。

5.2.3　数字同步网

在全同步方式下，同步网接受一个或几个基准时钟控制。当同步网内只有一个基准时钟时，同步网内的其他时钟就都同步到该基准时钟上，如图 5-10 所示。

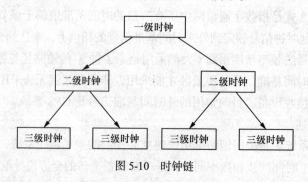

图 5-10　时钟链

在这种类型的同步网中，最高一级时钟为符合 G.811 规定的性能的时钟，即基准时钟，也称为一级时钟。它作为主钟为网络提供基准定时信号。该信号通过定时链路传递到全网。

二级时钟是它的从钟，从与之相连的定时链路提取定时，并滤除由于传输带来的损伤，然后将基准定时信号向下级时钟传递。三级时钟从二级时钟中提取定时，这样就形成了主从全同步网结构。

全同步网的另一种类型是在同步网中存在着几个基准时钟，网络中的其他时钟接受这几个基准时钟的共同控制，典型结构如图 5-11 所示。

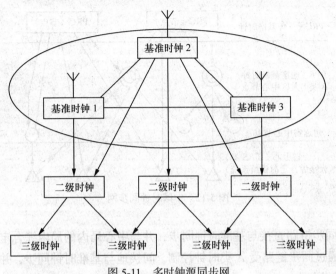

图 5-11 多时钟源同步网

在这种结构的同步网中，存在着多个符合 G.811 建议的基准时钟。在基准时钟层面上，需要采用一定的方法对基准时钟进行校验，以保证基准时钟间的同步。目前，一般采用如下两种方法。

① 在所有的基准时钟上装配 GPS 接收机，使所有基准时钟通过 GPS 系统跟踪 UTC，保持与 UTC 一致的长期频率准确度，从而达到全网同步运行的目的。

② 在基准时钟层面上，基准时钟间采用类似互同步的方法，每个基准时钟都与其他基准时钟相连，并进行对比计算，以获得一个更为准确的综合频率基准。然后去调整每个基准时钟，使网络同步运行。

第二种方法比较复杂，首先要通过地面链路将基准时钟组成网络；其次要对基准时钟进行长期的性能监测；然后再通过一套复杂的算法对网络进行加权计算；最后再对各个基准时钟进行控制调整。其优点是：可靠性高，自主性强，不依赖于 GPS 等外界手段。

由于 GPS 的广泛应用，第一种方法被大量采用。其优点是实现方法简单，只需配备 GPS 接收机，并且成本低。但其缺点是可靠性低。由于 GPS 系统归美国政府所有，受控于美国国防部，对世界各地的 GPS 用户未有任何政府承诺，且用户只付了购买 GPS 接收机的费用，并未支付 GPS 系统的使用费用，因此这种方法的可靠性低、自主性差。

我国数字网的网同步方式是分布式的、多个基准时钟控制的全同步网。国际通信时，以准同步方式运行。其定时准确度可达 1×10^{-12}，全国数字同步骨干网网络组织示意图如图 5-12 所示。组网的方式是采用多基准的全同步网方案。

第一级是基准时钟，由铯（原子）钟或 GPS 配铷原子钟组成。它是数字网中最高等级的时钟，是其他所有时钟的唯一基准。在北京安装有三组铯原子钟，武汉安装有两组超高精度铯原子钟及两个 GPS，这些都是超高精度一级基准时钟（Primary Reference Clock，PRC）。

第二级为有保持功能的高稳时钟（受控铷原子钟和高稳定度晶体钟），分为 A 类和 B 类。上海、南京、西安、沈阳、广州、成都六个大区中心及乌鲁木齐、拉萨、昆明、哈尔滨、海口五个边远省会中心配置地区级基准时钟（Local Primary Reference，LPR，二级标准时钟），此外还增配GPS 定时接收设备，它们均属于 A 类时钟。全国 30 个省、市、自治区中心的长途通信大楼内安装的大楼综合定时供给系统，以铷（原子）钟或高稳定度晶体钟作为二级 B 类标准时钟。

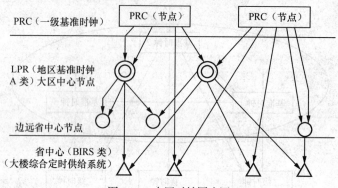

图 5-12　中国时钟同步网

A 类时钟通过同步链路直接与基准时钟同步，并与中心局内的局内综合定时供给设备时钟同步。B 类时钟，应通过同步链路受 A 类时钟控制，间接地与基准时钟同步，并受中心内的局内综合定时供给设备时钟同步。

各省内设置在汇接局（Tm）和端局（C5）的时钟是第三级时钟，采用有保持功能的高稳定度晶体时钟，其频率偏移率可低于二级时钟。通过同步链路与第二级时钟或同等级时钟同步，需要时可设置局内综合定时供给设备。

第四级时钟是一般晶体时钟，通过同步链路与第三级时钟同步，设置在远端模块、数字终端设备和数字用户交换设备当中。

5.3　电信管理网

5.3.1　电信管理网概念

电信管理网 TMN 是国际电联 ITU-T 借鉴 OSI 中有关系统管理的思想及技术，为管理电信业务而定义的结构化网络体系结构。TMN 基于 OSI 系统 h 管理（ITU-U X.700/ISO 7498-4）的概念，它使得网络管理系统与电信网在标准的体系结构下，按照标准的接口和标准的信息格式交换管理信息，从而实现网络管理功能。TMN 的基本原理之一就是使管理功能与电信功能分离。网络管理者可以从有限的几个管理节点管理电信网络中分布的电信设备。

国际电信联盟（ITU）在 M.3010 建议中指出，电信管理网的基本概念是提供一个有组织的网络结构，以取得各种类型的操作系统（OS）之间、操作系统与电信设备之间的互连。它采用商定的具有标准协议和信息的接口进行管理信息交换的体系结构。提出 TMN 体系结构的目的是支撑电信网和电信业务的规划、配置、安装、操作及组织。

电信管理网 TMN 的目的是提供一组标准接口，使得对网络的操作、管理和维护及对网络单元的管理变得容易实现，所以，TMN 的提出很大程度上是为了满足网管各部分之间的互连性的要求。集中式的管理和分布式的处理是 TMN 的突出特点。ITU-T 从三个方面定义了 TMN 的体系结构，即功能体系结构（Functional Architecture）、信息体系结构（Information Architecture）和物理体系结构（Physical Architecture）。它们分别体现在管理功能块的划分、信息交互的方式和网管的物理实现。我们按 TMN 的标准从这三个方面出发，对 TMN 系统的结构进行设计。功能体系结构是从逻辑上描述 TMN 内部的功能分布。引入了一组标准的功能块（Functional block）和可能发生信息交换的参考点（reference points）。整个 TMN 系统即各种功能块的组合。

物理体系结构是为实现 TMN 的功能所需的各种物理实体的组织结构。TMN 功能的实现依赖于具体的物理体系结构，从功能体系结构到物理体系结构存在着映射关系。物理体系结构随具体情况的不同而千差万别。在物理体系结构和功能体系结构之间有一定的映射关系。物理体系结构中的一个物理块实现了功能体系结构中的一个或多个功能块，一个接口实现了功能体系结构中的一组参考点，仿照 OSI 网络分层模型，ITU-T 进一步在 TMN 中引入了逻辑分层。

TMN 的逻辑分层是将管理功能针对不同的管理对象映射到事务管理层（Business Management Layer，BML）、业务管理层（Service Management Layer，SML）、网络管理层（Network Management Layer，NML）和网元管理层（Element Management Layer，EML）。再加上物理存在的网元层（Network Element Layer，NEL），就构成了 TMN 的逻辑分层体系结构。TMN 定义的五大管理功能在每一层上都存在，但各层的侧重点不同。这与各层定义的管理范围和对象有关。

5.3.2　网络管理功能

TMN 是用来支持电信管理网的，TMN 的应用功能也就是支持的网络管理功能，包括电信网的运营、管理、维护和补给四大类，这四大类管理功能在不同的管理机构中有不尽相同的含义，也并不要求这些功能包含所有的网络管理功能。支持的网络管理功能，根据其管理的目的可以分成性能管理、故障管理（或维护管理）、配置管理、记账管理和安全管理五个功能域。

1. 性能管理

典型的网络性能管理可以分成两大部分：性能监测和网络控制。性能监测指网络工作状态信息的收集和整理；而网络控制则指为改善网络设备的性能而采取的动作和措施。性能管理监测的目的是：在发现故障后进行搜索监测，在用户发现故障并报告后，去查找故障的发生位置；全局监测，及早发现故障苗头，在影响服务之前就及时将其排除；对过去的性能数据进行分析以获得资源利用情况及其发展趋势。

性能管理的一系列活动用来持续地评测网络运营中的主要性能指标，以验证网络服务是否达到了规定的水平，指出已经发生或潜在发生的瓶颈，形成并报告网络性能的变化趋势，为管理机构的决策提供依据。为此，网络性能管理功能需要维护性能数据库、网络模型，要与性能管理功能域保持连接，提供自动化的性能管理处理过程。

2. 故障管理

当某个系统或部件不能达到规定的工作性能指标时，网络的故障管理就要开始起作用，处理资源中发生或发现的故障现象。比如当发现差错率过高（重发次数过多）时，故障报告算法要比

较实际重发次数和设定的门限，以判断故障是否存在。

故障管理是用来动态地维持网络服务水平的一系列活动，这些活动保证了网络有高度的可用性，这些活动及时发现网络中发生的故障和找出网络故障的原因，必要时启动控制功能以排除故障，控制活动包括测试诊断活动、故障修复或恢复活动和启用备用设备等。故障管理是网络管理功能中与监测设备故障、故障设备的诊断、故障设备的恢复或故障排除等措施有关的网络管理功能，其目的是保证网络能够提供连接可靠的服务。

3．配置管理

网络的配置管理就是指网络中应有或实有多少设备，每个设备的功能及其连接关系和工作参数等，它反映网络的状态。通信网及其环境是经常变化的，比如最简单的和最明显的就是用户对网络服务的需求可能经常发生变化。通信系统本身也要随着设备的维修、网络规模的扩大、旧设备的淘汰等原因而经常调整网络的配置。

网络配置的改变可能是临时的、短暂的，但系统配置的改变也可能是永久的。配置管理就是用来识别、定义、初始化、控制和监测通信网中的管理对象（通信网中的设备、设施、工作参数等）的功能集合，包括为通信网用户初始化、提供和回收通信资源。以上这些工作都需要配置管理功能的支持。配置管理与其他四个功能都有关系，配置管理是网络中对管理对象的变化进行动态管理的核心。其他四个功能域需要改变管理对象的状态、属性时，是通过配置管理功能实现的。但也有例外，比如涉及优先级等安全问题时，管理工作一般由安全管理功能域的设施直接进行。

4．记账管理

记账管理的功能是：提供对网络中资源占有情况的记录，测量网络中各种服务的使用情况和决定它们的使用费用，完成资源使用费的核算等。它包括账单管理、资费管理、收费与资金管理、财务审计管理。

5．安全管理

安全管理是保证现有运行网络安全的一系列功能，对无权操作的人员进行限制，保证只有经授权的操作人员才允许存取数据。安全管理包括以下几个方面的含义。

① 首先是保证管理事务处理的安全，这些功能涉及所有 TMN 的管理逻辑分层。

② 要保证 TMN 本身与电信网的安全，对非法使用网络资源的事件进行管理。

③ 安全的组织管理，即对安全信息的管理，这些安全信息是保证 TMN 和电信网的安全所必需的。

5.3.3　TMN 物理体系结构

1．TMN 的物理元素

根据需要，TMN 的功能结构可以灵活地组成不同的物理结构，物理结构由物理实体组成，物理实体之间为 TMN 的标准接口。TMN 的基本物理实体包括操作系统（OS）、工作站（WS）、Q 适配器（QA）、网元（NE）、中介设备（MD）和数据通信网（DCN），它们之间的接口分别为 Q3 接口、F 接口和 X 接口，如图 5-13 所示。

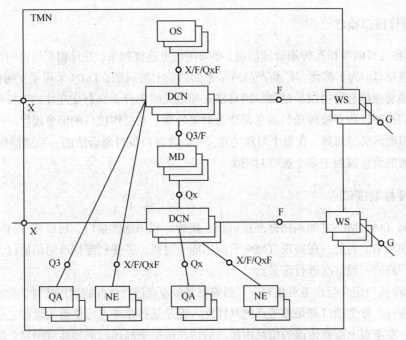

图 5-13 TMN 组成

操作系统（OS）。OS 物理体系结构中包括：应用层支持程序、数据库功能、用户终端支持、分析程序、数据格式化和报表。OS 的体系结构可以是集中式，也可以采取分布式。

中介设备（MD）。当用独立的 MD 实现 MF 的情况下，MD 对 NE、QA 和 OS 的接口都是一个或多个标准接口（Qx 和 Q3）。当 MF 被集成在 NE 中时，只有对 OS 的接口被指定为一个或多个标准接口（Qx 和 Q3）。

Q 适配器（QA）。QA 是将具有非 TMN 兼容接口的 NE 或 OS 连接到 Qx 或 Q3 接口上的设备。一个 Q 适配器可以包含一个或多个 QAF。Q 适配器可以支持 Q3 或 Qx 接口。

数据通信网（DCN）。DCN 实现 OSI 的 1～3 层的功能，是 TMN 中支持 DCF 的通信网。在 TMN 中，需要的物理连接可以由所有类型的网络，如专线、分组交换数据网、ISDN、公共信道信令网、公众交换电话网、局域网等提供。DCN 通过标准 Q3 接口将 NE、QA 和 MD 与 OS 连接。另外，DCN 通过 Qx 接口实现 MD 与 NE 或 QA 的连接。DCN 可以由点到点电路、电路交换网或分组交换网实现。设备可以是 DCN 专用的，也可以是共用的（例如利用 CCSS No.7 或某个现有的分组交换网络）。

网元（NE）。NE 由电信设备构成，支持设备完成 NEF。根据具体实现的要求，NE 可以包含任何 TMN 的其他功能块。NE 具有一个或多个 Q 接口，并可以选择 F 接口。当 NE 包含 OSF 功能时，还可以具有 X 接口。一个 NE 的不同部分不一定处于同一地理位置。例如，各部分可以在传输系统中分布。

工作站（WS）。WS 是完成 WSF 的系统。WS 可以通过通信链路访问任何适当的 TMN 组件，并且在能力和容量方面是不同的。然而，在 TMN 中，WS 被看作是通过 DCN 与 OS 实现连接的终端，或者是一个具有 MF 的装置。这种终端对数据存储、数据处理以及接口具有足够的支持，以便将 TMN 信息模型中具有的并在 f 参考点可利用的信息转换为 g 参考点的显示给用户的格式。这种终端还为用户配备数据输入和编辑设备，以便管理 TMN 中的对象。

2．互操作接口概念

TMN 的各元素间要相互传递管理信息，必须用信道连接起来，并且相互通信的两个元素要支持相同的信道接口。为了简化多厂商产品所带来的通信上的问题，TMN 采用了互操作接口。互操作接口是传递管理信息的协议、过程、消息格式和语义的集合。具有交互性的互操作接口基于面向对象的通信视图，所有被传送的消息都涉及对象处理。互操作接口的消息提供一个一般机制来管理为信息模型定义的对象。在每个对象的定义中，含有对该对象合法的一系列操作类型。另外，还有一些一般的消息被用于多个被管对象类。

3．TMN 标准接口

NE、OS、QA、MD 之间利用标准接口相互接续。利用这些接口，可以使 TMN 的各个管理系统相互接续起来。为此，在实现 TMN 管理功能的时候，需要制定标准通信协议，对被管设备及其不依赖厂商的一般信息进行定义。

TMN 标准接口定义与参考点相对应。当需要对参考点进行外部物理连接时，要在这些参考点上应用标准接口。每个接口都是参考点的具体化，但是某些参考点可能落入设备之中，因而不作为接口实现。参考点上需要传递的信息由接口的信息模型来描述。需要注意的是，需要传递的信息往往只是参考点上能够提供的信息的一个子集。

Qx 接口。Qx 接口被用在 qx 参考点。Qx 接口至少实现简单协议栈（OSI 的 1 层和 2 层）所限定的最低限度的运营、管理和维护（OAM）功能。这些功能可用于简单事件的双向信息流，如逻辑电路故障状态的变化、故障的复位、环回测试等。要实现更多 OAM 功能，Qx 需要 3 层到 7 层之间的高层服务。

Q3 接口。Q3 接口被用在 q3 参考点。Q3 接口用于实现最复杂的功能。Q3 接口利用 OSI 参考模型第 1 层～第 7 层协议实现 OAM 功能。但从经济性及性能要求考虑，一部分服务（层）可以为"空"。

F 接口。F 接口被应用在 f 参考点，被用于实现工作站通过数据通信网与包含 OSF、MF 的物理要素相连接的功能。

X 接口。X 接口被应用在 x 参考点。它被用于两个 TMN 或一个 TMN 与另一个包含类 TMN接口的管理网之间的互连。因此，该接口往往需要高于 Q 类接口所要求的安全性，在各个联系建立之前需要进行安全检查，如口令、访问能力。

本章小结

支撑网是现代电信网运行的支撑系统，它包括信令网、同步网和电信管理网等。

1. 通信网除了传递用户的声音、图像或文字等与具体业务有关的信号，还需要在通信设备之间传递控制信号，也就是所谓的信令。目前使用最广泛、最成熟的信令就是 No.7 信令。由于通信网络的 IP 化，TDM 信令网正在向 IP 信令网演进。

2. 同步网是电信三大支撑网之一，由节点时钟和传递同步定时信号的同步链路构成。其作用是准确地将同步定时信号从基准时钟传送到同步网的各节点，调整网中的各时钟并保持信号同步，满足通信网传输性能和交换性能的需要。

3．电信管理网是为保持电信网正常运行和服务，对它进行有效的管理所建立的软、硬件系统和组织体系的总称，它的目标是提供一组标准接口，使得对网络的操作、管理和维护及对网络单元的管理变得容易实现。它的功能主要是记费、配置、故障管理、性能管理等。

课后习题

1．简述信令的分类。
2．说明中国 No.7 信令网的结构。
3．同步网如何进行定时分配?
4．简述 GPS 系统的组成。
5．电信管理网有哪些功能?

通信缩略语英汉对照表（五）

英 文 缩 写	英 文 全 写	中 文 解 释
HSTP	High Signal Transfer Point	高级信令转接点
LSTP	Low Signal Transfer Point	低级信令转接点
SP	Signalling Point	信令点
SCTP	Stream Control Transmission Protocol	流控制传输协议
M3UA	MTP3-User Adaptation layer	MTP 第三层用户适配层
BITS	Building Integrated Timing System	大楼综合定时系统
GPS	Global Positioning System	全球定位系统
PRC	Primary Reference Clock	基准参考时钟
TMN	Telecommunications Management Network	电信管理网
OS	Operating System	操作系统

第6章

网际通信

随着通信技术的不断发展和网络的不断扩张，网络之间的通信需求也越来越多，但网络间的通信有些并不是直接就可以进行的，需要有一些方案来解决互通问题。本章内容首先介绍了网络融合的相关内容，再以固网与移动网络间的语音通信过程、移动网络与 Internet 间的数据通信过程为例，说明网际通信过程。

6.1 网络融合

网络融合是网络发展的必然趋势，如今也已成为最热门的网络关键词。根据 2008 年进行的全球性调查，有 2/3 的公司计划在未来五年内把大多数甚至所有业务应用转移到融合网络上。有人甚至已经喊出了豪言壮语：今后五年就是融合的五年！

6.1.1 概述

1. 网络融合的背景和需求

目前，中国的电信网络已形成多个相对独立的网络，包括固定电话网、移动网、有线电视网、H.323 网、Internet 网等，这些网络格局纵向独立，每种不同网络有其特定的网络资源组成方式，并基于这些网络资源提供特定的功能和业务。这种"一种业务，一种网络"的网络格局已逐渐暴露其固有的弊端：多种复杂的协议、复杂的网络共存；网络管理和维护成本很高；不利于网络资源尤其是传输资源的共享；不便于跨网络多功能综合业务的提供。

从业务需求角度看，固定语音业务逐渐萎缩，移动和数据业务快速增长，用户对个性化、多样化业务需求不断增强，他们希望能够通过有线无线融合的接入方式和简单易行的通信方式来享受无处不在的个性化服务。从未来发展角度看，多种网络融合后，用户可使用任一终端（移动台、PDA、PC 等）通过任一方式接入网络（WLAN、DSL、GPRS 等），而且号码可唯一，账单可唯一，非常方便灵活；对于网络运营商或业务提供商来说，希望通过统一的方式向用户提供全业务运营，可以提供丰富、统一的业务，便于市场细分，扩大客户群和提高客户忠诚度，降低建设和运维成本，提高市场份额和利润；对于设备提供商来说，优化其研发进程、便于软、硬件的重用，能够提供更好、更丰富的通用的产品。

2．网络融合的概念

融合是未来网络发展的必然趋势，其覆盖范围非常广，涉及用户、运营商、网络技术、设备与解决方案等各个方面。

网络融合是采用通用的、开放的技术实现不同网络或网络元素的合并或融合。融合可以充分利用网络资源，降低运营成本，增强竞争力；融合可以向用户提供各种形式的业务和一站式的服务，使用户不论在固定环境中，还是在移动环境中都能享受到相同的服务；融合还给运营商带来增加收入的机遇，减少引入新业务的风险，使其很快成为全业务运营商。

3．网络融合的内容

网络融合包括业务融合、核心网融合、接入网融合、终端融合和运维融合等多个方面。

① 业务融合是指运营商通过业务捆绑的方式，将多种分离的业务捆绑在一起，以更优惠的价格向用户提供一站式的服务。业务捆绑提供的是一种商务的融合或经营层面的融合，不涉及底层网络技术的融合，其业务与接入网络和终端有关。其好处是在不对现有网络架构进行改造的情况下，充分利用已有网络资源，满足用户对统一通信业务的需求。这种融合早已开始，如美国地方贝尔运营商早在 2002 年就推出了业务捆绑服务，将本地电话、长途电话、互联网和移动业务以打折的形式捆绑在一起，同时提供唯一的号码和账单。

② 核心网融合包括多个层面：核心承载层的融合、核心控制层的融合以及业务层的融合。

核心承载层的融合表现为一个统一的基于因特网协议/多协议标记交换（IP/MPLS）的核心承载网将成为多业务融合网络，可以支撑所有有线和无线、移动和固定以及语音、数据和多媒体业务。基于 IP/MPLS 的融合可以简化网络层次结构，节省网络运营和维护成本。采用多协议标记交换（MPLS）技术的 IP 网络可以较好地提供业务的服务质量（QoS）和安全保障。

核心控制层的融合体现为通过软交换或 IMS 技术为各种多媒体业务和终端用户提供统一的会话控制和管理功能。但由于移动软交换网络和固定软交换网络在功能与协议方面存在较大的差异，目前的一种趋势是采用 IMS 实现核心控制层的融合，提供面向未来的下一代融合网络。

在业务层，通过采用 NGN 的开放业务环境，可以使得业务的提供独立于底层网络资源，向通过各种接入网接入的用户提供统一的融合业务。目前已得到广泛认同的业务与控制分离的下一代网络体系结构，以及得到广泛支持的 Parlay/开放式业务架构（Parlay/OSA）应用程序可编程接口（API），为业务层融合提供了技术保障，使得业务开发更方便、快捷和经济。实际上，业务融合才是网络融合的最终目的，其中业务类型既可以是简单的业务或资费组合业务，也可以是有深度的融合业务，如基于呈现业务（Presence）提供的蜂窝一键通（PoC）业务。

③ 接入网融合也是整个网络融合中重要的组成部分。未来的接入网络包括各种有线、无线、宽带、窄带接入网，以便最大限度地保证网络的覆盖。因此，构建以 IP 为基础的公共承载平台，实现宽带和窄带业务、有线和无线业务的融合接入，以及业务在各种接入网络之间的无缝切换是接

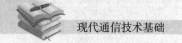

入网融合的关键。

④ 在终端方面，融合体现为同一终端可以支持多种接入技术和业务，如同时支持有线、无线接入以及语音、数据和多媒体接入。

⑤ 运维融合主要出于商业考虑，指的是运营商对自己拥有的固定网络和移动网络采用统一的计费营账系统和运营维护系统，为用户提供统一的管理界面，如统一的订购服务、统一的账单服务等，并实现用户数据的统一存放和管理。用户数据的融合将带来更多的个性化融合业务，如混合放号、号码携带、统一号码等。

6.1.2 "三网融合"

电话网、计算机网、有线电视网能否"三网融合"，从而减少建网成本，提高经济社会效益？这是全球电信界和 IT 界几十年来苦苦求解的一道难题。

1. 概念

"三网融合"成了报刊、杂志和会议的一个热门话题，一个老生常谈的问题。尽管人人都在谈论"三网融合"，然而究竟什么是"三网融合"？由于各人的知识背景、所从事的职业、对飞速的技术进步的认知程度和对日益深入的经济改革适应能力及其所抱的期望和所持有的态度上的千差万别，对"三网融合"的内涵每个人可能都有自己的理解和注释。同时，"三网融合"也是一个逐步形成并且还在继续发展的概念。

"三网融合"是一种广义的、社会化的说法，在现阶段它并不意味着电信网、计算机网和有线电视网三大网络的物理合一，而主要是指高层业务应用的融合。其表现为技术上趋向一致；网络层上可以实现互连互通，形成无缝覆盖；业务层上互相渗透和交叉；应用层上趋向使用统一的 IP 协议；在经营上互相竞争、互相合作，朝着向人类提供多样化、多媒体化、个性化服务的同一目标逐渐交汇在一起，行业管制和政策方面也逐渐趋向统一。三大网络通过技术改造，能够提供包括语音、数据、图像等综合多媒体的通信业务。这就是所谓的"三网融合"。

从长远看，"三网融合"的最终结果是产生下一代网络，但它不是现有三网的简单延伸和叠加，而应是其各自优势的有机融合，实质上是一个类似于生物界的优胜劣汰的演化过程。

下一代网络将电信网、计算机网和有线电视网合并在一起，让电信与电视和数据业务结为一体，构成可以提供现有三种网络上提供的语音、数据、视频和各种业务的新网络。将支持在同一个高性能网络平台上运行，运行同一个协议族，不仅能满足未来语音、数据和视频的多媒体应用要求，保证服务质量，对这些不同性质的应用，其设计还应是优化的，网络资源的使用是高效、合理的，从而实现网络资源最大程度的共享。实现国际电联提出的"通过互连互通的电信网、计算机网和电视网等网络资源的无缝融合，构成一个具有统一接入和应用界面的高效率网络，使人类能在任何时间和地点，以一种可以接受的费用和质量，安全地享受多种方式的信息应用"的目标。

"三网融合"不是简单的三网相加，其本质是建成国家信息高速公路，实现网络从传输、接入到交换各个层面的宽带化。作为这场通信信息变革中最关键部分之一的接入网，追求的目标就是建立一种开放的全业务宽带接入网：将各种应用性技术融于一网，使用户能高速自由地接入任意业务、透明地接入任意网络，从而加速"三网融合"的进程；充分利用现有的通信设备资源，为用户服务，在服务过程中保持和发展市场。

2．"三网融合"的解决方案

（1）Cable Modem 技术

我们的有线电视双向网作为最有发展前途的宽带接入网，已成为信息基础设施的重要组成部分，同时也是实现"三网融合"的理想平台。有线电视双向网是建立在 860M HFC 技术基础上的，数据下传速率最高可达 52Mbit/s，完全可以满足图像、语音、数据的同时传输，且互不影响，自成独立的业务系统，从而充分体现"三网融合"在应用上的巨大优势。

Cable Modem 市场有着良好的网络基础和用户基础，目前全国模拟有线电视用户超过全国有线电视用户总量已突破了一亿户，在家庭入户率上位居各种网络的第二位（第一位是电力网），并且是全球规模最大的有线电视网络，每年以 500 万户的速度增长，但技术后劲优势不足，作为过渡不失为一种方案。

该项技术已在第二章接入网技术中介绍过了，这里就不重复了。

（2）IPTV 技术

IPTV（Internet Protocol Television）俗称交互式网络电视，是利用宽带网的基础设施，以家用电视机 + 网络机顶盒（TV + STB）、计算机（PC）、手机等智能设备作为主要终端设备，集互联网、多媒体、通信等多种技术于一体，通过互联网协议（IP）向家庭用户提供包括数字电视在内的多种交互式服务的崭新技术。

目前，IPTV 系统技术已陆续开始被世界各大电信运营商大规模采用和部署。在国外，美国的 VERIZON、SBC 和 QUEST 电话公司，加拿大的贝尔公司，MANITOBA 电话公司和 SASKTEL 电话公司，欧洲的法国电信、意大利电信、SWISSCOM 和 TELEFONICA 等都已开展了 IP 电视的商业和技术试验或商业运营。法国电信、MANITOBA 电话公司和 SASKTEL 电话公司已分别有了 10 万、2 万和 1.75 万 IP 电视用户。在国内，中国电信已在逐步开展基于宽带 ADSL 接入网络的 IPTV 业务。

该项技术将在第七章通信新技术中介绍。

6.1.3　固定网络和移动网络融合

FMC（Fixed-Mobile Convergence）是指固定网络（以下简称"固网"）和移动网络的融合，它能够为用户提供多样的高质量的通信、信息和娱乐等业务，而与其终端、网络及相应应用和位置无关。随着固网和移动网络上的业务应用由传统语音业务向数据业务和多媒体类新业务演变，FMC 已经成为移动和固网运营商需要面对的关键问题，也是通信发展的必然趋势之一。

在 FMC 的主旋律下，技术趋于融合，网络趋于融合，业务趋于融合。FMC 能够提供跨越固网和移动网络的各种业务，向用户提供各种形式的业务和一站式的服务，使用户不管是在固定环境中还是移动环境中都能享受同样的服务，为个人用户和企业用户带来更多的价值。

经过电信业的重组兼并，目前国内的三大运营商都同时运营着固定和移动网络，他们也已经开始行动起来，希望能够通过 FMC 获得新的发展机会，提升竞争实力。

1．FMC 的特点

FMC 通常具有以下一些特点。

① 无缝连接。在设备和网络层面，它的表现为切换：固定网中的电话可转移到移动网络中，

反之亦然；在两种不同的网络中切换不会中断或导致服务质量受损；实现 WiFi 和 3G 网络相互切换。在网络架构层面，FMC 能够在不同的网络平台间传输多种运用，而不需要进行再编译。

② 用户接入方式多样。融合服务和设备能够让用户根据自己所在的位置、需要的应用、服务质量和通话量等具体需求，选择采用不同的接入技术，如 WiFi 或 3G 网络。

③ 融合终端。融合终端能够让用户方便地在不同的网络间切换。目前，用户一般使用固定网络来实现语音服务和互联网接入服务，通过移动网络来实现移动语音服务和基本的数据服务。而最新的融合终端，如 WiFi 电话，能够让用户使用一个终端就完成以前用多个终端才能实现的应用。

④ 个性化。FMC 服务不但允许终端用户设定他们想要的服务，而且允许他们对用户界面进行设定。用户可以对融合终端进行统一设定，融合终端的多样性使得固网也拥有了类似手机的多样化设置。

⑤ 移动网络、固定网络、无线网络的统一融合。FMC 服务可以使用户在不关心配置、网络安全、服务质量、网络带宽、网络资费的情况下，实现在多种网络间的转换，例如移动网络、固定网络和无线网络。

2．FMC 业务发展阶段

根据 FMC 技术演进过程，结合全球现有 FMC 的部署情况，FMC 业务的发展可分为以下两个阶段（如图 6-1 所示）：

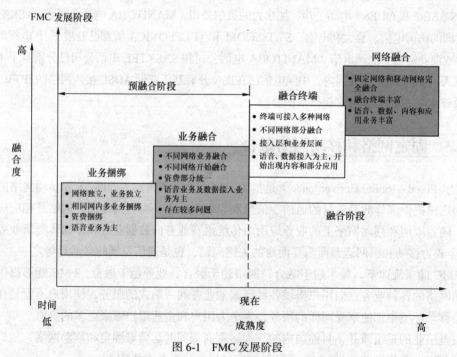

图 6-1　FMC 发展阶段

（1）预融合阶段

预融合阶段是指通过业务支撑系统的功能交叉融合实现固定和移动业务的捆绑，以及部分实现固定移动业务的融合。从目前全球运营商推出的 FMC 业务看，大多数运营商处于该阶段，业务形式主要为基本的语音服务和数据接入服务。

（2）融合阶段

融合阶段是指通过多模终端实现不同网络接入层的融合，以及运营商通过建立统一的核心承载网来实现固定网络和移动网络的真正融合。在该阶段，运营商的 FMC 业务将从原来的简单语音服务和数据接入服务，转变为基于数据的内容增值业务，以及多向的应用业务。

目前，中国 FMC 业务尚处于预融合阶段，FMC 的相关标准不够明确，融合终端技术不够成熟，业务不够丰富，政策法规尚不明朗，产业链也未形成，FMC 业务本身暂时还不能为服务提供商创造出可观的收益。

6.2　固定网络与移动网络间的语音通信过程

本节介绍的是固定网络与移动网络间的语音通信过程，将以固话网与 GSM 移动通信系统之间的呼叫过程为例进行介绍。先让我们来认识 GSM 网络的结构，如图 6-2 所示。

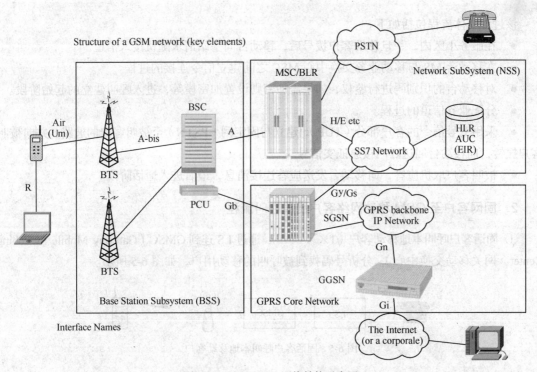

图 6-2　GSM/GPRS 网络结构示意图

GSM 网络在进行路由选择时，遵循以下基本原则。

① 应先选高效直达路由，后选低呼损路由。

② 固网客户呼叫移动客户，应尽可能快地就近进入移动网查询路由进行接续。

③ 移动客户呼叫固网客户，立即进入固定网，由固定网进行接续。

根据这些基本原则，固网与 GSM 网络间的具体接续过程中的流程处理介绍如下。

1. GSM 移动网络客户至固网客户出局呼叫流程

① 移动客户（包括漫游客户）呼叫 MSC 所在地的固话客户，经 MSC 至当地 LS（市话局），

接到固话客户，如图 6-3 所示。

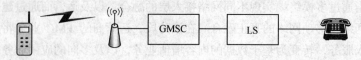

图 6-3　移动客户呼叫本地固话客户

② 移动客户（包括漫游客户）呼叫外地固话客户。始呼 MSC 分析（0）1××××用户，接至长途局 TS，由公网固话网进行接续，如图 6-4 所示。

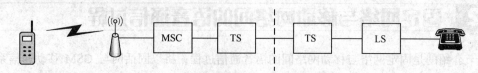

图 6-4　移动客户呼叫外地固话客户

该过程具体流程包括如下。

- 在服务小区内，一旦移动客户拨号后，移动台向基站请求随机接入信道。
- 在移动台 MS 与移动业务交换中心 MSC 之间建立信令连接的过程。
- 对移动台的识别码进行鉴权，如果需加密则设置加密模等，进入呼叫建立的起始阶段。
- 分配业务信道的过程。
- 采用七号信令的客户部分（TUP），建立与固定网（PSTN）至被叫客户的通路，并向被叫客户振铃，向移动台回送呼叫接通证实信号。
- 被叫客户取机应答，向移动台发送应答连接消息，最后进入通话阶段。

2. 固网客户至 GSM 移动网络客户出局呼叫流程

① 固话客户呼叫本地移动客户（1××……），通过 LS 连到 GMSC（Gateway Mobile Switching Center，网关移动交换中心），分析号码找到被呼叫的移动用户，如图 6-5 所示。

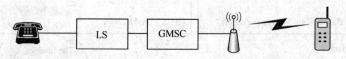

图 6-5　固话客户呼叫本地移动客户

② 固话客户呼叫外地移动用户（01××……），通过 LS 到 TS，就近接入 GMSC，通过号码分析找到被呼叫的移动用户，如图 6-6 所示。

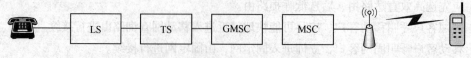

图 6-6　固话客户呼叫外地移动客户

该过程具体流程包括如下。

- 通过 No.7 信令用户部分 TUP，入口 MSC（GMSC）接收来自固话网（PSTN）的呼叫。
- GMSC 向 HLR 询问有关被叫移动客户正在访问的 MSC 地址（即 MSRN）。

- HLR 请求拜访 VLR 分配 MSRN。MSRN 是在客户每次呼叫时由拜访 VLR 分配并通知 HLR。
- GMSC 从 HLR 获得 MSRN 后，便可寻找路由建立至被访 MSC 的通路。
- 被访 MSC 从 VLR 获得有关客户数据。
- MSC 通过位置区内的所有基站 BTS 向移动台发送寻呼消息。
- 被叫移动客户的移动台发回寻呼响应消息后，执行与上述出局呼叫流程中的①～④。
- 相同的过程，直到移动台振铃，向主叫客户回送呼叫接通证实信号。
- 移动客户取机应答，向固话网发送应答连接消息，至此进入通话阶段。

6.3 移动网络与 Internet 间的数据通信过程

通过移动和无线通信系统接入 Internet 的方式分为两大类，一是基于蜂窝的接入技术，如 CDPD、GPRS、EDGE 等；二是基于局域网的技术，如 IEEE 802.11 WLAN、Bluetooth、HomeRF 等。本节将以 GPRS 技术为例介绍移动网络与 Internet 间的数据通信过程。

GPRS 技术将通信网络和计算机网络结合在一起，向全 IP 网络的方向发展。GPRS 系统在 GSM 系统的基础上，增加了分组控制单元（PCU）、服务 GPRS 支持节点（SGSN）、网关 GPRS 支持节点（GGSN）等网元设备，如图 6-7 所示结构。各部分功能描述如下。

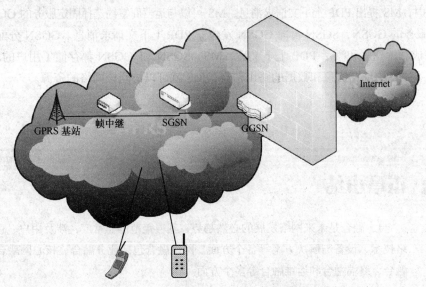

图 6-7　GPRS 系统接入 Internet 网络简单示意

① PCU 处理从语音业务中分离出数据业务，控制无线信道的分配。

② 节点 SGSN 的功能与 MSC/VLR 类似，具有网络接入控制、路由选择和转发、移动性管理、计费信息的收集等功能，支持 Gb、SS7 和 Gr 等接口。

③ 网关节点 GGSN 的主要功能是网络接入控制（如消息屏蔽）、计费信息收集、路由选择和转发（如地址翻译和映射，封装和隧道传输）、移动性管理、边界网关等功能，支持与外部网络（IP 或 X.25）的透明和不透明连接。

GPRS 基站与 SGSN 设备之间的连接一般通过帧中继连接，GGSN 与 SGSN 设备之间通过 IP 网络连接。GGSN 是 GPRS 网络的网关和路由器。GGSN 可以把 GSM 网中的 GPRS 分组数据包

进行协议转换，从而可以把这些分组数据包传送到远端的 Internet 或 X.25 网络。

用户通过 GPRS 网络接入到互联网、企业内部网或 ISP 时，需要对用户的身份、服务质量进行鉴权和数据加密等过程，用户 MS 的动态 IP 地址的分配可以分别由运营商、企业网或 ISP 等实现，因此 GPRS 用户的接入方式有透明接入和非透明接入两种方式。

GGSN 可以由具有网络地址翻译功能的路由器承担内部 IP 地址与外部网络 IP 地址的转换。用户可以访问 GPRS 内部的网络，也可以通过 APN 访问外部的 Internet。如果用户的 IP 地址是运营商分配的公有地址，则 GGSN 不参与用户的论证和鉴权过程。用户可以通过 GGSN 透明地接入到 GPRS 内部网络或互联网络，这种方式称为透明方式。

非透明方式主要是用户通过 GPRS 网络接入到企业网络或 ISP 的情形。用户 MS 的 IP 地址是由企业网络或 ISP 分配的私有地址，用户访问该企业网络或 ISP 时，GGSN 需要企业网络或 ISP 中的专用服务器对该用户进行鉴权或论证。

在标识 GPRS 设备中，如手机 MS 的标识除了在 GSM 中使用 IMSI、MSISDN 等号码外，还需要分配 IP 地址。网元设备 SGSN、GGSN 的标识既有 No.7 信令地址，又有数据 GGSN 的 IP 地址，网元设备之间的通信采用 IP 地址，而网元设备与 MSC、HLR 等实体的通信采用信令地址。在 GPRS 系统中，有一个重要的数据库记录信息，即用户 PDP 上下文（分组数据协议上下文），用于管理从手机 MS 到网关 GGSN 及到 ISP 之间的数据路由信息。当 MS 访问 GPRS 内部网络或外部 Internet 网络时，MS 提出 PDP 上下文请求消息，MS 可以与运营商签约选择固定服务的 GGSN，或由 SGSN 选择服务的 GGSN，SGSN 再向 GGSN 发建立 PDP 上下文请求消息。GGSN 分配 MS 一个 IP 地址。在成功地建立和激活 PDP 上下文后，MS、SGSN 和 GGSN 都存储了用户的 PDP 上下文信息。有了用户的位置信息和数据的路由信息，MS 就可以访问该网络的资源。

本章小结

1. 融合是未来网络发展的必然趋势，其覆盖范围非常广，涉及用户、运营商、网络技术、设备与解决方案等各个方面。网络融合包括业务融合、核心网融合、接入网融合、终端融合和运维融合等多个方面。

2. "三网融合"是一种广义的、社会化的说法，在现阶段它并不意味着电信网、计算机网和有线电视网三大网络的物理合一，而主要是指高层业务应用的融合。

3. FMC（Fixed-Mobile Convergence）是指固定网络和移动网络的融合，它能够为用户提供多样的高质量的通信、信息和娱乐等业务，而与其终端、网络及相应应用和位置无关。

4. GSM 网络在进行路由选择时，遵循以下基本原则。

（1）应先选高效直达路由，后选低呼损路由。

（2）固网客户呼叫移动客户，应尽可能快地就近进入移动网查询路由进行接续。

（3）移动客户呼叫固网客户，立即进入固定网，由固定网进行接续。

5. 用户通过 GPRS 网络接入到互联网、企业内部网或 ISP 时，需要对用户的身份、服务质量进行鉴权和数据加密等过程，用户 MS 的动态 IP 地址的分配可以分别由运营商、企业网或 ISP 等实现，因此 GPRS 用户的接入方式有透明接入和非透明接入两种。

课后习题

1. 请分析网络融合的背景。

2. 简述网络融合的概念、内容。

3. 什么是"三网融合"？目前的解决方案有哪些？

4. 什么是 FMC？它有哪些特点？FMC 发展阶段有哪几个？

5. GSM 路由基本原则有哪些？根据这些原则，分析固网与 GSM 网络间的具体接续过程中的流程处理。

6. 简述 GPRS 系统各部分功能。

7. 简述 GPRS 透明接入和非透明接入两种方式。

通信缩略语英汉对照表（六）

英文缩略语	英 文 全 写	中 文 含 义
PDA	Personal Digital Assistant	个人数码助理（掌上电脑）
EDGE	Enhanced Data Rate for GSM Evolution	增强型数据速率 GSM 演进技术
GPRS	General Packet Radio Service	通用分组无线业务
MPLS	Multi-Protocol Label Switching	多协议标记交换
QoS	Quality of Service	服务质量
IMS	IP Multimedia Subsystem	IP 多媒体子系统
NGN	Next Generation Network	下一代网络
API	Application Programming Interface	应用程序可编程接口
OSA	Open Service Architecture	开放服务架构
PoC	PTT Over Cellular	无线一键通功能
CM	Cable Modem	电线缆调制解调器
HFC	Hybrid Fiber Coaxial	光纤同轴混合网
IPTV	Internet Protocol Television	交互式网络电视
FMC	Fixed Mobile Convergence	固定与移动网络融合
GSM	Global System for Mobile Communications	全球移动通信系统
TUP	Telephone User Part	电话用户部分
PSTN	Public Switched Telephone Network	公共交换电话网络
GMSC	Gateway Mobile Switching Center	网关移动交换中心
MSRN	Mobile Station Roaming Number	移动台漫游号
SGSN	Servicing GPRS Support Node	服务 GPRS 支持节点

英文缩略语	英 文 全 写	中 文 含 义
GGSN	Gateway GPRS Support Node	网关 GPRS 支持节点
HLR	Home Location Register	归属位置寄存器
VLR	Visitor Location Register	拜访位置寄存器
PCU	Package Control Unit	分组控制单元
PDP	Package Data Protocol	分组数据协议
ISP	Internet Service Provider	互联网服务提供商

第7章

通信新技术

当今科学技术尤其是信息技术的迅猛发展正引领世界进入信息社会。伴随世界范围内的信息科技革命,通信技术以前所未有的速度在发展更新,特别是通信技术与计算机技术的相互融合使通信技术的发展日新月异。进入 21 世纪以后,通信技术以更加迅猛的速度向前发展。载波通信、卫星通信和移动通信技术正在向数字化、智能化、宽带化发展。信息的数字转换处理技术走向成熟,为大规模、多领域的信息产品制造和信息服务创造了条件。在通信方面,从传输、交换到终端设备,从有线通信到无线通信,正在全面走向数字化,促进了通信最新技术从低速向高速、从单一语音通信向多媒体数据通信转变;在广播电视和新闻媒体领域,节目制作、传送和接收及印刷出版等均已开始实现数字化分布式处理。网络技术大趋势是试图将整个国家或地区经济和社会进步的发展都架构在信息网络上,发展网络经济、网络社会。本章以第四代移动通信技术、IPTV 技术和 CMMB 技术等为代表,介绍了这三种新技术的基本概念、发展现状和发展趋势。

7.1 第四代移动通信

移动通信可以说从无线电通信发明之日就产生了。早在 1897 年,马可尼所完成的无线通信试验就是在固定站与一艘拖船之间进行的,距离为 18 海里(1 海里=1852 米)。现代移动通信的发展始于 20 世纪 20 年代,而公用移动通信是从 20 世纪 60 年代开始的。公用移动通信系统的发展已经经历了第一代(1G)和第二代(2G),并将继续朝着第三代(3G)和第四代(4G)的方向发展。

第一阶段是模拟蜂窝移动通信网,模拟蜂窝移动通信被称为第一代蜂窝移动通信系统。时间是 20 世纪 70 年代中期至 80 年代中期。1978 年,美国贝尔实验室研制成功先进移动电话系统(AMPS),建成了蜂窝状移动通信系统。而其他工业化国家也相继开发出蜂窝式移动通信网。这一阶段相对于以前的移动通信系统,最重要的突破是贝尔实验室在 20 世纪 70 代提出的蜂窝网的概念。蜂窝网,即小区制,由于实现了频率复用,大

大提高了系统容量。第一代移动通信系统的典型代表是美国的 AMPS 系统和后来的改进型系统 TACS，以及 NMT 和 NTT 等。

为了解决模拟系统中存在的技术缺陷，数字移动通信技术应运而生，并且发展起来，这就是以 GSM 和 IS-95 为代表的第二代移动通信系统，时间是从 20 世纪 80 代中期开始。欧洲首先推出了泛欧数字移动通信网（GSM）的体系，随后，美国和日本也制订了各自的数字移动通信体制。数字移动通网相对于模拟移动通信，提高了频谱利用率，支持多种业务服务，并与 ISDN 等兼容。第二代移动通信系统以传输语音和低速数据业务为目的，因此又称为窄带数字通信系统。第二代数字蜂窝移动通信系统的典型代表是美国的 DAMPS 系统，IS-95 和欧洲的 GSM 系统。

由于第二代移动通信以传输语音和低速数据业务为目的，从 1996 年开始，为了解决中速数据传输问题，又出现了 2.5 代的移动通信系统，如 GPRS 和 IS-95B。移动通信现在主要提供的服务仍然是语音服务以及低速率数据服务。由于网络的发展，数据和多媒体通信的发展势头很快，所以，第三代移动通信的目标就是移动宽带多媒体通信。

第三代移动通信系统最早由国际电信联盟（ITU）于 1985 年提出，当时称为未来公众陆地移动通信系统（Future Public Land Mobile Telecommunication System，FPLMTS），1996 年更名为 IMT-2000（International Mobile Telecommunication-2000），意即该系统工作在 2000MHz 频段，最高业务速率可达 2000kbit/s。主要体制有 WCDMA、cdma 2000 和 TD-SCDMA。

虽然第三代移动通信系统以提供更高比特率、更灵活的、能为一个用户同时提供多种业务以及更具不同服务质量等级的业务，但是从技术角度考虑，3G 系统还有很多需要改进的地方，如采用电路交换，而不是纯 IP 方式；所能提供的最高速率只有 384kbit/s（标称最高速率为 2Mbit/s）不能满足用户对移动通信系统的速率要求；不能充分满足移动流媒体通信（视频）的完全需求；没有达成全球统一的标准等。正是由于 3G 的诸多不足，使得在 3G 还没有大规模投入商用、距离完全实用化还有一段时间的情况下，国内外移动通信领域的专家就已经在进行第四代移动通信系统（4G）的研究和开发工作。爱立信和日本 NTT 联合研究第四代移动通信，美国有摩托罗拉、AT&T 等公司正在开展第四代移动通信研究。不少国际标准组织都参加了研究。我国科技部高技术研究发展中心、国家"863"计划未来移动通信总体专家委员会、一些大学以及一些骨干企业也参与其中。

7.1.1　第四代移动通信的概述

那么，到底什么是第四代移动通信呢？严格说来，现在还不能对第四代移动通信作出确切的定义，但可以肯定，4G 通信将是一个比 3G 通信更完美的无线世界，它可以创造出许多难以想象的应用。关于 4G 的一般描述为："第四代移动通信的概念可称为宽带接入和分布网络，具有非对称的和超过 2Mbit/s 的数据传输能力。它包括宽带无线固定接入、宽带无线局域网、移动宽带系统和互操作的广播网络（基于地面和卫星系统）。此外，第四代移动通信系统将是由多功能集成的宽带移动通信系统，也是宽带接入 IP 系统"。实际上，世界各国在对 4G 的设想上存在着巨大的差异。欧洲国家一般认为 4G 是一种可以有效使用频谱的数据通信技术，并且以 IPv6 为基础，网络上的所有单位都有自己的 IP 地址，通过在移动通信网络中引入 IPv6 就可以把现有的各种不同的网络融合在一起，如 4G 网络将会融合卫星和平流层通信系统、数字广播电视系统、各种蜂窝和准蜂窝系统、无线本地环路和无线局域网，并且可以和 2G、3G 兼容。与欧洲关于 4G 的观点正相反，日本热衷于建立一个单一的 4G 全球标准。美国则希望把 WLAN 技术进行扩展，从而演进为 4G 的基础。

总地看来，业界人士对第四代移动通信已达成的共识主要有以下五点。

①　与已有的数字移动通信系统相比，4G 系统应具有更高的数据速率和传输质量、更好的业务质量（QoS）、更高的频谱利用率、更高的安全性\智能性和灵活性。

②　可以容纳更多的用户，应能支持包括非对称性业务在内的多种业务。

③　4G 系统应体现移动与无线接入网和 IP 网络不断融合的发展趋势，将在不同的固定和无线平台以及跨越不同频带的网络运行中提供无线服务。

④　能实现全球范围内多个移动网络和无线网络间的无缝漫游，包括网络无缝、终端无缝和内容无缝。

⑤　将是多功能集成的宽带移动通信系统，不仅联系人与人，更将联系人与机器、环境，人们将能够随时随地地接入需要的多媒体信息，并可远端控制其他设备。

第四代移动通信的一些具体特点如下。

①　传输速率更快。4G 系统的目标速率为：①对于大范围高速移动用户（250km/h），数据速率为 2Mbit/s；②对于中速移动用户（60km/h），数据速率为 20Mbit/s；③对于低速移动用户（室内或步行者），数据速率为 100Mbit/s。

②　带宽更宽。据研究，每个 4G 信道将占有 100MHz 或更多带宽，而 3G 网络的带宽则在 5～20MHz。

③　容量更大。将采用新的网络技术（如空分多址技术等）来极大地提高系统的容量，以满足未来大信息量的需求。

④　智能性更高。4G 系统的智能性更高，它将能自适应地进行资源分配，处理变化的业务流和适应不同的信道环境。4G 网络中的智能处理器将能够处理节点故障或基站超载，4G 通信终端设备的设计和操作也将智能化。

⑤　实现更高质量的多媒体通信。4G 通信能提供的无线多媒体通信服务将包括语音、数据、影像等，大量信息透过宽频信道传送出去，让用户可以在任何时间、任何地点接入到系统中，因此 4G 也是一种实时的、宽带的以及无缝覆盖的多媒体移动通信。

⑥　兼容性能更平滑。要使 4G 通信尽快地被人们接受，还应该考虑到让更多的用户在投资最少的情况下轻易地过渡到 4G 通信。因此，从这个角度看，4G 通信系统应当具备真正意义上的全球漫游（包括与 3G、WLAN 和固定网络之间无缝隙漫游）接口开放、能跟多种网络互连、终端多样化以及能从 2G 平稳过渡等特点。

⑦　业务的多样性。在未来的全球通信中，人们所需的是多媒体通信，因此个人通信、信息系统、广播和娱乐等各行业将会结合成一个整体，提供给用户比以往更广泛的服务与应用。系统的使用也会更加安全、方便，更加照顾用户的个性。

⑧　灵活性较强。4G 系统将能够自适应地进行资源分配，调整系统根据通信过程中变化的业务流大小进行相应处理。对信道条件不同的各种复杂环境都能进行信号的正常发送与接收，具有很强的智能性、适应性和灵活性。用户将使用各式各样的移动设备接入到 4G 系统中来。设备与人之间的交流不再是简单的听、说、看，还可以通过其他途径与用户进行交流。4G 移动设备的功能已不能简单地划归到"电话机"的范畴，而且从外观和式样上也将会有更惊人的突破，也许眼镜、手表、旅游鞋等都有可能成为 4G 终端。

⑨　用户共存性。4G 中的移动通信技术能够根据网络的状况和变化的信道条件进行自适应处理，使低速与高速用户以及各种各样的用户设备能够并存与互通，从而满足系统多类型用户的需求。

⑩ 通信费用更加便宜。4G 通信能解决与 3G 的兼容性问题，让更多的现有通信用户轻易地升级到 4G 通信，而且 4G 通信引入了许多尖端通信技术，相对其他技术来说，4G 通信部署起来就容易、迅速得多。

⑪ 灵活的网络结构。4G 系统的网络将是一个完全自治、自适应的网络，它可以自动管理，动态改变自己的结构以满足系统变化和发展的要求。4G 系统具有不同的网络结构，可能存在与 1G、2G、3G 完全不同的、没有基站的网络结构，包括 Ad Hoc 自组织网络。在 4G 系统中，各种针对不同业务的接入系统通过多媒体接入系统连接到基于 IP 的核心网中，形成一个公共的、灵活的、可扩展的平台，网络的连接如图 7-1 所示。

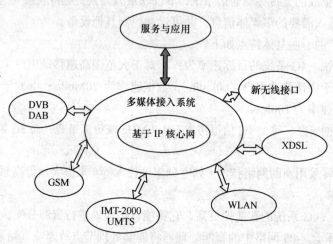

图 7-1　系统网络结构

从图 7-1 中可看出，基于 IP 技术的网络架构使得用户在 3G、4G、WLAN、固定网之间无缝漫游可以实现。我们可将系统网络体系结构分为三层，如图 7-2 所示。

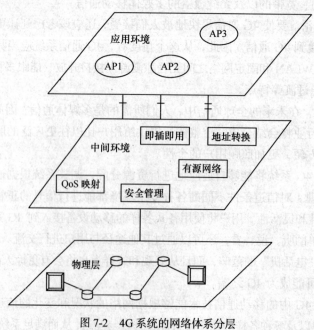

图 7-2　4G 系统的网络体系分层

⑫ 将能实现不同 QoS 的业务。4G 系统通过动态带宽分配和调节发射功率来提供不同级别的 QoS。第四代移动通信将使用户享受与光纤服务相同速率的服务，不受接入地点限制，具有移动通信特性。大企事业将是最早用户，有移动医疗、移动电视会议等，包括高清晰度图像业务、会议电视、虚拟现实业务等。然后逐步普及，满足移动高速上网需要，例如 IP 上的高清度电视、移动车辆宽带信息服务等。

在全球范围内有多个组织正在进行 4G 系统的研究和标准化工作，如 IPv6 论坛、SDR 论坛、3GPP、无线世界研究论坛、IETF 和 MWIF 等。一些全球著名的移动通信设备厂商也在进行 4G 的研究和开发工作。AT&T 已经开发了名为 4G 接入的实验网络。NORTEL 正在进行软件无线电功率放大器技术的研究，而 HP 实验室正在进行实验网络上传输多媒体内容的相关研究。Ericsson 在加州大学投入了 1000 万美元从事下一代 CDMA 和 4G 移动通信技术的研究。

按照目前的研究成果和专家预测，4G 系统将会在 2010 年以后投入商业运营，最高下行速率将达到 100Mbit/s。ITU-R 的 WP8F 工作组也估计下一代移动通信系统将在 2010 年左右投入商业运营。

7.1.2　第四代移动通信的关键技术

近年来人们对实现 B3G/4G 的关键技术进行了大量的研究，并取得了初步的成果。归纳起来可分为以下一些方面。

1. OFDM

OFDM（正交频分复用）技术实际上是 MCM（Multi-Carrier Modulation，多载波调制）的一种。其主要思想是：将信道分成若干正交子信道，将高速数据信号转换成并行的低速子数据流，在每个子信道上进行传输。正交信号可以在接收端采用相关技术来分开，这样可以减少子信道之间的相互干扰（ICI）。每个子信道上的信号带宽小于信道的相关带宽，因此每个子信道上的信号可以看成平坦性衰落，从而可以消除符号间干扰。而且由于每个子信道的带宽仅仅是原信道带宽的一小部分，信道均衡变得相对容易。

OFDM 技术之所以越来越受关注，是因为 OFDM 有很多独特的优点。

① 频谱利用率很高，频谱效率比串行系统高近一倍。这一点在频谱资源有限的无线环境中很重要。OFDM 信号的相邻子载波相互重叠，从理论上讲其频谱利用率可以接近 Nyquist 极限。

② 抗衰落能力强。OFDM 把用户信息通过多个子载波传输，在每个子载波上的信号时间就相应地比同速率的单载波系统上的信号时间长很多倍，使 OFDM 对脉冲噪声（Impulse Noise）和信道快衰落的抵抗力更强。同时，通过子载波的联合编码，达到了子信道间的频率分集的作用，也增强了对脉冲噪声和信道快衰落的抵抗力。因此，如果衰落不是特别严重，就没有必要再添加时域均衡器。

③ 适合高速数据传输。OFDM 自适应调制机制使不同的子载波可以按照信道情况和噪声背景的不同使用不同的调制方式。当信道条件好的时候，采用效率高的调制方式。当信道条件差的时候，采用抗干扰能力强的调制方式。再有，OFDM 加载算法的采用，使系统可以把更多的数据集中放在条件好的信道上以高速率进行传送。因此，OFDM 技术非常适合高速数据传输。

④ 抗码间干扰（ISI）能力强。码间干扰是数字通信系统中除噪声干扰之外最主要的干扰，它与加性的噪声干扰不同，是一种乘性的干扰。造成码间干扰的原因有很多，实际上，只要传输

信道的频带是有限的，就会造成一定的码间干扰。OFDM 由于采用了循环前缀，对抗码间干扰的能力很强。OFDM 也有其缺点，例如对频偏和相位噪声比较敏感；功率峰值与均值比（PAPR）大，导致射频放大器的功率效率较低；负载算法和自适应调制技术会增加系统复杂度。

OFDM 作为 4G 的核心技术，面临很好的机遇，因为 OFDM 已经获得了许多通信业界巨头的一致支持，其中包括朗讯、思科、飞利浦半导体和诺基亚。而且在这些公司最近的宣传中，都列举了 OFDM 优越于 CDMA 的种种特点，并显示了他们对 OFDM 成为第四代移动通信最终标准的强烈信心。

思科公司在并购了硅谷的技术公司 Clarity Corporation 而获得了其所有的 VOFDM（矢量正交频分复用）专利之后，对外界宣称，已经生产出了具有 U-NII 波段和 MMDS 架构的设备，并做好了上市销售的准备。

在欧洲地区，无线本地环路与数字音讯广播已针对其室内应用而进行相关的研发，测试项目包括 10Mbit/s 与 MPEG 影像传输应用，而第四代移动通信技术则将会是现有两项研发技术的延伸，先从室内技术开始，再逐渐扩展到室外的移动通信网路。目前第四代移动通信的频段尚未被讨论与制订，不过原则上将会是以高频段频谱为主，另外也将会使用到微波相关的技术与频段。在未来几年里，这种以宽带、接入因特网、具有多种综合功能的第四代移动通信系统，会陆续出现相关的实验系统和手机模型。

当然，也应当看到，OFDM 的成型技术产品还远不及 CDMA 那样丰富，目前只是在 DSL（数字用户线）环境下的应用有了相当的规模，在此领域的应用也并不能在很大程度上体现 OFDM 性能上的过人之处，而且在技术上仍存在不少问题。有专家提出对 4G 系统进行电磁兼容性（EMC）和对于人体的危害评估是极其重要的，尤其是高频段像毫米波和微米波这样的频率。

2．软件无线电

所谓软件无线电（Software Defined Radio，SDR），就是采用数字信号处理技术，在可编程控制的通用硬件平台上，利用软件来定义实现无线电台的各部分功能，包括前端接收、中频处理以及信号的基带处理等。即整个无线电台从高频、中频、基带直到控制协议部分全部由软件编程来完成。

其核心思想是在尽可能靠近天线的地方使用宽带的"数字/模拟"转换器，尽早地完成信号的数字化，从而使得无线电台的功能尽可能地用软件来定义和实现。总之，软件无线电是一种基于数字信号处理（DSP）芯片，以软件为核心的崭新的无线通信体系结构。

软件无线电有以下一些特点。

① 灵活性。工作模式可由软件编程改变，包括可编程的射频频段宽带信号接入方式和可编程调制方式等。所以可任意更换信道接入方式，改变调制方式或接收不同系统的信号；可通过软件工具来扩展业务、分析无线通信环境、定义所需增强的业务和实时环境测试，升级便捷。

② 集中性。多个信道享有共同的射频前端与宽带 A/D/A 变换器以获取每一信道的相对廉价的信号处理性能。

③ 模块化。模块的物理和电气接口技术指标符合开放标准，在硬件技术发展时，允许更换单个模块，从而使软件无线电保持较长的使用寿命。

3．智能天线

智能天线定义为波束间没有切换的多波束或自适应阵列天线。多波束天线在一个扇区中使用多个固定波束，而在自适应阵列中，多个天线的接收信号被加权并且合成在一起使信噪比达到最大。与固定波束天线相比，天线阵列的优点是除了提供高的天线增益外，还能提供相应倍数的分集增益。但是它们要求每个天线有一个接收机，还能提供相应倍数的分集增益。

智能天线具有抑制信号干扰、自动跟踪以及数字波束调节等智能功能，其基本工作原理是根据信号来波的方向自适应地调整方向图，跟踪强信号，减少或抵消干扰信号。智能天线可以提高信噪比，提升系统通信质量，缓解无线通信日益发展与频谱资源不足的矛盾，降低系统整体造价，因此势必会成为 4G 系统的关键技术。智能天线的核心是智能的算法，而算法决定电路实现的复杂程度和瞬时响应速率，因此需要选择较好算法实现波束的智能控制。

4．IPv6

4G 通信系统选择了采用基于 IP 的全分组的方式传送数据流，因此 IPv6 技术将成为下一代网络的核心协议。选择 IPv6 协议主要基于以下几点的考虑。

① 巨大的地址空间。在一段可预见的时期内，它能够为所有可以想象出的网络设备提供一个全球唯一的地址。

② 自动控制。IPv6 还有另一个基本特性就是它支持无状态和有状态两种地址自动配置的方式。无状态地址自动配置方式是获得地址的关键。在这种方式下，需要配置地址的节点使用一种邻居发现机制获得一个局部连接地址。一旦得到这个地址之后，它使用另一种即插即用的机制，在没有任何人工干预的情况下，获得一个全球唯一的路由地址。有状态配置机制，如 DHCP（动态主机配置协议），需要一个额外的服务器，因此也需要很多额外的操作和维护。

③ 服务质量。服务质量（QoS）包含几个方面的内容。从协议的角度看，IPv6 与目前的 IPv4 提供相同的 QoS，但是 IPv6 的优点体现在能提供不同的服务。这些优点来自于 IPv6 报头中新增加的字段"流标志"。有了这个 20 位长的字段，在传输过程中，任何节点就可以识别和分开处理任何 IP 地址流。尽管对这个流标志的准确应用还没有制定出有关标准，但将来它可以用于基于服务级别的新计费系统。

④ 移动性。移动 IPv6（MIPv6）在新功能和新服务方面可提供更大的灵活性。每个移动设备设有一个固定的家乡地址（Home Address），这个地址与设备当前接入互连网的位置无关。当设备在家乡以外的地方使用时，通过一个转交地址（Care-of Address）来提供移动节点当前的位置信息。移动设备每次改变位置，都要将它的转交地址告诉给家乡地址和它所对应的通信节点。在家乡以外的地方，移动设备传送数据包时，通常在 IPv6 报头中将转交地址作为源地址。

从第四代移动通信系统的发展前景来看，其技术的研究在未来几年内将取得很大的进展。4G 技术除 OFDM 和智能天线等核心技术之外还包含一些相关技术。

① 交互干扰抑制和多用户识别。待开发的交互干扰抑制和多用户识别技术应成为 4G 的组成部分，它们以交互干扰抑制的方式引入到基站和移动电话系统，消除不必要的邻近和共信道用户的交互干扰，确保接收机的高质量接收信号。这种组合将满足更大用户容量的需求，还能增加覆盖范围。交互干扰抑制和多用户识别技术的结合将大大减少网络基础设施的部署，确保业务质量的改善。

② 可重构性/自愈网络。在 4G 无线网络中将采用智能处理器，它们将能够处理节点故障或基站超载。网络各部分采用基于知识解答装置，将能够纠正网络故障，这种基于知识解答装置安装在无线网络控制器上。

③ 微微无线电接收器。微微无线电接收器是未来 4G 中要研究的另一个重点，它们是嵌入式无线电，例如"蓝牙"，在智能和功耗方面都得到改善。无线电装在一单片上，采用这种技术，功

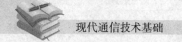

耗是采用现有技术的 1/10～1/100。

④ 无线接入网（RAN）。4G 系统不仅是速度高，而且容量大，低比特成本，能够支持 2010 年后的业务，这些要求将使得 4G RAN 不同于目前的 RAN，在结构上必然是革命性的。4G 蜂窝系统的无线接入网络技术发展的趋势是电路交换向基于 IP 分组交换发展，宏小区向微小区发展，设备分集向网络分集发展。基于 IP 分组业务不仅影响无线电传输协议，还影响 RAN 的选路和切换策略。这种基于 IP 技术的网络架构使得在 3G、4G、W-LAN、固定网之间漫游得以实现，并支持下一代因特网，包括 IPv6 和组播业务。

7.1.3　第四代移动通信的发展趋势

4G 移动通信技术还处于实验室研究阶段，具体设备和技术还没有成型，有待深入探讨。对于现在的人来说，未来的 4G 通信的确显得很神秘，不少人都认为第四代无线通信网络系统是人类有史以来最复杂的技术系统，各方面相对于 3G 来说都有所提高，如宽带、频谱利用率和吞吐量，第四代移动通信技术自身也会相应地调整完善。可以预见，第四代移动通信必将是未来无线和移动通信的发展方向。总的来说，要顺利、全面地实施 4G 通信，还将可能遇到一些困难。

首先，人们对未来的 4G 通信的需求是它的通信传输速度将会得到极大提升，从理论上说最高可达到 100Mbit/s，但手机的速度将受到通信系统容量的限制。据有关行家分析，4G 手机将很难达到其理论速度。

其次，4G 的发展还将面临极大的市场压力。有专家预测，在 10 年以后，2G 的多媒体服务将进入第三个发展阶段，此时覆盖全球的 3G 网络已经基本建成，全球 25%以上的人口使用 3G，到那时，整个行业正在消化吸收第三代技术，对于 4G 技术的接受还需要一个逐步过渡的过程。

因此，在建设 4G 通信网络系统时，通信运营商们将考虑直接在 3G 通信网络的基础设施之上，采用逐步引入的方法，使移动通信从 3G 逐步向 4G 过渡。

也有不少业内人士认为，尽管第四代移动通信技术有着比 3G 更强的优越性，可要是把 4G 投入到实际应用，需要对现有的移动通信基础设施进行更新改造，这将会引发一系列的资金、观念（3G 尚未商用，4G 更是遥遥无期）等问题，从而在一定程度上会减缓 4G 正式进入市场的速度。

我们相信，在不久的将来，4G 在业务、功能、频宽上均有别于 3G，应该会是将所有无线服务综合在一起，能在任何地方接入因特网，包括定位定时、数据收集、远程控制等功能。移动无线因特网会是无边无际，而预计两年后 3G 的传输速度上限 2Mbit/s 很可能会到达饱和。所以 4G 将会是多功能集成的宽带移动通信系统，是宽带接入 IP 的系统，是新一代的移动通信系统。

7.2　IPTV 技术

近年来，随着宽带技术的发展，宽带用户的数量急剧上升。这为 IP 网络运营商提供了一个难得的商业机会。宽带为何如此受欢迎？原因之一是用户可以得到多种宽带服务，如视频、游戏、股票、电子商务等，其中以影视服务为主的宽带流媒体服务最引人瞩目。为了抓住机遇，IP 网络运营商需要在其物理网络基础上建设一套高效的宽带网络增值服务运营支撑平台。一方面，这能够吸引各种增值服务提供商在这个平台上提供服务；另一方面，这个平台能够为用户提供一个简单的接受服务的桥梁。目前，宽带用户基本上都是通过 PC 机接入宽带网络，而我国电视机的普及率却远远高于 PC 机，如果能把宽带流媒体服务扩展到机顶盒，使电视用户也能享受到宽带带来的好处，这将给运营商带来极大的商机。因此，IPTV 服务作为一种收费增值服务已经具备了市场条件。IPTV 技术正是为实现这一目标而发展起来的。

7.2.1 IPTV 的基本概念

IPTV（Internet Protocol Television）俗称交互式网络电视。它是利用宽带网的基础设施，以家用电视机+网络机顶盒（TV + STB）、计算机（PC）、手机等智能设备作为主要终端设备，集互连网、多媒体、通信等多种技术于一体，通过互连网协议（IP）向家庭用户提供包括数字电视在内的多种交互式服务的崭新技术。图 7-3 所示为 IPTV 的系统布局图。IPTV 能非常灵活地根据用户的

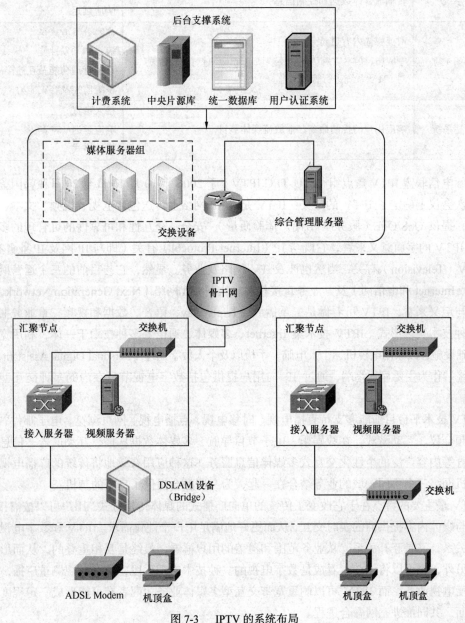

图 7-3　IPTV 的系统布局

选择提供内容广泛的多媒体服务；IPTV 可实现信息选择的超时空性，"黄金时间等于任何时间"；服务具有个性化的特点，网络电视节目的增多以及专业化的播放，为用户提供了多种选择，个性化信息服务提高信息的利用效率；IPTV 具有超强的交互性，在节目和内容的传播过程中，用户不仅能定制或选择个人喜爱的内容，还可以陈述自己的观点或要求。

从图 7-3 上可以看出 IPTV 系统分为三个子系统：网络系统、服务端系统、用户端系统。

各系统的主要功能和关键技术指标见表 7-1。

表 7-1　　　　　　　　　　　各系统的主要功能和关键技术指标

子系统	主要功能	关键技术指标
网络系统	传输流媒体数据和控制信息	有效带宽 响应延迟
服务端系统	对流媒体内容进行分发 响应用户请求，发送流媒体数据，提供认证、计费服务 对 IPTV 系统进行管理和监控	内容分发方式 流媒体并发性能 系统管理功能及互连接口 系统监控及容灾能力
用户端系统	响应用户的控制命令，播放流媒体节目	接入带宽 响应延迟 媒体格式

国际电信联盟 IPTV 焦点组（ITU-TFG IPTV）于 2006 年 10 月 16 日至 20 日在韩国釜山举行的第二次会议上确定了 IPTV 的定义：IPTV 是在 IP 网络上传送包含电视、视频、文本、图形和数据等，提供 QoS/QoE（服务质量/用户体验质量）、安全、交互性和可靠性的可管理的多媒体业务。从 IPTV 的字面意义来看，它既与 IP（Internet Protocol）有关（即与 IP 网及 IP 业务有关），又与 TV（Television）有关，当然也涉及 TV 网络及业务。显然，它与目前的三个运营网（广播电视网、Internet 和电信网）及其业务直接相关。从下一代网络（Next Generation Network，NGN）的概念与定义来看，IPTV 可看做是三重播放（Triple-play，语音、数据和视频三重业务捆绑）业务的一种技术实现形式。IPTV 技术集 Internet、多媒体、通信等多种技术于一体，利用宽带网络作为基础设施，以家用电视机、个人电脑、手机以及个人数字助理（Personal Digital Assistant，PDA）等便携终端作为主要显示终端，通过 IP 向用户提供包括数字电视节目在内的多种交互型多媒体业务。

IPTV 技术平台目前能够支持直播电视、时移电视、点播电视、网页浏览、电子邮件、可视电话、视频会议、互动游戏、在线娱乐、电子节目导航、多媒体数据广播、互动广告、信息咨询、远程教育等内容广泛的个性化交互式多媒体信息服务。这种应用有效地将传统的广播电视、通信和计算机网络三个不同领域的业务结合在一起，为三网融合提供了良好的契机。

IPTV 最主要的特点在于它改变了传统的单向广播式的媒体传播方式，用户可以按需接收，实现用户与媒体内容提供商的实时交互，从而更好地满足用户个性化需求。IPTV 和数字电视之间既是竞争关系，又是互补关系。从业务范围和覆盖的用户群看，最终是互相重叠的，从而形成竞争关系；另外，也可以将 IPTV 看成是数字电视的一种技术实现手段，数字电视侧重广播，特别是高清晰度电视业务，而 IPTV 可以侧重宽带交互型多媒体业务，两者有可能形成一定程度的业务互补局面，共同推进三网融合进程。

7.2.2　IPTV 系统结构及关键技术

目前的 IPTV 技术经过几年的发展，已经逐步趋于成熟，具备了商业规模部署的能力。从系统的结构角度看，IPTV 应用系统主要包括四个部分：内容制作系统、EPG（互动节目指南）系统、机顶盒客户端系统（STB）、业务管理系统。实现这些子系统功能主要包括音视频编解码技术、音视频服务器和存储阵列技术、IP 单播（unicast）和组播（multicast）技术、IP QoS 技术、IP 信令技术（如 SIP 技术）、内容分送网络（CDN）技术、数字版权管理（DRM）技术、IP 机顶盒与 EPG 技术、用户管理和收费系统技术等。它还涉及各种不同的宽带接入网络技术，如 Cable Modem 网络技术、以太网络技术和 ADSL 网络技术等。IPTV 系统将提供视音频流媒体节目，如 IP 电视节目，从节目中心（first mile）播出，并通过骨干网、城域网和宽带接入网（last mile）传输，直到被用户接收之端到端的完整技术解决方案。系统结构如图 7-4 所示。

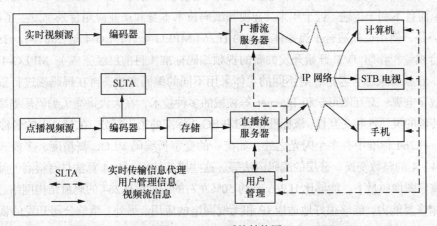

图 7-4　IPTV 系统结构图

编解码系统完成对内容的编码和回放；存储、流服务系统实现内容的存储和向最终用户提供流服务；EPG 系统是 IPTV 系统的门户，实现对用户业务访问的电子导航；业务支撑系统实现业务管理、用户管理、资产管理、用户认证、计费等功能；DRM 实现对内容的加密保护和对合法用户的授权。这些子系统构成了一个完整的 IPTV 系统的功能模型，为用户提供完整的 IPTV 服务。

从系统的管理角度看，由于 IPTV 业务的运营是电信运营商和内容运营商的联合运营。因此，IPTV 系统分为内容集成运营商管理和电信运营商管理。内容集成运营商管理完成内容管理和发布、视听业务管理、视听业务计费、内容监控、EPG 制作和发布等功能；业务服务平台由电信运营商管理，完成内容存储和分发、流服务、EPG 服务、用户的管理和身份认证等功能。

从系统结构上看，IPTV 已经基本具备了规模商用条件，可以满足 IPTV 业务开展初期的基本视听业务和增值业务二次开发需求。

IPTV 技术是一项系统技术。它能使音视频内容节目或信号，以 IP 包的方式，在不同物理网络中，被安全、有效且保质地传送或分发给不同用户。下面仅就几项关键技术作简单介绍。

1．视频编码技术

编码技术是多媒体通信中使用的基本技术之一。多媒体通信的一个显著特点就是要传输的信息量非常大，尤其是视频数据，其编码技术甚至会在较大程度上影响业务质量，因此视频编码技术在 IPTV 中的地位非常重要。

随着人们对视频编码技术研究的不断深入，一些视频编码技术成果相继诞生，有的甚至已经被国际电信联盟（ITU）和国际标准化组织（ISO）接受为国际标准。其中已经发布的有：H.261、H.262、H.263、H.264 以及 MPEG-1、MPEG-2、MPEG-4 等。目前，国内外已经开展的 IPTV 业务基本上都是使用 MPEG-2 编码方式。

MPEG-2 标准是 1994 年制定的，由 MPEG 和 ITU 合作完成，是音视频行业的第一代标准。MPEG-2 主要目的是提供标准数字电视和高清晰度电视的编码方案，目前人们所熟知的 DVD 就是采用的这种格式。MPEG-2 在编码时对图像和声音的处理是分别进行的，将图像看成是一个矩形像素阵列的序列来处理，将音频看成是一个多声道或单声道的声音来处理。这种处理方式压缩效率较低，而且不利于传输。近十年来，音视频编码技术本身和产业应用背景都发生了明显变化。目前的趋势是，使用更加适合于流媒体系统的 H.264/MPEG-4。MPEG-4 是 2001 年，ISO 和 ITU 组建的联合视频工作组 JVT 开始开发的新的视频编码标准（目前已经完成）。MPEG-4 将一个场景的视频、音频对象综合考虑，对不同的主体采用不同的编码方式，再在解码端进行重新组合。它综合了数字电视、交互图形学和 Internet 等领域的多种技术，在大大提高了编码压缩率的同时，亦提高了传输的灵活性和交互性。该标准作为 MPEG-2 标准的第十部分，在 ITU-T 的名称为 H.264。在技术上，H.264 标准中有多个闪光之处，如统一的变字长编码 VLC，高精度、多模式的位移估计，基于 4×4 的整数变换、分层的编码语法等。这些措施使得 H.264 算法具有很高的编码效率，在相同的重建图像质量下，能够比 H.263 节约 50%左右的码率。H.264 的码流结构网络适应性强，增加了纠错恢复能力，能够很好地适应 IP 和无线网络的应用。另外，微软公司开发的视频压缩技术 WMV9，压缩效率和重建图像质量与 H.264 不相上下，目前正在申请成为国际标准。我国现在正在制定具有自主知识产权的音视频编解码系统 AVS 标准，其编码效率和重建图像质量也与 H.264 相当。正是视频压缩技术的发展，使宽带网上传输高质量视频信号成为可能。选择何种编解码标准，与运营商自身的网络情况有关，需要具体问题具体分析。

2．流媒体技术

流媒体技术（Streaming Media）就是把连续的影像和声音信息经过压缩处理后放到网络服务器上，让终端用户能够边下载边观看，而不需要等到整个多媒体文件下载完成便可以即时观看的技术。实际上无线流媒体技术是网络音视频技术和移动通信技术发展到一定阶段的产物，它是融合很多网络技术之后产生的新技术，涉及流媒体数据的采集、压缩、存储以及网络通信等多项技术。

流式传输的实现需要有特定的实时传输协议，其中包括互连网本身的多媒体传输协议，以及一些实时流式传输协议等，只有采用合适的协议才能更好地发挥流媒体的作用，保证传输质量。IETF 已经设计出几种支持流媒体传输的协议，主要有用于互连网上针对多媒体数据流的实时传输协议（RTP），与 RTP 一起提供流量控制和拥塞控制服务的实时传输控制协议（RTCP），定义了一对多的应用程序如何有效地通过 IP 网络传送多媒体数据的实时流协议（RTSP）。除上述协议之外，流媒体技术还包括对流媒体类型的识别。

3．内容传送技术

IPTV 的业务主要包括单播业务和组播业务，数据流量非常大，因此需在宽带城域网络之上部署内容分发网络（CDN），经过策略部署可以改善流媒体服务质量，并有效降低骨干网的压力。

CDN 是一套专门为高质量、大规模地分发丰富的多媒体内容，相对于互联网而建立的覆盖网络，其工作原理是在网络各节点放置内容缓存服务器，由 CDN 中心控制系统实时地根据网络流量和各节点的连接、负载状况以及到用户的距离等信息，将用户的请求引导到最佳的服务节点上。对用户来说，通过 CDN 系统，得到响应的时间被缩短，数据传输的稳定性被提高，从而提高了网络服务的总体性能。

CDN 网络架构主要分为中心和边缘两大部分，中心指 CDN 网管中心和域名服务器（DNS）重定向解析中心，负责全局负载均衡，设备系统安装在管理中心机房；边缘主要指异地的 CDN 节点，是 CDN 分发多媒体内容的载体，主要由高速缓存服务器和负载均衡器等组成。当用户访问加入 CDN 服务的网站时，域名解析请求将最终交给全局负载均衡来处理。全局负载均衡通过一组预先定义好的策略，将当时最接近用户的节点地址提供给用户，使用户能够得到快速的服务。同时，它还与分布在世界各地的所有内容分发网络中心控制系统（CDNC）节点保持通信，搜集各节点的通信状态，确保不将用户的请求分配到不可用的 CDN 节点上，实际上是通过 DNS 进行全局负载均衡。通过全局负载均衡 DNS 的控制，用户的请求被透明地指向离他最近的节点，节点中 CDN 服务器会像网站的原始服务器一样响应用户的请求。由于它离用户更近，因而响应时间必然更快。

每个 CDN 节点中的负载均衡设备负责均衡节点中各个高速缓存服务器的负载，保证节点的工作效率；同时，负载均衡设备还负责收集节点与周围环境的信息，保持与全局负载 DNS 的通信，实现整个系统的负载均衡。高速缓存服务器负责存储客户网站的大量信息，就像一个靠近用户的网站服务器一样响应本地用户的访问请求。CDN 为在宽带网上开展业务、部署应用开辟了全新的途径，具有广阔的市场前景和长期的盈利空间。

4．组播技术

组播是一种允许一个或多个发送者（组播源）一次、同时发送单一数据包到多个接收者的网络技术。组播源把数据包发送到特定组播组，而只有属于该组播组的地址才能接收到数据包。在 IPTV 里，组播源往往仅有一个，即使用户数量成倍增长，主干带宽也不需要随之增加，因为无论有多少个目标地址，在整个网络的任何一条主干链路上只传送单一视频流，即所谓"一次发送，组内广播"。组播技术提高了数据传送效率，减少了主干网出现拥塞的可能性。IPTV 业务主要包括单播业务和组播业务。一般说来，单播业务流量随着用户操作的变化而变化，而组播业务在骨干网络上的流量是固定的，因此在部署 IPTV 业务时，可考虑将组播业务和单播业务分开传送，以提高传输效率和保证服务质量。可以建立专门的组播业务传送网络，这种专用的网络可以是物理上的，也可以是逻辑上的，前者是新建的传送网络，后者是从现有传送网络中划分出来的逻辑通道。

IPTV 是一种全新的业务，从内容制作到终端接收的整个实现过程，涉及到包括编码技术、DRM、CDN、FTTH、EPG、STB 等许多关键技术。这些技术中，还有许多问题需要进行研究探讨。我们相信，通过业界人士的努力钻研，精诚合作，这些技术都将逐渐走向成熟，IPTV 业务进入可运营阶段的时刻指日可待。

7.2.3　IPTV 业务介绍及发展

1．IPTV 业务介绍

IPTV 的业务形态可简单分为三种：一是实时的电视广播节目；二是点播事先录制并存储在服务器上的节目；第三种就是所谓的 Time-Shifted TV，用户在收看现场直播的节目的同时，还可以回溯过去的精彩瞬间或者暂停一会继续收看现场节目。IPTV 需要给不同网络接入的用户提供连续和失真较小的音视频多媒体流，这些交互的多媒体业务具有高度并发和带宽需求较大的特点。

从垂直控制功能上来讲，一个典型的 IPTV 系统的层次结构如图 7-5 所示，主要包含以下几个部分：运营支撑层、业务层、网络承载层和终端层。支撑层主要完成 IPTV 用户的管理认证授权以及系统设备的管理。业务层主要是为 IPTV 提供多种多样的多媒体交互业务，比如视频点播业务、体育直播业务等。网络层主要是 IPTV 的物理介质，要求带宽比较大，最好支持组播，并具有一定的安全保护措施，又可以具体分为接入网、汇聚网和核心网三个部分。IPTV 的网络层在体系结构中的作用是负责实现 IPTV 的业务控制能力，通过对业务能力的封装，为扩展业务应用提供基础。网络层是 IPTV 业务的核心，是满足各类业务需求的关键。网络层的组成包括：内容运营子系统、运营维护子系统、门户导航子系统、业务管理子系统、媒体交付子系统、安全管理子系统和结算营账子系统。在每一个子系统中又包含若干个功能集，以完成业务实现过程，利用 IP 和广电的混合光纤/同轴电缆（HFC）网络共同提供直播电视业务。而最下层的终端层就表示 IPTV 的最终用户，他们通过网络承载层进行不同方式的网络接入服务，并在 PC 或者配合机顶盒的 TVSet 上观看电视节目。

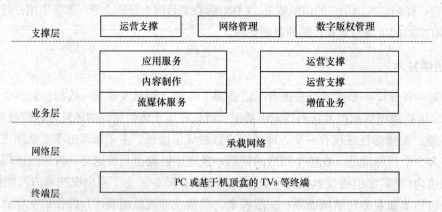

图 7-5　IPTV 垂直层次结构

IPTV 业务将以通信为导向的业务和以内容为导向的业务紧密地联系在一起，它可以提供的业务种类主要包括电视类业务、通信类业务以及各种增值业务。具体来说，电视类服务是指与电视业务相关的服务，如视频点播、直播电视和时移电视等；通信类服务主要是指基于 IP 的语音业务、即时通信服务和电视短信等；增值业务则是指电视购物、互动广告和在线游戏等。在 IPTV 发展初期，IPTV 的业务主要以电视类服务为主。下面对这些业务分别进行简单的介绍。

（1）视频点播业务

视频点播（Video on Demand，VOD）是近年来新兴的传媒方式，该技术是计算机技术、网络通信技术、多媒体技术、电视技术和数字压缩技术等多学科、多领域融合交叉结合的产物。VOD 技术使人们可以根据自己的兴趣，不用借助录像机和影碟机，而在电脑或电视上自由地点播节目库中的视频节目和信息，是可以对视频节目内容进行自由选择的交互式系统。它摆脱了传统电视受时空限制的束缚，解决了一个想看什么节目就看什么，想何时看就何时看的问题，从根本上改变了用户过去被动式看电视的状况。

IPTV 系统中的视频点播，其本质就是一种基于 IP 网络的利用机顶盒作为接收终端，电视机作为显示设备的视频点播系统。

（2）直播电视业务

直播电视（LIVE TV）业务指类似无线电视、有线电视及卫星电视所提供的传统电视服务。IPTV 通过组播的方式，实现直播电视的功能，借助 IP 网络来承载电视信号，是通过数字信号来完成传输的直播电视。

数字电视是指从演播室到发射、传输、接收过程中的所有环节都是使用数字电视信号，或对该系统所有的信号传播都是通过由二进制数字所构成的数字流来完成的。数字喜好的传播速率为 19.39MB/s，如此大的数据流传输速度保证了数字电视的高清晰度，克服了模拟电视的先天不足。

（3）时移电视业务

时移电视（Time Shift）是指用户可以自己任意选择电视节目的开始播放时间，并可以对电视播放进行任意的暂停、倒退和快进。

时移电视和直播电视的基本原理相同，主要的差别在于传输方式的差异。直播电视是采用组播方式实现数字视频广播业务；而时移电视则通过存储电视媒体文件，采用点播方式来为用户实现时移电视的功能。

（4）其他业务

① IPTV 可视电话业务。可视电话业务提供了一种非常经济的方式为用户提供语音和视频服务，是未来 IPTV 系统中很有价值的增值业务。目前的主要宽带运营商都为客户提供宽带网络可视电话的服务，在 IPTV 的部署中，只需要将相应的服务系统引入到 IPTV 系统，就可以方便快捷地为 IPTV 用户提供可视电话业务。

② 电子商务业务。电子商务是各种通过电子方式而不是面对面方式完成的交易，它是一种以信息为基础的商业构想的实现，用来提高贸易过程中的效率。

利用 IPTV 系统来实现电子商务，是通过 IPTV 和电子商务平台直接的借口，借助电视作为终端，通过 IP 网络进行电子交易。它可以让更多、更广泛的人群通过简单的遥控器操作来实现电子交易。

③ 电子广告业务。IPTV 系统和广播电视网相比是一个更加先进的网络，它可以提供的广告业务更加灵活，并且可以不断适应社会经济水平的发展。就目前而言，除直播电视中的广告业务之外，IPTV 还可以提供互动的电子广告业务。IPTV 可以提供的其他增值业务还有许多，比如远程教育业务、上网业务、网络游戏业务等，就目前的发展情况来看，短期内还不会实现，在此不详细介绍了。

2．IPTV 的发展

IPTV 作为电视新展现形态的数字新媒体，日益被用户所看重，成为不可阻挡的大趋势。同时，IPTV 以其丰富的互动业务和良好的用户体验，可充分满足用户的个性化、便捷化、交互式的业务需求，如今在很多国家得以发展。

由于 IPTV 巨大的潜在价值和商业空间，因此各个发达国家都纷纷在追逐 IPTV，希望能够从

IPTV 的发展中占据有利地位。从美国的情况来看，早在 2005 年 9 月，总部位于纽约的 Verizon 率先宣布，在得克萨斯的 Keller 推出 IPTV 服务，再逐渐扩展到得克萨斯的其他城市和附近的佛罗里达州。这项名为 Fios 的服务可以提供 180 个数字和音乐频道，每个月的费用是 39.95 美元。其中有 20 多个频道是高清电视；同时可以提供 1800 部录像供点播。内容提供商则都是 ShowtimeNetworks、NBCUniversal 有线公司和 A&E 这样的老牌电视娱乐集团。

在韩国，韩国电信企业在发展 IPTV 方面也走在了前列，目前在韩国发展 IPTV 业务的主要是韩国电信和 Hanaro 电信，Hanaro 的 Hana TV 已经有 80 万户，而韩国电信的 Mega TV 业务自 2007 年 7 月推出以来，到当年 9 月底已经发展了 14.8 万户。而韩国第二大网络门户 Daum 通信在 2008 年年初也宣布进入 IPTV 市场，从 2008 年第二季度开始，Daum 正式提供 IPTV 服务。

此外，在全球 IPTV 市场，欧洲、亚洲的 IPTV 用户数和服务提供商的收入将稳定增长，北美地区也将出现适度增长。在 2008 年上半年，欧洲 IPTV 业务的快速增长推动了全球 IPTV 市场的发展，尤其是法国、比利时、西班牙、意大利和东欧等地区和国家。在亚洲地区，中国、日本和中国香港发展势头迅猛。在北美地区，Verizon、IOC（独立运营商）等是主要的增长动力。

欧洲是全球最大的 IPTV 市场，通过运营商法国电信旗下的 Orange 以及 NeufCegetel 的免费服务，IPTV 在法国呈现爆炸性增长。法国目前已经成为这一市场的领先国家。

与全球 IPTV 快速发展大趋势一样，随着国内运营商 IPTV 试商用的地区与规模逐渐扩大以及广大消费者对 IPTV 的认知程度不断提高，在用户规模总量偏小的基础上，我国 IPTV 保持了稳定快速增长态势，IPTV 用户总数已经从 2003 年的 1.8 万户、2004 年的 4.6 万增长到 2007 年的 120.8 万户。至 2008 年 11 月全国 IPTV 用户已经超过 210 万户，上海、福建的发展最为迅速，上海从 20 万户增长到近 80 万户，而福建的用户数量从零增长到 30 万户。预期未来几年 IPTV 市场仍处于平稳发展期，到 2012 年，中国 IPTV 用户数将达到 926.5 万户。

IPTV 等互连网视听节目服务的发展印证了电信业的媒体属性。就电视内容本身而言，与传统电视（有线、无线、卫星）相比，IPTV 可能并无区别。但是由于网络互动性特征的存在，让 IPTV 可以更方便地提供诸如视频点播、互动游戏等交互式增值服务。电信重组改变了现有电信运营商的格局，中国电信将是 IPTV 发展的先行者，中国联通是 IPTV 业务的追随者，中国移动则将凭借其资金实力，将 IPTV 作为其发展固网业务的主要手段，而为产业发展带来更多的助力。

7.3　CMMB 技术

随着科技的发展、社会的进步、人们生活水平的不断提高，人们对信息消费的多元化需求日趋明显，传统的模拟信号移动电视及模拟音频广播已经越来越不能满足大众的使用需求。作为广播电视的补充和延伸，新兴的中国移动多媒体广播（CMMB）通过无线广播电视覆盖网向各种便携式终端设备提供数字语音视频和信息服务，大有替代传统无线广播的趋势。CMMB 是我国科技创新的重大成果，是推动我国信息数字化快速发展的一个重要领域。CMMB 作为新媒体发展的一个重要代表，其发展为建立以技术自主创新为基础的电子信息产业发展奠定坚定基础，又可以为媒体服务业的发展拓展全新空间。CMMB 已经成为拉动我国消费电子市场一股重要的力量。据不完全调查，目前我国带显示屏的消费电子产品生产企业中，有 82% 的企业已经开始生产 CMMB 终端。在我国开展 CMMB 业务，用户数量预计会超过 1.5 亿户，按照每个终端 1000 元计算，1.5 亿用户购买终端可带来 1500 亿元的直接消费市场。随着 CMMB 覆盖网的建设，将会逐渐形成更大规模的用户终端市场，进一步推动我国消费电子产品制造业的发展，拉动我国消费内需。

7.3.1 CMMB 概述

CMMB 是英文 China Mobile Multimedia Broadcasting（中国移动数字多媒体广播）的简称。它是国内自主研发的第一套面向手机、PDA、MP3、MP4、数码相机、笔记本电脑多种移动终端的系统，利用 S 波段信号实现"天地"一体覆盖、全国漫游，支持 25 套电视节目和 30 套广播节目，2006 年 10 月 24 日，国家广电总局正式颁布了中国移动多媒体广播（俗称手机电视）行业标准，确定采用我国自主研发的移动多媒体广播行业标准。

CMMB 规定了在广播业务频率范围内，移动多媒体广播系统广播信道传输信号的帧结构、信道编码和调制，该标准适用于 30～3000MHz 频率范围的广播业务频率，通过卫星和/或地面无线发射电视、广播、数据信息等多媒体信号的广播系统，可以实现全国漫游。

那么 CMMB 的定义是什么呢？移动数字多媒体广播是涵盖终端十分广泛的广播系统，它通过卫星和地面无线广播方式，供小屏幕、小尺寸、移动便携的手持终端如手机、PDA、MP3、MP4、数码相机、笔记本电脑等接收设备，随时随地接收广播电视节目和信息服务等业务的系统。这样，就相当于把家里的电视搬到随身的屏幕上，实现随时随地看电视。电视的发展突飞猛进，几十年来，中国老百姓已经见证了电视机从黑白变成彩色，目前正体验着从模拟制式到数字化的转变。如果说这两个变化是电视两个跨越式发展的节点的话，那么将家中固定的电视机搬到个人的口袋中，在不同类型的屏幕上观看，将是电视领域的第三个跨越式发展。

第五媒体——移动数字多媒体广播（俗称手机电视），与传统电视、广播、报纸和互连网四种媒体相比，具有独特的资源和平台优势，而且被认为是继 MP3 音乐之后的第二个"杀手级"应用。因此，手机电视在中国的发展收到广泛关注。随着地面数字音频广播标准和地面数字电视标准的相继颁布，移动数字多媒体广播 CMMB（俗称手机电视）标准的制定成为焦点。相比其他标准，CMMB 借助卫星通信，能极好地解决移动终端（手机电视）信号流畅的问题；CMMB 由国家广电总局管理，其负责的电影、电视、广播载体具有丰富的电视内容资源，CMMB 也是 2008 年奥运会新媒体的直播载体；CMMB 收费低廉，兼顾国家媒体信息发布功能。

移动数字多媒体广播是一个新兴的媒体，与其他系统相比其具有自身的特点。首先，移动数字多媒体广播突破了时空的限制，能够随时随地地接收广播电视信息，不论是室内，还是室外或者各种旅游区，甚至是海上都能接收到这些信息。其次，移动数字多媒体广播创造了新的收视习惯和消费时尚，由于可以在任何便捷时间里收看电视，因此可使此低成本时段变成高附加值时段，提高了收视率，从而节省了成本。再次，移动数字多媒体广播的内容更加丰富，覆盖更加有效，信息的传递更加快捷。最后，移动数字多媒体广播作为一种公益功能应用，能够增强国家应对突发事件的能力。以上的这些特点使得移动数字多媒体广播受到用户的广泛关注。业务的需求量急剧增加，推动了移动数字多媒体广播加速发展。

根据移动多媒体广播电视的特点和业务发展需要，CMMB 业务平台主要由公共服务平台、基本业务平台、扩展业务平台三个平台构成。

① 公共服务平台是向用户提供公益服务的移动多媒体广播电视业务平台，主要由公益类广播电视节目和政务信息、紧急广播信息构成。CMMB 公共服务平台播出的内容和开展的业务为向合法用户提供的无偿服务。

② 基本业务平台是向用户提供基本数字音视频广播服务和数据服务的业务平台，包括卫星平台和地方平台传送的数字音视频广播服务和数据服务。CMMB 基本业务平台向合法用户提供的服务为有偿服务。

③ 扩展业务平台是根据用户不同消费需求向用户提供扩展广播电视节目服务和综合信息服务的业务平台。提供的服务主要由四方面构成：一是经营类的广播电视付费节目；二是经营类的音视频点播推送服务，利用系统闲置时间将用户订制的广播电视节目推送到用户终端；三是综合数据信息服务，主要有股票信息、交通导航、天气预报、医疗信息等；四是双向交互业务，主要有音视频点播、移动娱乐、商务服务等。目前，CMMB 主要以音视频服务为主，扩展服务中综合信息、双向交互等服务将随着业务的发展逐渐推广应用。CMMB 扩展业务平台向合法用户提供的服务为有偿服务。

目前 CMMB 所覆盖的城市主要包括各直辖市以及省会城市，总计为 37 个。在这些城市的主城区室外，以及有窗户的室内较浅处均能收到信号。具体包括北京、上海、天津、重庆、昆明、南宁、广州、福州、杭州、贵阳、长沙、武汉、哈尔滨、长春、沈阳、石家庄、济南、南京、合肥、南昌、郑州、太原、西安、兰州、银川、西宁、拉萨、乌鲁木齐、呼和浩特、成都、海口、大连、青岛、厦门、深圳、宁波、秦皇岛。

截至 2009 年 1 月 13 日，已在北京、上海、青岛、秦皇岛、广州、深圳、长沙、杭州、呼和浩特、银川、石家庄、昆明、武汉、重庆、福州、西安、南京等十七个城市建成、开通了 CMMB 单频网，共计建设了 55 个大功率发射点，其中，北京市建成、开通了由八个大功率发射点组成的单频网，五环以内的室外覆盖率达到了 95%以上；天津、沈阳、济南、南宁、成都、西宁、宁波、厦门、哈尔滨、长春、太原、郑州、南昌、乌鲁木齐等城市的单频网正在抓紧建设或筹划之中。

2008 年 11 月 18 日，经过努力，我们成功开通辽宁丹东的 CMMB 信号，标志着全国一百个地级市 CMMB 网络覆盖工程正式启动。2008 年 12 月 29 日晚 7 时，安徽淮北市发射机满功率播出，标志着全国一百个地级市的布网任务圆满完成。

截止到 2009 年 1 月 13 日，已完成了全国 113 个地级市的 CMMB 信号覆盖任务，共计建设了 113 个大功率发射点，其中，河北省和宁夏回族自治区已完成境内全部地级市的覆盖任务。

移动多媒体广播电视实现全国 118 个地市的网络建设，这是全国广电行业首次统一产业运营、实现"全国一盘棋"发展的战略格局具体体现。

2008 年 12 月 26 日，工信部相关部门开始发放首批 CMMB 制式 TD 手机入网证，海信、宇龙酷派两家手机企业的手机率先获得 CMMB 制式 TD 手机牌照。此前的 12 月 24 日，泰尔实验室为海信 TM86 出具了中国第一张支持 CMMB 功能的 TD-SCDMA 手机的测试合格报告。当时，另一家获得检测合格报告证书的为宇龙酷派，这意味着 CMMB+TD 手机终端距离拿到工信部的入网许可迈进了一大步。

CMMB 的终端设备分为单向终端和双向终端。单向终端只能接收内容，比如接收电视节目、广播节目、实时股票信息等，主要包括 PMP、GPS、PDA、手机、数码相机等；双向终端是除了能接收移动多媒体广播内容外，同时还具备上行传输通道的接收终端，做内容点播和信息交互使用，主要是笔记本电脑（通过 USB 接收棒实现）和少量手机。另外根据不同的应用场景，终端物理实现形式又可包括一体机和外接模块式两种形态。一体机是将移动多媒体广播电视射频信号的解调、解复用、解密、解码和显示通过单一的终端来实现，外接模块式终端则需要通过 SD 或 USB 接口实现。

为高质量接收和显示 CMMB 系统视音频和数据业务信息，CMMB 终端至少需具备以下基本功能。

① 稳定可靠接收 CMMB 系统视音频、数据和紧急广播信息等基本业务码流，终端支持自动

频点搜索功能，同时支持手动设置功能。S 波段：2.635～2.660GHz；U 波段：470～798MHz。

② 视音频压缩编码符合 CMMB 系统信源视频、音频压缩编码技术要求，视频广播流支持 AVS、H.264/AVC 视频压缩解码，MPEG-4 AAC 音频压缩解码；音频广播流支持 DRA 音频压缩解码。

③ 终端支持如下视频参数：

- 符合 AVS 的 2.0 级，符合 H.264 基本类，H.264 基本类的级 2 或者以上为可选。
- 帧率：25 帧/秒，其他帧率可选。
- 图像分辨率：QVGA（320 × 240）、QCIF（176 × 144），其他分辨率可选。
- 采样格式：YUV 采样格式符合 4：2：0 格式，其他可选。
- 视频码率：解码支持的最大码率不低于 384kbit/s。

④ 终端支持如下音频参数：

- 声道：单声道、立体声。
- 采样率：48kHz、44.1kHz、32kHz，其他可选。
- 音频码率：解码支持的最大码率不低于 128kbit/s。

⑤ 电子业务指南符合《GY/T 220.3-2007 移动多媒体广播第 3 部分：电子业务指南》标准，支持 S 波段和 U 波段 ESG 信息接收，支持 ESG 自动或手动更新，支持网络和频道搜索。

⑥ 紧急广播符合支持 S 波段和 U 波段紧急广播信息接收，支持接收到紧急广播消息后的强制切换，支持紧急广播信息触发，紧急广播功能应包括紧急广播消息提示、显示和存储。

⑦ 终端应支持文件模式和流模式数据广播业务的解析，并实现数据广播业务的展现。

⑧ 满足 CMMB 条件接收系统要求，具有条件接收模块和标准的电子钱包，可具备条件接收通用接口。

⑨ 终端应用启动应至少具有以下功能之一：

- 终端开机后直接进入 CMMB 应用。
- 在终端的第一级界面/菜单上具有 CMMB 应用启动功能。
- 在终端上具有快捷健，按此键进入 CMMB 应用。

⑩ 终端业务切换可通过以下几种方式实现：

- 通过电子业务指南的业务列表进行业务切换。
- 通过基于 HTML 网页的门户导航进行业务切换。
- 提供按键、旋钮或软件按键等方式进行业务切换。

⑪ 显示功能：终端应可实现全屏显示、CMMB 标识显示、信号强度显示、亮度和音量等参数调节等功能。

⑫ 支持软件在线升级功能，终端能识别软件版本号，在版本不同时接收该软件，并对保存在存储器中的软件进行更新。

到目前为止已经有创毅视讯、泰合志恒、展讯、Siano、苏州中科半导体和中科院微电子 6 家企业可以提供 CMMB 的接收芯片。各种类型的 CMMB 终端都没有增加辐射，原因是它仅接收广播电视节目，而没有增加发射装置。

目前，CMMB 已经做到了在时速 250km/h 的条件下稳定接收广播电视信号。也就是说只要信号能覆盖到在火车、地铁、汽车等交通工具上就可以使用 CMMB。现在已经有包括中兴、联想、天语、爱国者、新科等国内数十家厂家提供三十多种不同类型的 CMMB 终端，国外的品牌终端厂家也在进行 CMMB 终端的设计和生产，很快能够提供给国内市场，同时山寨机市场的兴起，也给用户选择 CMMB 终端时，提供了廉价的低至几百元的解决方案。

据厂商方统计：截至 8 月底，已有 140 万 CMMB 芯片卖出。权威人士指出，这些是多个平台应用的芯片，不单是手机上应用。未来 CMMB 的终端将更加多元化，将融入到各种便携的小尺寸设备中。国内 6 亿的手机用户是 CMMB 的市场，但不是全部 CMMB 市场，未来 CMMB 终端将不仅仅限于"手机电视"这一种形式。

对此，有业内人士表示，CMMB 通过卫星和无线数字广播电视网络，向七寸以下的小屏幕手持终端随时随地提供广播电视服务所覆盖的终端的种类是非常烦杂的，比如常见的手机、PDA、MP4、MID 等，从本质上来讲，只要是一个手持显示终端加上 CMMB 接收芯片，就可以变成一个 CMMB 终端，就可以实现随时随地接收广播电视服务的功能。

7.3.2　CMMB 的基本技术体制

由于我国正在加强和扩大地面无线电视的覆盖和地面模拟电视向数字电视的转换，这就导致 VHF 和 UHF 频段中没有多余的频段来开展移动数字多媒体广播，否则，会造成频率资源紧张，因此我国移动多媒体广播系统采用大功率的 S 波段卫星覆盖全国，利用地面增补转发器同频同时同内容地转发卫星信号，补点覆盖卫星覆盖盲区。利用无线移动通信网络构建回传通道，统一标准，全程全网，形成以卫星大面积覆盖为主，以地面增补网络为辅的单向广播和双向交互相结合的移动数字多媒体网络。

CMMB 技术体制的最大特点就是采用"天地一体、星网结合、统一标准、全国漫游"的覆盖方式覆盖全国，即卫星覆盖和地面同频增补网络相结合的技术。CMMB 全面支持多终端、多业务、多应用；采用自主知识产权的 STiMi 信道传输技术；具有广播式、双向式、预付费式相结合的授权方式以及分级式用户管理和计费体系。

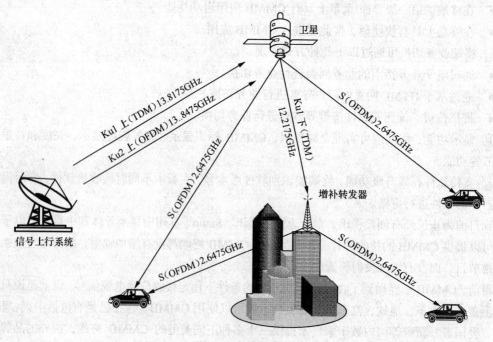

图 7-6　CMMB 系统

1. STiMi 信道传输技术

CMMB 传输系统的核心部分是 STiMi 信道传输技术。

STiMi 信道传输技术是针对我国幅员辽阔、传播环境复杂、区域发展不平衡的国情而设计的，是卫星与地面覆盖相结合的移动多媒体广播信道传输技术，并且形成了完整的自主知识产权的框架体系。

STiMi 技术满足卫星和地面的同频、同时、同内容的要求，其采用的主要核心技术是多载波的 OFDM 调制技术、时频二维的导频技术、先进的高度结构化的 HS-LDPC 编码以及导引信号。OFDM 调制技术的应用，大大地提高了系统抗窄带干扰和多径干扰的能力，还提高了频谱利用率，节省了频谱资源；时频二维的导频技术的应用，不仅能够更真实地估计出的信道性能，而且具有很强的抗快衰落能力；导引信号的应用，使得信道捕捉和快速估计更加方便；时间分片技术的应用，从前端的技术体制为终端的省电提供了可能。与此同时，它提供了灵活的逻辑信道划分，为未来的业务应用提供了非常方便的基础，还具有多协议封装功能，目前可以支持 TS 流、IP 流等多种形式的传输。

2. 卫星覆盖和地面同频增补网络相结合的技术

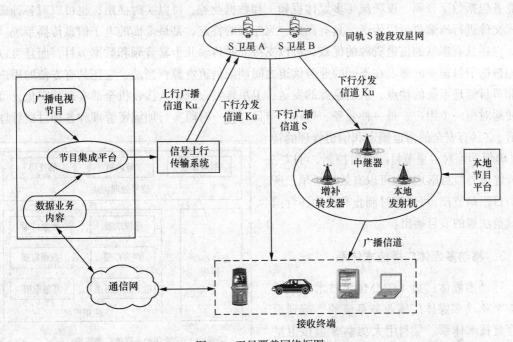

图 7-7　卫星覆盖网络框图

卫星覆盖和地面同频增补网络相结合的技术的应用，为实现全国天地一体化覆盖、全国漫游提供了技术保障。卫星覆盖是利用卫星实现多媒体广播节目的大范围覆盖，用户可以使用便携终端接收观看节目。由于节目是以数字方式传送的，音质可以达到 CD 级，受自然条件的负面影响很小。卫星覆盖系统由地球同步卫星、广播上行站、数字接收机及地面控制运营网络组成。广播流程如下。

电台的信号上行可以通过传统的"总站"方法来实现，即各电台将信号传给一个中心站进行处理，然后再从这里统一传输给卫星的透明转发器部分。另一种方案是选择采用更小、更方便的上行馈送站，通过卫星处理转发器将这些不同的信号转换成单一的下行信号，再发送回地面。

卫星转发器向地面发送数字广播信号，实现覆盖。无论使用"总站"还是"分站"上行方式，传输到用户端的信号都是完全一样的。

地面广播接收机接收、播放节目。卫星覆盖的特点是方向性不强，在任何地区，如山区、公海、森林都可以很清楚地接收节目。

地面发射中心将信号发向 S 波段同步卫星后，同步卫星对接收到的信号进行转发，转发后的 S 波段信号直接被地面的接收终端接收下来，也可以通过增补转发器处理后被地面的接收终端接收下来。该卫星还通过分发信道将信号发送给增补转发器处理，通过增补转发器处理后转发，对卫星覆盖的阴影区域进行增补。

卫星覆盖具有很多其他系统无法比拟的优点。首先，它具有覆盖范围广泛的特点，一颗卫星就可以覆盖全国，只有少数盲区，在盲区域利用地面同频增补网络技术来补点就能实现全国覆盖；其次，它的信号可以用小巧灵便的便携式接收机移动接收，无论是城市乡村、内地边疆，无论是在高速行驶中或固定状态下，使用手机或相似的接收机都能获得满意的接收效果；再次，卫星信号可以直接被个人接收，它可以向个人接收机发送节目和信息，一般情况下不需要任何中间传播、转发环节，从而节省了覆盖的综合成本；与此同时，它是最全面的媒介手段，传送的业务包括数字音频、视频流（多媒体视频）和数据业务，可以实时播出，也可以对各种文本方式文件进行压缩打包后传送，具有高速、无瓶颈的特点，是最全面的电子信息传播系统。此外，它还具有丰富的信道资源的优点，可以支持同时传输几十套音频和数据节目，而且可以灵活地根据节目速率的需求在不同的业务信道之间调配信道资源；当然，它还具有方便的用户管理和节目管理系统的特点，从信息源的发送、卫星转发，到个人接收机全部实现数字化，可以方便地对每一个用户、每一种业务、每一个节目、每一时段实行加解密管理和各种付费管理。

最后，它具有安全的信道锁定和信道管理的特点，确保国家对卫星节目的绝对控制，可以完全杜绝境外节目落地，也可以有效地对星上所有节目跟踪监控，可以随时制止非法和违背国家政策法规的节目播出。

3. 移动多媒体广播技术体系

移动多媒体广播（CMMB）技术标准覆盖整个移动多媒体广播业务系统的、端到端的完整技术体系。是利用大功率 S 波段卫星信号覆盖全国，利用地面增补转发器同频同时同内容转发卫星信号补点覆盖卫星信号盲

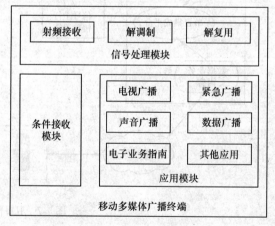

图 7-8　CMMB 技术体系模块

区，利用无线移动通信网络构建回传通道，从而组成单向广播和双向交互相结合的移动多媒体广播网络。包括：广播信道、节目分发信道、复用、电子节目指南、紧急广播、用户管理、加密授权、数据广播、卫星传输（Ku）、卫星覆盖（S）、地面（UHF）单频网、地面（UHF）增补转发系统、地面（S）单频网、地面（S）增补转发系统、传输与覆盖网络管理、接收终端等。

7.3.3　CMMB 的发展及现状

2002 年 11 月，看到在全球数字化进程中地面数字电视系统的重大意义，广电总局决定组织专项研制一套自己的地面数字电视系统,并专门成立泰美公司与广科院一起分两个团队展开攻关。可以说，广电总局着手研制自己的地面数字电视系统（CMMB 的前身），是广电部门自主创新的开始。现在看来 9 年前的这个决定，一方面基于主管领导自身的远见；另一方面也是广电领域科研自主创新氛围逐渐成熟的结果。CMMB 走上了产、学、研相结合的自主创新之路，CMMB 关键技术拥有自主知识产权。2003 年，广科院做出了地面数字电视系统的原型机，也做出了可商用的地面数字电视接收芯片，并参与国家主管部门组织的地面国标的征集工作。但后来由于种种原因，广科院退出了地面国标的评审，下决心追加投资，在广电总局的支持下，着手研究面向手持终端的移动多媒体广播电视。

从地面转到手持，表面上看是从大屏幕移到了小屏幕，实际上则是技术难度的大幅提高，这也是国际 IT 技术的难点。在整个广播技术中，信道编码是最核心的技术，这次创造性地提出了 LDPC 这一先进的编码方式，拥有自主知识产权。而这一前瞻性的编码方式，在进行面向手持设备的研发过程中体现出巨大的性能优势。要在手持设备上实现长时间观看电视节目的最大难点是手机电池容量有限，对此国际上想了很多办法，广科院和泰美公司也是如此。在 LDPC 编码方式的基础上，加入了"时隙"技术、灵活的导频技术，在子载波数选取上尽可能合理，这一系列举措使得 CMMB 原型机刚出来时，就能连续支持 3 个小时的播放，这在国际上都已经是很高的水平。

2006 年年初，CMMB 核心技术取得重大突破，解决了面向移动手持终端的所有技术难题，推出了基于 FPGA 的原型机，完成了技术研究的各项准备工作。有了自主知识产权的技术做支撑，下面的发展就是"小步快走"了。在规模实验的基础上，2006 年 10 月和 11 月，广电总局颁布了 CMMB 的信道和复用两个行业标准，标志着 CMMB 确立了行业和技术的核心地位。

2006 年 10 月国家广播电视总局正式颁布了中国移动多媒体广播标准 CMMB，该标准采用广电系研发的信道解调标准 STiMi，主要面向手机、PMP 等便携式设备的移动数字电视和音频信号接收。CMMB 主要面向小屏幕手持式终端设备，其终端产品种类主要包括 MP4 手机、GPS、USB 接收棒、独立接收机等，提供数字广播电视节目、综合信息和紧急广播服务，实现卫星传输与地面网络相结合的无缝协同覆盖。CMMB 采用具有自主知识产权的移动多媒体广播电视技术，系统可运营、可维护、可管理，具备广播式、双向式服务功能，支持中央和方相结合的运营体系，具备加密授权控制管理体系，支持统一标准和统一运营，支持用户全国漫游。

截至 2008 年 6 月，国家广电总局已颁布 7 项移动多媒体广播电视行业标准，分别为：

① GY/T 220.1-2006 移动多媒体广播第 1 部分：广播信道帧结构、信道编码和调制

② GY/T 220.2-2006 移动多媒体广播第 2 部分：复用

③ GY/T 220.3-2007 移动多媒体广播第 3 部分：电子业务指南

④ GY/T 220.4-2007 移动多媒体广播第 4 部分：紧急广播

⑤ GY/T 220.5-2008 移动多媒体广播第 5 部分：数据广播

⑥ GY/T 220.6-2008 移动多媒体广播第 6 部分：条件接收

⑦ GY/T 220.7-2008 移动多媒体广播第 7 部分：接收解码终端技术要求

2007 年 3 月的 CCBN 上，广电总局推出了第一颗 CMMB 商用芯片和基于商用芯片的小规模量产终端，其中包括手机和 PMP 两大类。2007 年底，完成了 6 个城市的实验网建设。到 2008 年 3 月的 CCBN 则完成了整个产业链的准备，实现了系统的产业化。已经有 5 家芯片企业可以提供量产芯片，以民族企业为代表的 10 余家终端企业都可以提供不同类型的 CMMB 接收终端。2008 年 7 月，已经完成了全国 37 个城市的布点工作，其中北京完成了多个点单频网的建设，初步具备了为奥运提供服务的条件。现在有舆论提出 CMMB 将对民族工业产生很大的拉动作用，普遍认为 CMMB 为国产手机产业创造了巨大的发展机会。其实，从事 CMMB 研发和产业化的所有人员更多感受到的是民族企业在推进产业化过程中所起到的中坚作用，CMMB 与民族工业共成长。

目前，CMMB 正在北京、天津、上海、广州、杭州等 37 个城市试验播出，并计划将于明年开始商业运营。计划建设 CMMB 网络的全国 300 多个地市级城市中，已有 150 多个城市正式启动建设工作，频率规划整合工作基本完成。可能在 11 月底实现在 200 多个城市开通 CMMB 信号年底实现 300 多个城市的 CMMB 信号覆盖计划。而对于北京、天津等首批完成 CMMB 布网的城市，当前主要任务则是增加室内深度覆盖补点工作。事实上，CMMB 正在加紧部署一个大规模的网络。

目前 CMMB 在北京已经完成了 5 个发射点的单频网组网工作。由于一个发射点可以覆盖十几千米，根据估算，完好覆盖北京五环内只需要 7 个发射点。在同等覆盖范围下，所需要的发射点比目前的移动通信网络需要的发射点大大减少。

CMMB 在奥运会期间提供中央电视台的 1、3、5、9、新闻、少儿六套电视节目，中央人民广播电台和中国国际广播电台的广播节目各一套，另外 37 个试点城市中，还增加了本地的广播和电视节目各一套，基本能够满足用户的收视需求。据悉，随着 CMMB 试商用工作的进一步深入和普及，将逐步开通更多的免费频道和其他特色频道，到时候就可以欣赏到更多的电视台了。在奥运期间，为充分体现科技奥运理念，扩大 CMMB 的国际影响力，广科院在奥运村、绿色家园媒体村、汇园公寓媒体村、主新闻中心、北京国际新闻中心和国际广播中心分别设立了六个 CMMB 体验点，以"实现随时随地看奥运"的目标。短短 10 天，CMMB 体验点已经接待了来自近 100 个国家的 5000 多名体验者，使更多的国外记者、运动员和官员了解到了 CMMB 这一技术的魅力。

本章小结

1. 目前第四代移动通信系统还没有确切的定义，但是业界人士对第四代移动通信已达成几点共识：更高的数据速率和传输质量，更好的业务质量，更高的频谱利用率；可以容纳更多的用户；移动与无线接入网和 IP 网络不断融合；移动网络和无线网络间无缝漫游；是个多功能集成的宽带移动通信系统。

2. 第四代移动通信具有传输速率更快、带宽更宽、容量更大、智能性更高、多媒体通信质量更高、兼容性更平滑、业务更多、灵活性更强、用户共存、费用更便宜、网络结构更灵活、不同 QoS 业务等特点。

3. 第四代移动通信的关键技术有 OFDM、软件无线电、智能天线、IPv6 等。

4. IPTV 俗称交互式网络电视，是利用宽带网的基础设施，以家用电视机+网络机顶盒、计算机、手机等智能设备作为终端设备，集互连网、多媒体、通信等多种技术于一体，通过互连网协议（IP）向家庭用户提供包括数字电视在内的多种交互式服务的崭新技术。

5. IPTV 系统分为三个子系统：网络系统、服务端系统、用户端系统。从垂直控制功能上来讲，一个典型的 IPTV 系统，主要包含以下几个部分：运营支撑层、业务层、网络承载层和终端层。支撑层主要完成 IPTV 用户的管理认证授权以及系统设备的管理。业务层主要是为 IPTV 提供多种多样的多媒体交互业务。网络层是 IPTV 业务的核心，是满足各类业务需求的关键。而最下层的终端层就表示 IPTV 的最终用户，他们通过网络承载层进行不同方式的网络接入服务，并在 PC 或者配合机顶盒的 TVSet 上观看电视节目。

6. IPTV 技术是一项系统技术。它能使音视频内容节目或信号，以 IP 包的方式，在不同物理网络中，被安全、有效且保质地传送或分发给不同用户。应用到视频编码技术、流媒体技术、内容传送技术、组播技术等关键技术。

7. IPTV 的业务形态可简单分为三种：一是实时的电视广播源节目；二是点播事先录制并存储在服务器上的节目；第三种就是所谓的 Time-Shifted TV。在 IPTV 发展初期，IPTV 的业务主要以电视类服务为主。主要有视频点播业务网、直播电视业务、时移电视业务、IPTV 可视电话业务、电子商务业务、电子广告业务等。

8. CMMB 是英文 China Mobile Multimedia Broadcasting（中国移动数字多媒体广播）的简称。移动数字多媒体广播是一个新兴的媒体，与其他系统相比其具有自身的特点。首先，移动数字多媒体广播突破了时空的限制；其次，移动数字多媒体广播创造了新的收视习惯和消费时尚；再次，移动数字多媒体广播的内容更加丰富，覆盖更加有效，信息的传递更加快捷；最后，移动数字多媒体广播作为一种公益功能应用，能够增强国家应对突发事件的能力。

9. CMMB 技术体制的最大特点就是采用"天地一体、星网结合、统一标准、全国漫游"的覆盖方式覆盖全国，即卫星覆盖和地面同频增补网络相结合的技术。CMMB 传输系统的核心部分是 STiMi 信道传输技术。卫星覆盖和地面同频增补网络相结合的技术的应用，为实现全国天地一体化覆盖、全国漫游提供了技术保障。CMMB 技术标准覆盖整个移动多媒体广播业务系统的、端到端的完整技术体系。

课后习题

1. 简述公用移动通信系统的发展历程。
2. 第四代移动通信系统的特点有哪些？
3. 第四代移动通信系统采用 Ipv6 技术，是基于哪些考虑？
4. 介绍 IPTV 的概念和垂直控制功能结构。
5. 简述 CMMB 的定义及特点。

6. 简述 CMMB 的技术体系，并指出其最大的特点。

通信缩略语英汉对照表（七）

英 文 缩 写	英 文 全 写	中 文 解 释
cdma2000	Code Division Multiple Access 2000	码分多址 2000
CDN	Content Delivery Network	互连网内容发布网络
CMMB	China Mobile Multimedia Broadcasting	中国移动数字多媒体广播
DRM	Digital Right Management	数码权利管理技术
EPG	Electronic Program Guide	电子节目指南
OFDM	Orthogonal Frequency Division Multiplexing	正交频分多路复用
SDR	Software Defined Radio	软件无线电
STB	Set Top Box	机顶盒
TACS	Total Access Communications System	全选址通信系统
UHF	Ultra High Frequency	超高频
VHF	Very High Frequency	甚高频

第8章

实训

实训 1　程控交换设备的认识

实训目的：通过对程控交换机的认知，了解程控交换系统的组成、基本工作原理及相应设备的日常操作维护。

实训要求：

（1）了解 ZXJ10 程控交换机系统的性能及特点；

（2）了解 ZXJ10 程控交换机的系统结构及模块；

（3）了解 ZXJ10 程控交换机板卡功能及工作原理；

（4）了解 ZXJ10 程控交换机终端管理软件。

设备要求：数字程控交换机 1 套，包括 ZXJ10 程控交换机主机架 1 架、维护终端 23 台、电话机 23 台、综合配线架（MDF）1 架、电源架 1 架、投影设备 1 套等。

1．基本内容

（1）程控交换机模块化硬件结构

ZXJ10 数字交换机的硬件系统具有模块化结构特点，它由 5 个等级组成。最底层是各种电路板，是构成交换机系统的最基本部件；上一层是由若干电路板组成的完成特定功能的功能单元层；中间一层是多种功能单元组成的完成特定功能的功能机框单元层，由各种功能机框单元组合在一起构成各种模块，后者可以独立地实现特定功能；硬件系统最高层为交换系统，它是不同模块按需要组合而成的，具有丰富的接口和功能。ZXJ10 数字交换机的模块化结构如图 8-1 所示。

（2）ZXJ10 程控交换机机架面板布置

ZXJ10 程控交换机的普通机架由 6 个机框组成，每个机框有 27 个槽位，可根据配置情况插各种电路板，本系统配置如图 8-2 所示。

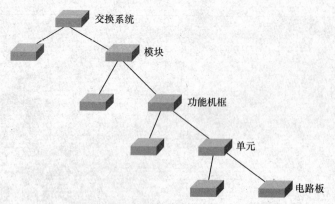

图 8-1 ZXJ10 数字交换机硬件的模块化结构

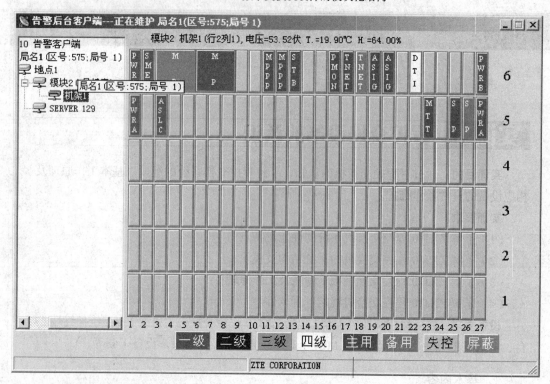

图 8-2 机架面板布置图

（3）程控交换机实验平台

实验维护终端通过局域网方式和交换机的 MP 板进行通信，完成对交换机的数据设置、数据修改、维护等操作，如图 8-3 所示。

（4）电话通信系统连线

实验配置的 ASLC 板提供 24 路用户，每个用户由 2 根双绞线组成，连接到 MDF(综合配线架)，通过跳线接到电话机。用户线连接方式如图 8-4 所示。

2. 操作步骤

参观 ZXJ10 数字程控交换设备机房，了解设备配置情况。

① 打开机柜前门，了解程控交换机的前面板结构，认识电源总开关、电源指示灯、A 电源、

B 电源、防静电措施以及各单板的名称和槽位，参观完毕后关上前门。

程控交换实验平台网络拓扑图

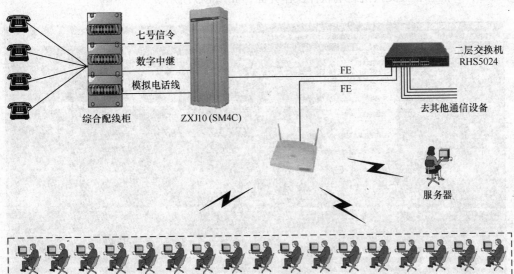

图 8-3　程控交换机实验平台

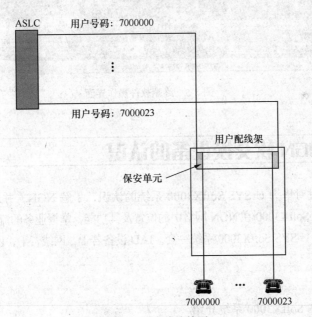

图 8-4　用户线连接图

② 打开机柜后门，了解程控交换机的背板结构，认识用户接口、中继接口、HW 接口、电源接口、环境监控接口、后台管理网线接口及位置，参观完毕后关上前门。

③ 打开数字综合配线架 MDF 前门，参观了解程控交换机用户线单元和中继线单元。参观完毕后关上前门。

④ 启动程控交换机服务器以及各学生终端电源，启动 CCTS 管理软件服务端，选择 J10 程控，

进入主界面分配学生终端使用权限及操作时间，启动程控模块设备。

⑤ 启动学生终端 CCTS 客户端软件，选择 J10 程控，登录服务器，选择程控设备，登录程控服务器软件，熟悉程控交换机终端软件操作界面，如图 8-5 所示。

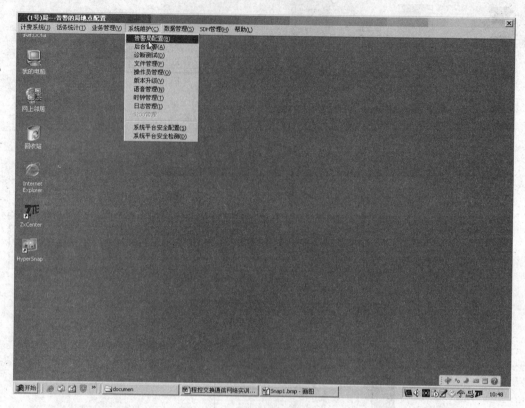

图 8-5　终端软件操作界面

实训 2　NGN 软交换设备的认识

实训目的：通过对华为 U-SYS SoftX3000 系统的认识，了解 NGN，并理解软交换含义。

实训要求：了解 SoftX3000 在 NGN 网络中的位置及其功能，掌握业务的流程及相关单板的功能。

设备要求：华为 U-SYS SoftX3000 系统一套，IAD 设备若干，网线若干，网管终端（WS）若干。

1．基本内容

（1）华为 U-SYS SoftX3000 系统介绍

U-SYS SoftX3000 软交换系统（以下简称 SoftX3000）是华为技术有限公司研制的大容量软交换设备，它采用先进的软、硬件技术，具有丰富的业务提供能力和强大的组网能力，主要应用于 NGN 的网络控制层。此外，当 SoftX3000 与华为公司生产的网关设备 UMG8900 组合应用时，还可以用作电路交换机设备（C&C08 EV）或视频互通网关设备（VIG8920）。

NGN（Next Generation Network）是一种业务驱动型网络，它采用综合、开放、融合的网络架构，通过业务与呼叫控制完全分离、呼叫控制与承载完全分离，从而实现相对独立的业务体系，使业务独立于网络。

NGN 具有丰富的业务提供能力，可提供语音、数据、多媒体等多种业务或融合业务。根据华为公司 U-SYS 整体解决方案，NGN 主要由边缘接入、核心交换、网络控制、业务管理等四个平面组成，其网络架构如图 8-6 所示。

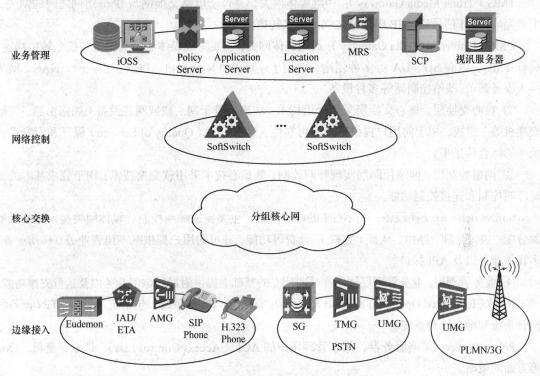

图 8-6　华为公司 U-SYS 整体解决方案

下面对各层主要网络部件进行简单介绍。

① 边缘接入层。边缘接入层通过各种接入手段将各类用户或终端连接至网络，并将其信息格式转换成为能够在网络上传递的信息格式。

IAD（Integrated Access Device）：综合接入设备，属于 NGN 体系中的用户接入层设备，用于将用户终端的数据、语音及视频等业务接入到分组网络中，其用户端口数一般不超过 48 个。

AMG（Access Media Gateway）：接入媒体网关，也称 UA（Universal Access Unit），用于为各种用户提供多种类型的业务接入，如模拟用户接入、ISDN 用户接入、V5 用户接入、xDSL 接入等，具体设备如华为公司的 UA5000。

MTA（Media Terminal Adapter）：媒体终端适配器，是一种装载了 NCS 协议（Network-Based Call Signaling）（在 MGCP 协议的基础上作了部分扩展）的用户接入层设备，用于将用户终端的数据、语音及视频等业务通过有线电视网络接入到 IP 分组网络中。

SIP Phone：SIP 电话，一种支持 SIP 协议的多媒体终端设备，如华为公司的 SIP VP8220 硬终端、SIP OpenEye 软终端。

H.323 Phone：H.323 电话，一种支持 H.323 协议的多媒体终端设备，如华为公司的 H.323 VP8220 硬终端、H.323 OpenEye 软终端。

Eudemon：IP 网关（华为公司产品），通常部署在驻地网或企业网的出口，或部署在城域网的

汇聚层。该设备有两种使用方法，一是作为状态防火墙设备使用；二是作为业务网关设备使用，主要完成私网穿越、QoS 等功能。

SG（Signaling Gateway）：信令网关，是连接 No.7 信令网与 IP 信令网的设备，主要完成 PSTN（Public Switched Telephone Network，公用交换电话网）侧的 No.7 信令与 IP 网侧的分组信令的转换功能。

TMG（Trunk Media Gateway）：中继媒体网关，是位于电路交换网与 IP 分组网之间的网关，主要完成 PCM 信号流与 IP 媒体流之间的格式转换。

UMG（Universal Media Gateway）：通用媒体网关，主要完成媒体流格式转换与信令转换功能，具有 TMG、内嵌 SG、UA 等多种用途，可用于连接 PSTN 交换机、PBX、接入网、NAS（网络接入服务器）、基站控制器等多种设备。

② 核心交换层。核心交换层采用分组技术，主要由骨干网、城域网各设备（如路由器、三层交换机等）组成，用于向用户提供一个高可靠性、具有 QoS（Quality of Service）保证和大容量的统一的综合传送平台。

③ 网络控制层。网络控制层实现呼叫控制，其核心技术采用软交换技术，用于完成基本的实时呼叫控制和连接控制功能。

SoftSwitch：软交换设备，是 NGN 的核心设备，主要完成呼叫控制、媒体网关接入控制、资源分配、协议处理、路由、认证（鉴权）、计费等功能，并可向用户提供基本语音业务、移动业务、多媒体业务以及 API 接口。

④ 业务管理层。业务管理层用于在呼叫建立的基础上提供附加的增值业务以及运营支撑功能。

IOSS（Integrated Operation Support System）：综合运营支撑系统，包括统一管理 NGN 设备的网管系统和融合计费系统。

Policy Server：策略服务器，用于管理用户的 ACL（Access Control List）、带宽、流量、QoS 等方面的策略。

Application Server：应用服务器，负责各种增值业务和智能网业务的逻辑产生和管理，并且还提供各种开放的 API（Application Programming Interface）接口，为第三方业务的开发提供创作平台。应用服务器是一个独立的组件，它与网络控制层的软交换设备无关，从而实现了业务与呼叫控制的分离，有利于补充业务的引入。

Location Server：位置服务器，用于动态管理 NGN 内各软交换设备之间的路由，指示电话目的地的可达性，并保证呼叫路由表的最佳效率，防止路由表过大和不实用，减少路由的复杂度。

MRS（Media Resource Server）：媒体资源服务器，用于提供基本和增强业务中的媒体处理功能，包括业务音提供、会议、交互式应答（IVR）、通知、高级语音业务等。

SCP（Service Control Point）：业务控制点，是传统智能网的核心构件，它存储用户数据和业务逻辑，其主要功能是：SCP 根据 SSP（Service Switching Point）上报来的呼叫事件启动不同的业务逻辑，根据业务逻辑查询业务数据库和用户数据库，然后向相应的 SSP 发出呼叫控制指令，以指示 SSP 进行下一步的动作，从而实现各种智能呼叫。

视讯服务器：用于提供多媒体会议资源调度、管理等功能，为 NGN 用户提供增值的多媒体视频会议功能。

（2）华为 U-SYS SoftX3000 可实现的业务

SoftX3000 向用户提供业务的方式主要有以下两种：SoftX3000 独立提供的业务和 SoftX3000 与其他设备配合提供的增值业务。

这部分业务包括基本语音业务、传真业务、补充业务、IP Centrex 业务等。

① SoftX3000 与 SCP 智能平台配合提供的增值业务，如 CCS 呼叫卡号业务、APS 固定预付费业务、FFPH 家庭被叫付费业务、虚拟专用网（VPN）业务等。

② SoftX3000 与 SIP 应用服务器配合提供的业务。SoftX3000 通过 SIP 协议与 SIP 应用服务器互连，可提供融合语音、多媒体、Internet 等业务于一体的增值业务，如一号通彩铃、UC 业务等。

③ SoftX3000 与第三方或虚拟运营商的应用服务器配合提供的业务。SoftX3000 通过 Parlay 网关与这些应用服务器互连，可提供第三方或个性化的业务，如企业工作流、企业 Schedule、个人 Schedule、企业套件等。

④ SoftX3000 与 SHLR 组网，并通过 SCP、应用服务器配合，提供的全网智能化业务。

⑤ SoftX3000 与视讯服务器配合提供的多媒体视频会议。

（3）华为 U-SYS SoftX3000 的典型组网应用

SoftX3000 以其客户化的设计、优良的性能价格比在国内外 NGN 市场、VoIP 市场（交换机网改）获得了较为广泛的应用，下面举几个应用案例进行说明。

① 某公司 NGN 商用网。公司 NGN 商用网采用华为公司 U-SYS 系列产品组网，以 IP 城域网为核心，在尽量不改变现有 PSTN 网络和数据网络的基础上，提供先进性、开放性、可运营性、可管理性、可扩展性和安全性的综合接入网，为用户提供语音、视频、数据融合的多媒体业务，系统组网如图 8-7 所示。

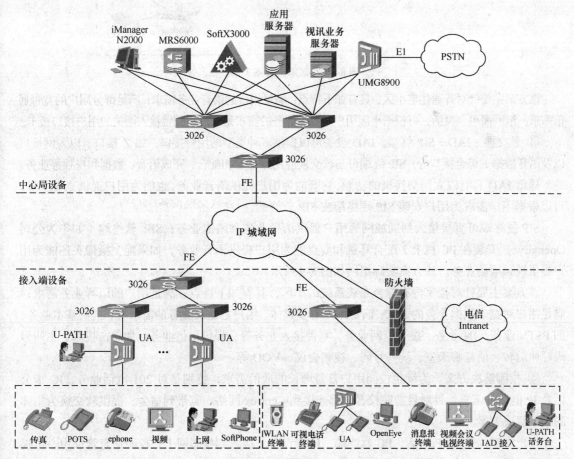

图 8-7 公司 NGN 商用网组网示意图

公司 NGN 商用网的组网特点如下。

- 提供语音、视频、数据融合的多媒体业务。
- 所有的业务均由中心局负责控制和提供。
- NGN 与 PSTN 的互通采用具有内置信令网关功能的中继媒体网关 TMG8010，因此无需设置独立的信令网关，网络建设成本低廉。
- 系统采用 iManager N2000 综合网管系统，可提供全网设备的分级、分域管理功能。

② 小区解决方案。在小区网络建设中，可以根据不同需要来采用不同的网络模型，以下介绍两种小区解决方案。

- 软交换+接入网关。运营商可以将软交换放置在小区的中心机房，通过同一平台为用户通过窄带语音接入和宽带综合接入方式。网关提供 Z 口、BRI 接口、PRI 接口、ADSL 接口、V5 接口接入等接入方式，该方案实际组网如图 8-8 所示。

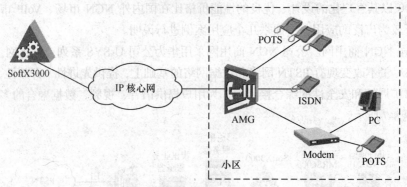

图 8-8　小区解决方案（1）

该方案主要针对普通住宅小区，具有如下特点：满足用户的语音业务需求；满足部分用户的宽带通信需求；组网简单、灵活，可根据小区用户对各种业务的需求量来灵活配置接入网关的用户接口板卡。

③ 软交换+IAD+SIP 终端。IAD 设备可以提供多种类型的用户接口，如 Z 接口、以太网接口以及语音数据的综合接口等；SIP 终端可与软交换应用服务器相配合，完成语音、数据和视频等业务。

通常 IAD 具有以太网交换机的功能，它既能为用户提供语音业务，也能为用户提供宽带业务，可以根据用户需求为用户安装 SIP 硬终端或 SIP 软终端。

SIP 硬终端可直接接入到局域网为用户提供语音业务和增值业务；SIP 软终端（如华为公司 OpenyEye，安装在 PC 机上）配合耳机和麦克能为用户提供语音业务，如果配上摄像头还能为用户提供视频通信业务。该方案实际组网如图 8-9 所示。

该方案主要针对楼宇内有综合布线系统的小区，具有如下特点：满足用户的语音业务需求；满足用户对宽带数据业务的需求；满足用户对多媒体、用户自定义业务的需求等；提供基本业务，如 PSTN 业务、IN 业务、拨号上网业务、宽带接入业务等；提供增值业务，如单击拨号、主叫号码呼叫前转、语音聊天室、统一号码、视频会议、VOD 等。

④ 校园解决方案。为满足校园用户日益增长的通信需求，特别是对 201 电话业务、IC 卡公话及 IP 电话的需求，针对目前院校普遍都连接到 Centrex 网络，宽带到宿舍，提供软交换为主体的校园解决方案。

用户终端（包括 IP 电话、PC 软终端、IAD 设备）接入到校园网上，校园信息管理中心可提供视频点播、监控台、万维网等数据业务；软交换完成对校园用户语音业务的呼叫控制，并通过信令网关和中继网关与 PSTN 网互通。

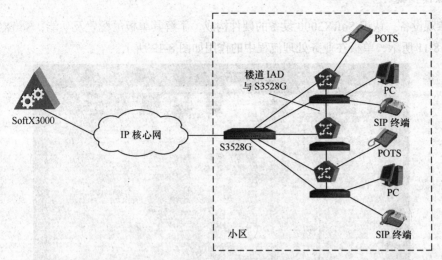

图 8-9 小区解决方案（2）

该方案实际组网如图 8-10 所示。

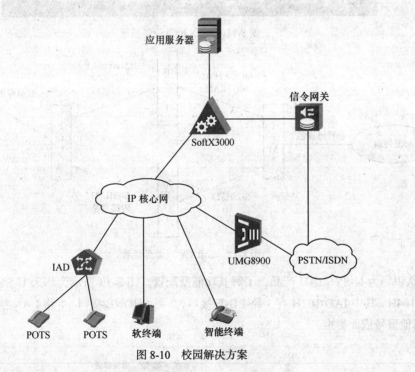

图 8-10 校园解决方案

该组网模式具有以下特点。

● 满足校园用户的语音多样性需求。

● 通过增加 IP 话务台，结合软交换和 IAD 提供 IP Centrex 业务。

● 通过软终端提供语音和增值业务。

● 基于智能终端，配合应用服务器和媒体资源服务器提供语音、电子邮件、短信、语音邮箱、信息点播等 IP 多媒体公话业务。

2．操作步骤

① 参观设备，认识 SoftX3000 设备的硬件构成，了解其单板的配置及功能；SoftX3000 设备机框如图 8-11 所示，单板在业务处理流程中的作用如图 8-12 所示。

图 8-11　SoftX3000 设备机框

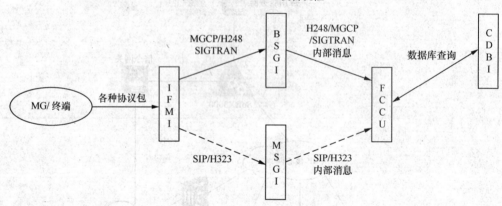

图 8-12　SoftX3000 业务流程

② 认识华为 U-SYS IAD 产品，了解其功能及配置。图 8-13 所示为华为 U-SYS IAD 101H、102H 和 104H。其中 IAD 102H 有 1 路 LINE 接口，2 路 PHONE 接口，1 路 LAN 接口，1 路 WAN 接口。其他型号依此类推。

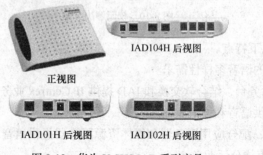

图 8-13　华为 U-SYS IAD 系列产品

③ 据要求，分别在 SoftX3000 和 IAD 设备上进行业务参数的配置，学习业务的开通和故障的处理。

实训 3　宽带接入设备的认识

实训目的：通过对华为 Smart AX MA5300 设备认识，了解宽带接入设备的构成、功能、组网及应用。

实训要求：了解 MA5300 在网络中的位置及其功能，掌握宽带业务的原理及流程。

设备要求：华为 Smart AX MA5300 设备一套，ADSL Modem、电话机若干，网线、电话线若干，网管终端（WS）若干。

1. 基本内容

（1）华为 Smart AX MA5300 系统介绍

华为 Smart AX MA5300 宽带接入设备（以下简称 MA5300）是华为公司自主开发的 L2/L3 IP DSLAM 设备。该设备位于宽带网络边缘接入层，主要提供 xDSL 接入，包括 VDSL、ADSL，作为标准的 IP DSLAM 设备使用；在以 xDSL 接入为主的同时，也能够支持一定的 Ethernet 接入；同时还提供 IP 组播业务、802.1X 认证业务、QoS/ACL 业务、集群管理业务、宽带测试业务以及 ISU（Intelligent Service Unit）功能，具有丰富的宽带接入业务和良好的可运营、可管理功能。

（2）MA5300 可实现的业务

MA5300 宽带接入设备是基于 VDSL、ADSL 的 IP DSLAM 设备，通过 VDSL、ADSL、Ethernet 多种接入方式，为用户提供高速上网、视频点播、网络互连等多种服务，能对用户进行有效管理，保证网络安全可靠，为电信网络的建设和运营提供新的模式。

MA5300 实现宽带接入到户，解决了接入网的"最后一公里"接入问题，为用户提供高速互访及访问 Internet 等各种宽带业务，主要业务功能和应用如下。

① 作为 IP DSLAM 设备，提供 VDSL 接入业务。

② 作为 IP DSLAM 设备，提供 ADSL 接入业务。

③ 提供 Ethernet 接入业务。

④ 同时提供 VDSL、ADSL、Ethernet 多种接入业务。

⑤ 提供组播和可控组播业务，实现组播业务的运营管理。

⑥ 提供 802.1X 认证功能。

⑦ 提供丰富的 QoS/ACL 业务。

⑧ 提供集群管理功能。

⑨ 提供 ISU 功能，加强了用户管理、业务控制，计费等方面的功能；提供了 VLAN 认证、PPPoE 认证多种用户接入认证方式；提供按流量及接入时长计费功能。

⑩ 提供宽带测试业务，用于 ADSL/VDSL 用户线路的测试和维护。

⑪ 支持终端管理，用于解决 ADSL 终端配置和管理的问题，提供终端信息的收集和维护功能。

（3）MA5300 的典型组网应用

MA5300 位于网络的边缘，相当于接入层的位置，在用户侧通过 VDSL、ADSL 接口连接用户，或通过 100M、1000M 以太网接口下挂 LAN Switch 设备连接用户，网络侧通过 100M/1000M 以太网口接入到 IP 城域网。目前 MA5300 的应用范围主要是小区用户、酒店客房或者企业用户的高速上网，实现视频点播、信息共享等，并提供完善的用户管理、认证、计费等功能。

MA5300 典型的组网应用如图 8-14 所示。

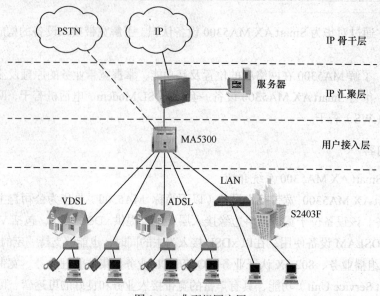

图 8-14　典型组网应用

家庭 ADSL 语音与数据接入的应用如图 8-15 所示。

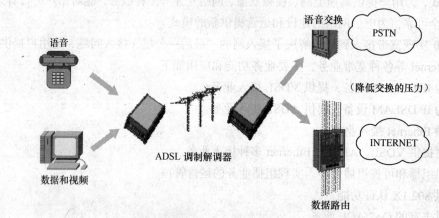

图 8-15　家庭 ADSL 语音与数据接入方式

2. 操作步骤

① 参观设备，认识 SoftX3000 设备的硬件构成，了解其单板的配置及功能；
MA5300 业务框和 Splitter 框单板分布如图 8-16、图 8-17 所示。
图 8-18 所示是 MA5300 设备对外的一些接口。

② 认识华为 MT880 ADSL Modem 和分离器，掌握 Modem 指示灯的含义。图 8-19 所示为华为 MT880 ADSL Modem，图 8-20 所示为 ADSL 分离器及内部结构。

0							7	8							15
业务板	业务板	业务板	业务板	业务板	业务板	业务板	主控板	主控板	业务板	业务板	业务板	业务板	业务板/ISU/EIU	业务板/ISU/EIU

图 8-16　MA5300 业务框单板分布图

0							7	8							15
分离器板	分离器板	分离器板	分离器板	分离器板	分离器板	分离器板			分离器板	分离器板	分离器板	分离器板	分离器板	分离器板	分离器板

图 8-17　MA5300 Splitter 框单板分布图

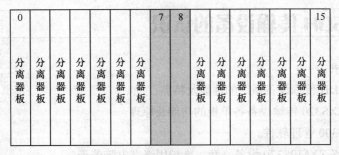

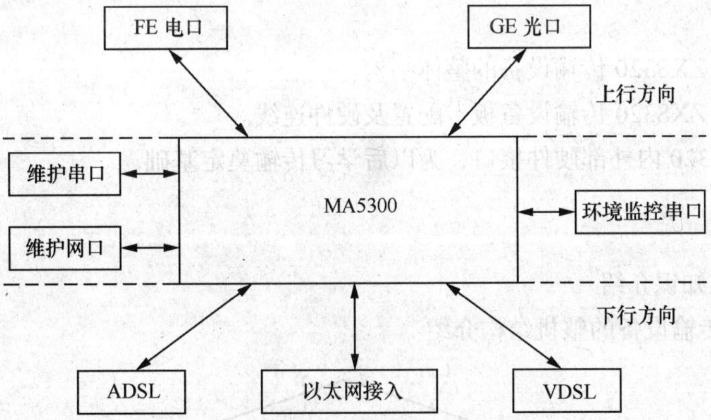

图 8-18　MA5300 对外的接口

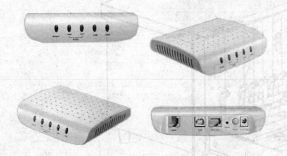

图 8-19　华为 MT880

图 8-20　ADSL 分离器及其内部结构

③ 安装 ADSL 宽带。

图 8-21 所示是 ADSL 的安装方式。

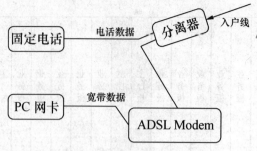

图 8-21　ADSL 的安装方式

实训 4　SDH 传输设备的认识

实训目的及要求：

1. 熟悉了解 SDH 传输设备系统的性能及特点。
2. 熟悉了解 ZXS320 传输设备各单板的功能及原理。
3. 熟悉了解 E300 管理软件。

设备要求： 中兴 ZXMPS320 设备一套，维护用终端电脑若干。

1. 实训内容

（1）实习参观 ZXS320 传输设备的整体结构。

（2）实习参观 ZXS320 传输设备板卡配置及硬件连线。

（3）理解 ZXS320 内外部硬件接口，为以后学习传输奠定基础。

2. 操作步骤

（1）SDH 基础知识介绍

（2）ZXS320 传输设备的整机结构介绍

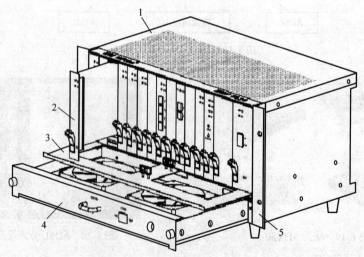

1—机箱　2—单板　3—尾纤托板　4—风扇单元　5—安装支耳

图 8-22　ZXS320 传输设备的整机结构

（3）ZXS320 传输设备各单板的功能及其原理

① 背板（MB1）。背板作为 ZXMP S320 设备机箱的后背板，固定在机箱中，是连接各个单板的载体，同时也是 ZXMP S320 设备同外部信号的连接界面。在背板上分布有数据总线、时钟信号线、板在位线、电源线等，通过遍布背板的插座将各个单板之间、设备和外部信号之间联系起来。

② 电源板。电源板主要提供各单板的工作电源（即二次电源）。一块电源板相当于一个小功率的 DC/DC 变换器，能为 ZXMP S320 设备内的各个单板提供其运行所需的+3.3V、+5V、-5V 和-48V 直流电源。为满足不同的供电环境，ZXMP S320 提供了 PWA 和 PWB 两种电源板，分别适用于一次电源为-48V 和+24V 的情况。为提高系统供电的可靠性，ZXMP S320 设备支持电源板的热备份工作方式。

③ 网元控制处理板（NCP）。NCP 是一种智能型的管理控制处理单元，内嵌实时多任务操作系统，实现 ITU-TG.783 建议规定的同步设备管理功能（SEMF）和消息通信功能（MCF）。

NCP 作为整个系统的网元级监控中心，向上连接子网管理控制中心（SMCC），向下连接各单板管理控制单元（MCU），收发单板监控信息，具备实时处理和通信能力。NCP 完成本端网元的初始配置，接收和分析来自 SMCC 的命令，通过通信口对各单板下发相应的操作指令，同时将各单板的上报消息转发网管。NCP 还控制本端网元的告警输出和监测外部告警输入，NCP 可以强制各单板进行复位。

④ 系统时钟板（SCB）。SCB 的主要功能是为 SDH 网元提供符合 ITU-T G.813 规范的时钟信号和系统帧头，同时也提供系统开销总线时钟及帧头。它控制网络中各节点网元时钟的频率和相位都在预先确定的容差范围内，使网内的数字流实现正确有效的传输和交换，避免数据因时钟不同步而产生滑动损伤。SCB 提供 2 个标准 2.048Mbit/s 的 BITS 时钟输入接口和 4 个线路时钟输入，根据各时钟基准源的告警信息以及时钟同步状态信息（SSM）完成时钟基准源的保护倒换。

SCB 提供 2 个标准 2.048Mbit/s 的外时钟输出接口，作为两路时钟源基准信号输出，接口特性符合 G.703，帧结构符合 G.704。为提高系统同步定时的可靠性，SCB 板支持双板热备份工作方式。

⑤ 勤务板（OW）。OW 板利用 SDH 段开销中的 E1 字节和 E2 字节提供两条互不交叉的语音通道，一条用于再生段（E1），一条用于复用段（E2），从而实现各个 SDH 网元之间的语音联络。

OW 板采用 PCM 语音编码，使用双音频信令，能够通过网管软件中的设定实现点到点、点到多点、点到组、点到全线的呼叫和通话。

⑥ O4CSD（线路交叉板）。O4CSD 在系统中主要完成信号的交叉调配和保护倒换等功能，实现上下业务及带宽管理，同时完成光电转换，提供光线路接口。O4CSD 完成光路方向四个 STM-1 和支路方向一个 STM-1 之间的低速率支路单元的时隙全交叉。它提供等效于 8 个 VC-4 的交叉矩阵容量，实现 VC-4、VC-3、VC-12 级别的交叉连接功能，完成群路到群路、群路到支路、支路到支路的业务调度，并可实现通道和复用段业务的保护倒换功能。在通道保护配置时，O4CSD 可以自行根据支路告警完成倒换。在复用段保护配置时，O4CSD 可以根据光接口板传送的倒换控制信号完成倒换。

⑦ 2M 支路板（ET1）。ET1 可以完成 8 路或 16 路 E1 信号（2Mbit/s）经 TUG-2 至 VC-4 的映射和去映射。支路信号的对外连接通过背板接口区连接相应型号的支路插座板实现。ET1 从 E1 支路信号抽取时钟并供系统同步定时使用。ET1 完成对本板 E1 支路信号的性能和告警分析并上报，但对支路信号的内容不作任何处理。在配置支路倒换板后，可以实现 ET1 支路板的 1:N（$N \leqslant 4$）保护。

（4）E300 网管介绍

Unitrans ZXONM E300（V3.17）光网络产品网元/子网层统一网管（简称 ZXONM E300）是一套基于 Windows 2000 和 Unix 平台的网元/子网层网管系统，它能够在保障传输设备硬件功能的基础上实现对系统的网元和区域网络的管理和控制，具有系统管理、配置管理、性能管理、故障管理、安全管理、维护管理功能。

图 8-23 所示为登录界面，填写相应的登录名和密码登录。

在客户端操作窗口中，导航树当前显示页面为［主视图］，如图 8-24 所示。此时的客户端操作窗口为主视图下的客户端操作窗口。在窗口中作配置、告警处理等演示。

图 8-23　登录界面

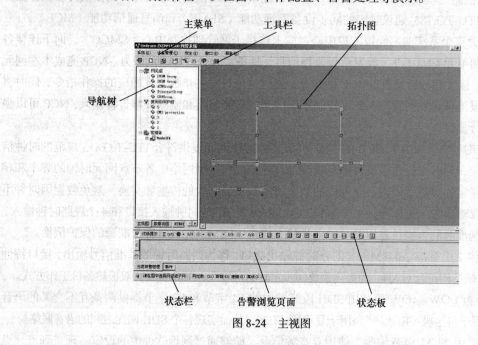

图 8-24　主视图

实训 5　GSM 基站系统的认识

实训目的：通过对 GSM 基站设备（主设备、天馈系统）的认知，了解 GSM 基站系统的组成、基本结构。

实训要求：掌握基站配置、信号处理过程。

设备要求：GSM 基站设备一套，包括 Horizon 基站主设备、天馈设备。

1．基本内容

（1）Horizon 机柜

Horizon 型基站是新型宏蜂窝基站设备，它的设计思路很大程度上继承了 M-cell6 型基站，但有很多方面作了较大改进，特别是它一个机柜可以同时容纳 900MHz 和 1800MHz 两个频段载频的设计，给建立双频网及为双频网扩容提供了简便灵活的方案。

Horizon 基站由一个数字控制框、六个载频槽位、三个电源模块/后备电池槽位、一个射频模块框和三个风扇盘组成。室内站结构如图 8-25 所示，安装时可叠放节省空间，如图 8-26 所示。

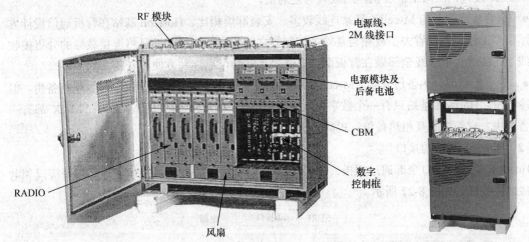

图 8-25　Horizon 机柜　　　　　　　　　图 8-26　Horizon 机柜的叠放安装

① Horizon 机柜特性。与 M-cell6 机柜一样，每个 Horizon 机柜最多能放 6 个载频，用它组成的全向站最大配置是 O12 站，三扇区站最大配置是 S8/8/8 站。Horizon 机柜既可以配置成 900MHz 的 BTS，也可以配置成 1800MHz 的 BTS。

> Horizon 机柜可以同时配置 900MHz 和 1800MHz 两个频段；
> M-cell 6 机柜只能配置成 900MHz 或 1800MHz 中的一个频段。

② Horizon 机柜的一些参数：

电源：与 M-cell 6 相同；　　　　最大功耗：1.5kW

工作环境温度：−5℃～+45℃；　　重量：120kg(含 6 个载频)

机柜尺寸（高×宽×深）：750mm × 700mm × 400mm

③ Horizon 基站的主要性能指标：与 M-cell6 相同。

④ Horizon 基站的特点。Horizon 基站相比于 M-cell 6 有自己显著的特点，主要表现在它的载频、合路器、基站主控制器等方面，易于扩容/重配置，操作维护与 M-Cell6 相似。CTU、SURF、数字板、电源模块、开关模块（CBM）、风扇盘等，均采用抽屉式插拔连接，装卸十分方便。支持增强型全速率编码（EFR）；支持合成器跳频和基带跳频；基站启动时间短；支持 GPRS 功能。

● Horizon 基站采用新的载频单元。Horizon 基站的载频单元 CTU（Compact Transceiver Unit）不仅在外观上与 M-cell 6 基站的载频单元有很大的差别，而且内部的构造也相差很大，它的电路板由原来的 8 块缩减到 4 块，除了电源模块和功放外，其他的功能块集成在一块电路板上，优化了各部分的接口，延长了载频的平均无故障时间。

● 双工器与合路器件合 2 为 1。M-cell 6 基站中双工器和合路器件是互相独立的 RF 模块，但在 Horizon 基站中双工器做在了合路器件中，无论是 DCF、TDF 还是 DDF 都有双工功能。

- 基站主控制器的功能进一步加强。Horizon 基站的主控制器称为 MCUF,相比于 M-cell6 基站的主控制器 MCU,它的功能得到进一步加强,它除了具有 MCU 的全部功能外,还集成了一块 FOX 和两块 FMUX 的功能。主机柜的载频与 MCUF 通信是通过背板总线完成的,MCUF 还提供两个 FMUX 接口,供两个扩展机柜的载频与之通信。

- 全背板通信。与 M-cell 6 基站连线较多、安装麻烦相比,Horizon 基站在背板通信设计方面做了很多工作,不仅省去了载频与基站主控制器之间的通信光纤,而且将连接载频的分集接收信号线、告警线、电源线全部做在背板上,提高了基站的可靠性并方便了安装。

- 数字控制部分热备份冗余。M-cell 6 基站中有两个完全一样的数字控制框,互相备份,但这是冷备份。Horizon 基站只有一个数字控制框,但这个数字控制框中的 MCUF、FMUX 都有一主一备两块,它们之间互相热备份,提高了基站的工作可靠性。

（2）Horizon 基站的接口

Horizon 基站的接口全部通过顶板,主要接口有:E1 接口、天馈线接口、外部告警接口和电源、接地接线柱,如图 8-27 所示。

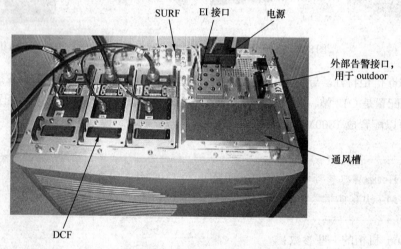

图 8-27　Horizon 基站顶板接口

（3）Horizon 基站的功能模块

Horizon 基站的功能模块是在 M-CELL 6 基站功能模块的基础上经优化组合设计出来的,因此 Horizon 基站的结构比 M-CELL 6 更简洁更合理。

Horizon 基站的数字模块中具有双光纤多路复用主控单元 MCUF（Main Control Unit with dual FMUX）比 M-CELL 6 的 MCU 有较大改进,它除了能完成 MCU 的功能外,还提供了相当于一块 FOX 和两块 FMUX 的接口功能。其他数字模块包括 FMUX、NIU 及 BPSM 与 M-CELL 6 是通用的。

① 射频模块。射频器件中 Horizon 将接收通路上的 DLNB 和 IADU 所要完成的功能集成在 SURF 上,接收信号扩展接口固定连接到其中的一路输入上;发射通路上大部分的合路器件具有双工功能,不再需要单独配置双工器。

② 数字控制框（μBCU）。Horizon 基站只有一个数字控制框,3 个全尺寸板槽位分别放告警板和 2 块 MCUF,8 个半尺寸板槽位分别放 FMUX、NIU 和 BPSM。2 块 MCUF 相互冗余,2 块 FMUX 相互冗余,2 块 BPSM 相互冗余,4 块 NIU 提供 6 个 2M 口。其最大配置如图 8-28 所示。

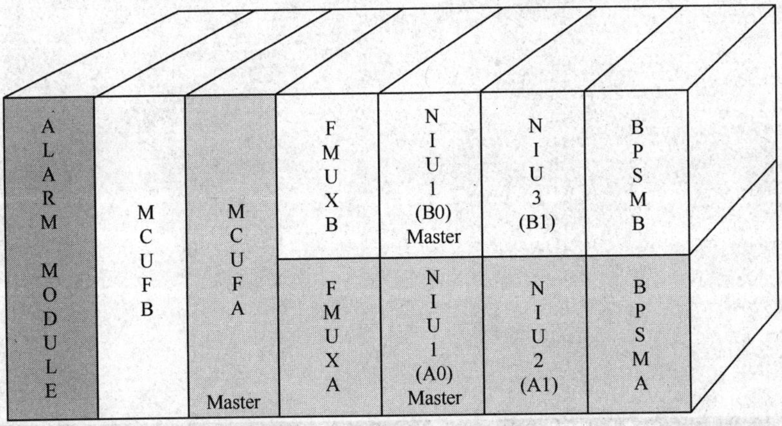

图 8-28　µBCU 框最大配置示意图

③ 电源模块和后备电池。室内站可用+27VDC/-48VDC/240VAC 供电，三种电源模块相当于 M-Cell 6 中的 NPSM/PPSM/ACPM，每个机柜最多配 3 个电源模块。

④ 告警板。告警板相当于 M-Cell 6 中的 Alarm Board 2/6，是 Horizon 基站的告警处理板，其软件支持 16 路告警输入。每个机柜配 1 块，放在数字控制框中，采用全背板通信。告警板将告警信号编码成告警代码字，传给所有 CTU，其中一个 CTU 将其送到 MCUF，并为 GPS 提供电源、信号调节和复用。

⑤ CBM 电路开关模块（Circuit Breaker Module）。CBM 电路开关模块包含给机柜各部分供电的断路器的插入式模块，如图 3-39 所示。其接口如图 3-40 所示。

⑥ 风扇。2 风扇盘为射频部分散热，每个机柜 2 块；4 风扇盘为数字控制框和电源部分散热，每个机柜 1 块。

2. 操作步骤

① 认识 GSM 基站中各类设备，了解各设备的作用、性能。

② 认识 M-cell 6 基站主设备中的各组成部分。

③ 对 M-cell 6 数字模块、射频模块进行配置。

④ 了解信号处理过程，对主设备各模块进行光缆连接。

⑤ 了解天馈系统各组成部分，对天馈设备进行连接。

⑥ 了解其他基站设备与基站主设备间的连接。

附录 常见标准化组织简介

　　所谓标准即文档化的协议中包含推动某一特定产品或服务应如何被设计或实施的技术规范或其他严谨标准。通过标准，不同的生产厂商可以确保产品、生产过程以及服务适合他们的目的。例如，塑料制品生产厂商只有严格按照 ANSI（美国国家标准协会）的规范对产品的柔韧性进行测试才具有与其他厂商产品结果的可比性。如果不用同一个 ANSI 标准测试，一个公司可能通过对产品施加拉力以测试其柔韧性，而另一家可能通过施加压力来测试。因而即使针对同一类塑料制品，不同的厂商所获得的柔韧指数也可能是完全不同的，消费者将无法对产品的柔韧性进行比较。

　　由于目前网络界所使用的硬件、软件种类繁多，标准尤其重要。如果没有标准，可能由于一种硬件不能与另一种兼容，或者因一个软件应用程序不能与另一个通信而不能进行网络设计。例如，一个厂商设计一个 1 厘米宽插头的网络电缆，另一公司生产的槽口为 0.8 厘米宽，将无法将电缆插入这种槽口。

　　由于计算机工业发展迅速，许多不同的组织都开发自己的标准。在一些情况下，多个组织负责网络的某个方面。如，ANSI 和 ITU 均负责 ISDN（综合业务数字网）通信标准，而 ANSI 制定接收一个 ISDN 连接所需要的硬件种类，ITU 判定如何使 ISDN 链接的数据以正确序列到达用户。管理计算机和网络的所有标准多得如同一本百科全书。至少，你应该通过手册、论文和书熟悉建立标准的几个重要组织。这些组织将负责建立网络的未来。

1. ANSI

　　ANSI（American National Standards Institute，美国国家标准协会）成立于 1918 年，原名是美国工程标准委员会（American Engineering Standards Committee，AESC），1928 年改名为美国标准协会（American Standards Association，ASA），1966 年改名为美国标准学会（America Standards Institute，USASI），1969 年正式改为现名美国国家标准学会（ANSI）。

ANSI 是非营利性质的民间标准化组织，由 1000 多名来自工业界和政府的代表组成，负责制定电子工业的标准，此外也制定其他行业的标准，如化学和核工程、健康和安全以及建筑行业的标准。ANSI 也代表美国制定国际标准。ANSI 并不命令生产厂商服从它的标准，而是请它们自愿遵守其标准。当然，生产厂商和开发者也通过遵从标准获得潜在客户。遵从标准，其系统将会是可靠的，可与既存基础设施集成。新的电子设备和方法必须通过严格测试才可获得 ANSI 的认可。

ANSI 标准的一个例子即 ANSI T1.240-1998，"电信—操作、管理、维护、供应—操作系统和网络部件之间接口的通用网络系统信息模型"。你可通过 ANSI 网站 http://www.ANSI.org 在线购买 ANSI 标准文档，也可通过一个大学或公共图书馆找到它们。要想成为一个合格的网络专业人士，无需阅读全部 ANSI 标准，但你应理解 ANSI 影响的范围之广，意义之大。

为使计算机支持更多语言，通常使用 0x80～0xFF 范围的 2 个字节来表示 1 个字符。比如：汉字"中"在中文操作系统中，使用[0xD6, 0xD0]这两个字节存储。不同的国家和地区制定了不同的标准，由此产生了 GB2312、BIG5、JIS 等各自的编码标准。这些使用 2 个字节来代表一个字符的各种汉字延伸编码方式，称为 ANSI 编码。在简体中文系统下，ANSI 编码代表 GB2312 编码；在日文操作系统下，ANSI 编码代表 JIS 编码。不同 ANSI 编码之间互不兼容，当信息在国际间交流时，无法将属于两种语言的文字存储在同一段 ANSI 编码的文本中。

2. EIA

EIA（Electronic Industries Alliance，电子工业联盟）是一个商业组织，它代表来自全美各电子制造公司。1924 年 EIA 作为 RMA（无线电生产厂商协会）产生，时至今日，它已涉及电视机、半导体、计算机以及网络设备。该组织不仅为自己的成员设定标准，还帮助制定 ANSI 标准，并进行院外游说促使建立更有利于计算机和电子工业发展的立法。EIA 包括几个下属组织：电信工业协会（TIA），用户电子生产商协会（CEMA），电子部件、组装、设备与供应协会（ECA），联合电子设备工程委员会（JEDEC），固态技术协会，政府处以及电子信息组（EIG）。除了促使立法及制定标准，每个特定组根据自身的研究领域，还负责承办会议、展览及研讨会。从网站 http://www.EIA.org，你可获得更多的 EIA 信息。

EIA 标准制定程序

根据协会工程指南的原则制定 EIA 标准项目或技术文件。在某些技术领域如果有制定新技术标准或技术文件的申请，可以先向 EIA 工程委员会或分委会提出，如提案得到支持且有一些成员愿意就此项目展开工作，工程委员会或分委会就以项目开始通知（PIN）的形式提交 EIA 批准。当项目被批准立项后，工程委员会及分委会将进一步开展工作以得出该项目的技术参数。当起草的标准或技术文件接近完成时，该工程委员会对草案文件进行传阅并举行投票，这次投票称为"委员会函审投票"，投票的目的是确定尚未解决的问题并在工程委员会或分委会达成共识。所有收到的意见都应得到解决。在这一阶段，标准不向公众公开。

如果该标准将会成为美国国家标准，由工程委员会推荐的草案还将在工业界举行投票，这就是标准征求意见。在这一阶段，任何对标准感兴趣的组织都可以投票，一般是三种意见：同意、有意见但同意、有意见不同意。这些意见也将会在标准的修改中得到解决。当然，这种投票也可扩大到全球范围。

当最后的文件草案得到工业界认同后，文件连同其投票的信息一同被提交到 EIA 执行委员会，如果标准将成为美国国家标准，同样的文件也应提交给美国国家标准化协会（ANSI）标准审查委员会（BSR）请求批准。EIA 执行委员会将审查标准投票信息及相关意见的解决情况，并且在得到 BSR 的批准后，该文件就可得到批准成为 EIA 标准发布了。

作为美国国家标准的文件，每五年应经过一次审查，以确保标准的有效性。在五年之内，标准也可能被重新颁布、修订或撤销。

EIA 制定了许多电子行业的标准，例如著名的 TIA/EIA-568 标准。

3．IEEE

IEEE（Institute of Electrical and Electronics Engineers，电气与电子工程师学或称为 I3E）是一个国际性的电子技术与信息科学工程师的协会，是世界上最大的专业技术组织之一（成员人数），拥有来自 175 个国家的 36 万会员。1963 年 1 月 1 日由美国无线电工程师协会（IRE，创立于 1912 年）和美国电气工程师协会（AIEE，创建于 1884 年）合并而成，它有一个区域和技术互为补充的组织结构，以地理位置或者技术中心作为组织单位（例如 IEEE 费城分会和 IEEE 计算机协会）。它管理着推荐规则和执行计划的分散组织（例如 IEEE-USA 明确服务于美国的成员，专业人士和公众），总部在美国纽约市。IEEE 在 150 多个国家中它拥有 300 多个地方分会。透过多元化的会员，该组织在太空、计算机、电信、生物医学、电力及消费性电子产品等领域中都是主要的权威。专业上它有 35 个专业学会和两个联合会。IEEE 发表多种杂志、学报、书籍和每年组织 300 多次专业会议。IEEE 定义的标准在工业界有极大的影响，并对其他标准制定组织如 ANSI 的工作提供帮助。

IEEE 技术论文和标准在网络专业受到高度重视。尤其你在网络接口卡手册中经常可发现对 IEEE 标准的引用。下面是几个 IEEE 标准的例子："IEEE 802 系列标准"、"虚拟桥接局域网"以及"软件项目管理计划"。它目前已被广泛使用的标准已有几百项，你可通过 IEEE 的网站 http://www.IEEE.org 在线订购这些文档，或在大学或公共图书馆找到它们。

4．ISO

ISO（International Organization for Standardization，国际标准化组织）是一个代表了 130 个国家的标准组织的集体，它的总部设在瑞士的日内瓦。ISO 的目标是制定国际技术标准以促进全球信息交换和无障碍贸易。你可能认为该组织应被简称为"IOS"，但"ISO"并不意味着是一个首字母缩略字。实际上，在希腊语中，"ISO"意味着"平等"，通过这个词汇表达了组织对标准的贡献。中国是 ISO 的正式成员，代表中国的组织为中国国家标准化管理委员会（Standardization Administration of China，SAC）。

ISO 的权威性不仅限于信息处理和通信工业，它还适用于纺织品业、包装业、货物分发、能源生产和利用、造船业以及银行业务和金融服务。关于螺纹、银行信用卡，甚至货币名称的通用协议都是 ISO 的工作产物。事实上，在 ISO 的大约 12000 标准中，仅有大约 500 个应用于计算机相关的产品和功能中。国际电子与电气工程标准是由一个相似的国际标准组织 IEC（国际电子技术协会）单独制定的。ISO 所有的信息技术标准设计与 IEC 相一致。你可通过 ISO 的网站 http://www.ISO.ch 获得更多 ISO 的信息。

5．ITU

ITU（International Telecommunication Union，国际电信同盟）是联合国特有的管理国际电信

的机构，它管理无线电和电视频率、卫星和电话的规范、网络基础设施、全球通信所使用的关税率。它为发展中国家提供技术专家和设备以提高其技术基础。

ITU 于 1865 年成立于巴黎，1947 年成为联合国的一部分，其总部由瑞士伯尔尼迁至到日内瓦。1993 年 3 月 1 日在芬兰首都赫尔辛基举行的国际电联的第一届世界电信标准大会（WTSC-93）上，对电联原有的三个机构 CCITT、CCIR 和 IFRB 进行了改组，取而代之的是电信标准化部门（ITU-T）、无线通信部门（ITU-R）和电信发展部门（ITU-D）。ITU 的成员来自于 188 个国家，所发行的详细政策和标准可从网址 http://www.ITU.ch 上找到。通常 ITU 文档中有关全球电信问题的内容比工业技术规范多。ITU 关于全球电信问题文档的例子有"农村和边远地区的通信"、"电信对环境保护的支持"、"国际频率列表"。

注意：ITU 过去常被称为 CCITT（国际电报电话协商委员会），在一些手册和文档中可见对 CCITT 标准的引用。

# 参考文献

［1］魏红，黄慧根. 移动基站设备与维护[M]. 北京：人民邮电出版社，2008

［2］蒋青泉，张喜云，周训斌，雷新生. 接入网技术[M]. 北京：人民邮电出版社，2005

［3］吴德本，李蕙敏. 现代电信技术概论[M]. 北京：中国人民大学出版社，1999

［4］王华奎. 移动通信原理技术[M]. 北京：清华大学出版社，2009

［5］赵宏波. 现代电信技术概论[M]. 北京：北京邮电大学出版社，2003

［6］鲜继清，张德明. 现代通信系统[M]. 西安：西安电子科技大学出版社，2003

［7］孙青华，张荣坤，黄红艳，孙群中等. 现代通信技术[M]. 北京：人民邮电出版社，2005

［8］朱祥华，靳浩，冯春燕，胡怡红，冯至勇等. 现代通信基础与技术[M]. 北京：人民邮电出版社，2004

［9］穆维新，靳婷等. 现代通信交换技术[M]. 北京：人民邮电出版社，2005

［10］乔桂红，庞瑞霞，刘省先，赵艳春. 数据通信[M]. 北京：人民邮电出版社，2005

［11］段水福，段炼，张元睿. 计算机网络规划与设计[M]. 浙江：浙江大学出版社，2005

［12］吴伟陵. 移动通信中的关键技术[M]. 北京：北京邮电大学出版社，2002

［13］卢官明，宗昉. IPTV 技术及应用[M]. 北京：人民邮电出版社出版，2007